4291112

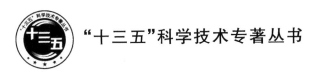

"十三五"科学技术专著丛书

功率半导体异质耐压层电荷场优化技术

吴丽娟　著

U0304087

北京邮电大学出版社
www.buptpress.com

内 容 简 介

本书为功率半导体领域中关于异质耐压层电荷场优化技术的学术专著。本书第 1 章首先介绍功率半导体的相关内容，然后在此基础上介绍横向功率器件耐压层、耐压层的作用基础与分析方法、耐压层的特殊性；第 2 章介绍异质耐压层分类和工作机理；第 3 章分析 ENDIF 耐压层电荷场优化方法；第 4 章分析 VFP 耐压层电荷场优化方法；第 5 章分析 HK 耐压层极化电荷场优化方法；第 6 章分析 CCL SJ 耐压层电荷场优化方法；第 7 章分析 GC 耐压层电荷场优化方法。功率器件中耐压层结构从耐压角度上可分为两大类，从而形成耐压 ENDIF 和辅助耗尽两种应用需求。

本书可供研究功率半导体异质耐压层电荷场优化技术的理论工作者，半导体相关专业的高校师生，功率器件领域的博士、硕士、本科生，及从事电荷场优化技术创新活动的科技人员阅读，也可供其他相关专业的本科生、研究生和工程技术人员阅读参考，还可作为高等院校电子科学与技术、集成电路设计与集成系统、微电子学等专业相关课程的教学参考书。

图书在版编目(CIP)数据

功率半导体异质耐压层电荷场优化技术 / 吴丽娟著. -- 北京：北京邮电大学出版社，2019.2
ISBN 978-7-5635-5661-8

Ⅰ.①功… Ⅱ.①吴… Ⅲ.①功率半导体器件—研究 Ⅳ.①TN303

中国版本图书馆 CIP 数据核字(2018)第 284006 号

书　　名：功率半导体异质耐压层电荷场优化技术
著　　者：吴丽娟
责任编辑：徐振华　王小莹
出版发行：北京邮电大学出版社
社　　址：北京市海淀区西土城路 10 号(邮编：100876)
发 行 部：电话：010-62282185　传真：010-62283578
E-mail：publish@bupt.edu.cn
经　　销：各地新华书店
印　　刷：北京九州迅驰传媒文化有限公司
开　　本：787 mm×1 092 mm　1/16
印　　张：12.75
字　　数：316 千字
版　　次：2019 年 2 月第 1 版　2019 年 2 月第 1 次印刷

ISBN 978-7-5635-5661-8　　　　　　　　　　　　　　　　　　定　价：59.00 元

前　言

功率 MOS(Metal Oxide Semicorductor,金属氧化物半导体)器件因输入阻抗高、导通电阻正温度系数大、开关频率高、安全工作区较宽等诸多优点而得以广泛应用。但是,功率 MOS 器件在高压、大功率应用时,其比导通电阻(Specific on-Resistance)$R_{\mathrm{on,sp}}$ 与击穿电压(Breakdown Voltage,BV)存在"硅极限"关系(即 $R_{\mathrm{on,sp}} \propto \mathrm{BV}^{2.5}$),比导通电阻随击穿电压呈指数增加。击穿电压和比导通电阻的矛盾关系成为目前的一个研究热点。本书从功率半导体器件的概念出发,提出了功率半导体异质耐压层电荷场优化方法,从概念、模型、结构到工艺逐条进行分析,很好地解决了在异质耐压层中击穿电压和比导通电阻的矛盾问题。本书可作为高等院校电子科学与技术、集成电路设计与集成系统、微电子学等专业相关课程的教学参考书。

本书共 5 章:第 1 章首先介绍了功率半导体器件,然后在此基础上介绍横向功率器件耐压层、耐压层的作用基础与分析方法、耐压层的特殊性;第 2 章主要介绍异质耐压层分类和工作机理;第 3 章分析 ENDIF 耐压层电荷场优化方法,是全书的核心研究成果;第 4 章分析 VFP 耐压层电荷场优化方法;第 5 章分析 HK 耐压层极化电荷场优化方法;第 6 章分析 CCL SJ 耐压层电荷场优化方法;第 7 章分析 GC 耐压层电荷场优化方法。本书涉及的部分实验是著者就读电子科技大学时在张波老师以及团队老师的支持和帮助下完成的。在本书的撰写过程中,研究生章中杰、杨航、宋月、胡利民、袁娜、雷冰、张银艳、吴怡清、朱琳、黄也参与了本书部分内容的修改、搜集资料和图文校对过程,并且,长沙理工大学的柔性电子材料基因工程湖南省重点实验室提供了技术支持,在此一并表示感谢!

著者在编著本书的过程中,参考了大量的相关教材和文献资料,并选用了其中的一些研究成果和图表数据,这些参考文献不在书后一一列举,而统一列于每章的最后。本书获得国家自然科学基金资助项目(No. 61306094)、湖南省教育厅基金资助项目(No. 15C0034)、长沙理工大学基金项目(No. 1198023)、长沙理工大学教学改革研究项目(No. JG1666)和长沙理工大学出版资助。

功率半导体器件理论和技术在不断发展,而著者水平有限,本书难免存在不足之处。热诚欢迎读者对本书赐予宝贵意见,在此不胜感谢!

著　者

主要缩略词表

SOI	Silicon on Insulator	绝缘体上硅
SOS	Silicon on Sapphire	蓝宝石上的硅薄膜
SIMOX	Separated with Implanted Oxygen	注氧隔离
SDB	Silicon Direct Bonding	硅片直接键合
ELTRAN	Epitaxy Layer Transfer	外延层转移
RESURF	Reduced SURface Field	降低表面电场
BOX	Buried Oxide	埋氧层
BODS	Buried Oxide Double Step	双面阶梯埋氧
DT SOI	Double-Sided Trench SOI	双面介质槽 SOI
NDCL	NonDepletion Compensation Layer	非耗尽补偿层
REBULF	Reduced Bulk Field	降低体电场
VK SOI	SOI with Variable-K Dielectric Buried Layer	变介电系数 SOI
TPSOI	Charge Trenches on Partial-SOI	电荷槽部分 SOI
SIPOS	Semi-Insulating Polycrystalline Silicon	半绝缘多晶硅
SBOC	Step Buried Oxide Charge	埋氧层注入固定电荷
ENDIF	Enhanced Dielectric Layer Field	介质场增强
SBO PSOI	Step Buried Oxide Partial SOI	阶梯部分埋氧
SHE	Self Heating Effect	自热效应
SBO CBL	Step Buried Oxide by Combining Buried Layer	复合阶梯埋层
BNI	Bury N Island	埋 N 岛
HVIC	High Voltage Integrated Circuits	高压集成电路
LVD N$^+$I	Linear Variable Distance N$^+$ Charge Islands	线性变距离 N$^+$ 电荷岛
PBN$^+$	Partial Buried N$^+$-Layer	部分 N$^+$ 埋层
AC	Adaptive Charge	自适应电荷
SWCBL	Single-Window Composite Buried Layer	单窗口复合介质埋层
DWCBL	Double-Window Composite Buried Layer	双窗口复合介质埋层
CBL	Composite Buried Layer	复合介质埋层

LBO	the Lower Buried Oxide Layer	下层埋层
UBO	the Upper Buried Oxide Layer	上层埋层
ABE	Adaptive Buried Electrode	埋氧层自适应埋电极
N^+I	N^+ Charge Island	N^+电荷岛
FBL	Interface Part of the Equipotential with Floating Buried Layer	浮空埋层的界面部分等电位
SJ	Superjunction	超结
SAD	Substrate-Assisted Depletion	衬底辅助耗尽效应
CBL	Composite Buffer Layer	复合缓冲层
FEA	Field Effect Action	场致效应
SB	Self Balance	自平衡
CB	Charge Balance	电荷平衡
DT	Dielectric Trench	介质槽
T-DBL	T-Dual Dielectric Buried Layer	T型-双介质埋层
LSJ	Linear Shallow Junction	线性浅结
TSL	Thin Silicon Layer	薄硅层
VFP	Vertical Field Plate	纵向场板
HKHN	High-K Highly Doped N-Layer	高K高掺杂N层
HKLR	High-K Low Specific on-Resistance	高K低比导
BDFP	Bulk Depletion Field Plate	体耗尽场板
DE	Drain Extension	漏延伸
MIS	Metal Insulator Semiconductor	金属绝缘体半导体
FOM	Figure of Merit	功率优值/品质因数
MOS	Metal Oxide Semiconductor	金属氧化物半导体
LDMOS	Lateral Double-Diffused Metal Oxide Semiconductor	横向双扩散金属氧化物半导体
Con.	Conventional	常规的
NBL	N-Buried Layer	N埋层
VDMOS	Vertical Double-Diffusion MOSFET	纵向双扩散金属氧化物半导体
IGBT	Insulated Gate Bipolar Transistor	绝缘栅双极晶体管
FP	Field Plate	场板
LFP	Lateral Field Plate	横向场板
GC	Gate Charge	栅电荷
CCL	Charge Compensation Layer	电荷补偿层
BJT	Bipolar Junction Transistor	双极型晶体管

TG	Trapezoidal Gate	梯形栅
RG	Rectangle Gate	矩形栅
SG	Split Gate	分离栅
DVFP	Double Vertical Field Plate	双纵向场板
DT	Double Trenches	双介质槽
PIC	Power Integrated Circuit	功率集成电路
CCL	Charge Compensation Layer	电荷补偿层
SBP	Segmented Buried P-Layer	分段 P 埋层
SBOX	Steps Buried Oxied	阶梯埋氧层
PSJ	Part Superjunction	部分超结
HK	High-K	高 K
GC	Gate Charge	栅电荷

目　　录

第1章 概 述

1.1 功率半导体器件

功率半导体器件可定义为进行功率处理的半导体器件。典型的功率处理功能有变流（交流、直流、脉冲以及其他波形的相互变换）、变压（升压或降压）和功率放大等。

功率半导体器件的分类如图 1-1 所示。功率半导体器件由功率二极管（Power Rectifier）、功率晶体管（Power Transistor）和晶闸管类器件（Thyristor）3 类器件组成，其中常见的功率晶体管包括以 VDMOS（Vertical Double-Diffusion MOSFET）为代表的功率 MOS 器件（Power MOSFET）、绝缘栅双极晶体管 IGBT（Insulated Gate Bipolar Transistor）和功率双极晶体管〔Bipolar Power Transistor 或 Power BJT（Power Bipolar Junction Transistor）〕。功率晶体管和晶闸管类器件可统称为功率开关器件（Power Switch）。

图 1-1 功率半导体器件分类

根据电极引出情况和电流流向的不同，功率半导体器件又可以分为横向功率器件和纵向功率器件。一般来讲，横向功率器件的电极位于芯片的表面，电流呈横向流动，便于集成；纵向功率器件的电极位于器件表面和衬底材料的底部，电流呈纵向流动。

1.2 横向功率器件耐压层

横向高压功率 MOS 指的是漂移区在表面且具有横向导电沟道的高压功率 MOS。LDMOS（Lateral Double-Diffusion MOSFET）是通过在同一窗口相继进行两次杂质扩散的双扩散工艺形成沟道的，由于沟道的形成由两次杂质扩散的横向结深之差控制，所以很容易实现亚微米的沟道长度。进行上述工艺后，器件在跨导、漏极电流、最高工作频率和速度方面都较一般 MOS 有很大幅度的提高。图 1-2 为 LDMOS 结构示意图（如果耐压比较低，栅电极可以一直扩展到漏端附近）。

1

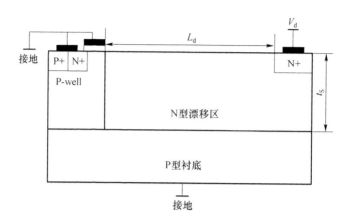

图 1-2　LDMOS 结构示意图

传统的横向高压功率器件制作在硅基衬底上,1979 年 J. A. APPLE 等人发明了横向电荷控制技术(或称为 RESURF 技术),使得在 $5\sim8~\mu\mathrm{m}$ 的薄外延上可制造出高达 1 200 V 的横向高压功率器件。不论是针对 HVIC(高压集成电路)还是 SPIC(智能功率集成电路),高压器件与低压电路之间的隔离都是 PIC(功率集成电路)设计者必须首先解决的关键问题,所以,设计新的有效的隔离技术或发展具有超薄外延层且能满足高的击穿电压的新型高压器件就成为解决问题的关键。MOS 类器件虽然基于多数载流子参与输运而具有高的工作频率,然而由于缺少少数载流子的电导调制而使器件高压工作时的导通电阻很高,器件的功率损耗较大。所以,设计出具有尽可能低的比导通电阻的新型横向 MOS 类器件成为设计者一直追求的目标。

绝缘体上硅(Silicon on Insulator,SOI)是在 20 世纪 80 年代迅速发展起来的一种新结构半导体材料。以 SOI 横向高压器件为基础的 SOI 高压集成电路作为智能功率集成电路领域的一个新兴分支,近年来得到迅速发展。它集 SOI 技术、微电子技术和功率电子技术于一体,为各种功率变换和能源处理装置提供了高速、高集成度、低功耗和抗辐照的新型电路,在工业自动化、武器装备、航空航天等领域有着极为广泛的应用前景。SOI 横向高压器件是 SOI 高压集成电路的基石,受到了国内外众多半导体器件工作者的广泛关注和深入研究。但是 SOI 器件有两个重要缺点:一是硅材料临界击穿电场的限制使器件纵向耐压较低;二是介质埋层的存在使得散热困难,因而引起的自热效应较硅基严重。

功率 MOS 器件与低压 MOS 器件相比,关态时要承受高电压,从而需在控制栅极 G 与漏端 D 之间添加耐压层结构,图 1-3 为功率 MOS 器件结构示意图。由于开关控制部分的工作机理与低压 MOS 的基本相同,功率 MOS 器件可视为低压 MOS 漏端 D 与准漏端 D′ 之间插入了耐压层的复合结构。耐压层在关态时承受高电压,在开态时流过电流,载流子在其中做漂移运动,因此开态时耐压层也被称作漂移区。推而广之,功率半导体器件都可以看作是相应低压控制器件与耐压层形成的复合器件,功率器件设计的关键之一是耐压层的设计。实际应用中对功率器件的要求是多方面的,特别是对它的可靠性也有要求。

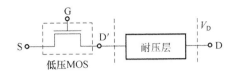

图 1-3 功率 MOS 器件结构示意图

1.3 耐压层的作用基础与分析方法

1.3.1 耐压层的作用基础

耐压层的作用是承受关态或开态下的高电压,它在关态下产生耗尽区,只存在 PN 结反向泄漏电流,从而关态耐压分析时,可将耗尽耐压层当作相对介电系数与硅相同,且内部分布有固定电离电荷的材料。其电荷密度与掺杂浓度相等,从而耐压层电势与电场分布满足在给定边界条件下的泊松方程,其解即为对应边界条件下的势场分布。当耐压层开态耐压时,与关态主要有两点差异:首先,电流连续性所引入的载流子电荷不可忽略;其次,耐压层与低压器件形成的寄生效应,如栓锁、寄生 BJT 开启等,在临近击穿时不可忽略。

1.3.2 一般分析方法

功率 MOS 器件是大尺寸器件,不含各种终端结构,只是包括耐压层在内的有源区就大到数百微米。可以使用解析或者数值(仿真)方法,通过求解半导体基本方程来设计器件结构,并通过实验获得良好的结果。基本方程包括麦克斯韦方程组、输运方程组和连续性方程组,电势和电场分布可通过泊松方程来求解,求解泊松方程时,在反向阻断下右端变量是杂质浓度,在正向阻断下应计算电子浓度。

求解基本方程有两种数学方法。

(1)解析方法。解析方法有两种数学解法。第一种方法是泰勒级数解法,用泰勒级数表示耐压层的电势,忽略其高次项后利用二阶近似,通过二次幂函数的两次微分将变量变为常数,从而将泊松方程降维求解。第二种方法是傅立叶级数解法,将耐压层的电势展开为无穷项,利用正弦或者余弦函数的二次微分后其形式不变的特性进行降维。两种方法皆是通过对电势进行近似求解,来实现泊松方程的降维求解,其中泰勒级数解法较为简单,但精度稍差。

(2)数值方法(也就是仿真方法)。仿真方法十分简便,只需输入文件包括网格、结构定义、引用模型、求解函数和输出结果等简单语句即可。

1.4 耐压层的特殊性

耐压层的设计就是电荷分布与电场线方向的设计。电场为有源场,电荷为其源头,把这种现象称为荷生场。器件耐压为电场在整个耐压层的积分,所以场生势。从静电场观点看,耐压层可视为一块具有硅介电系数且内部分布有正、负电荷的介质材料,其电场由内部电荷

3

分布和外部边界条件确定,从而耐压层的设计本质上就是控制静电场的源和电场线的流,也就是电荷分布与电场线方向的设计。除了常见的体硅耐压层外,特殊的耐压层有如下几种:SOI 耐压层、HK 耐压层、VFP 耐压层、CCL SJ 耐压层和 GC 耐压层。

1.4.1 SOI 耐压层

SOI 技术的性能优势来自 SOI 材料的结构特点。图 1-4 是 SOI CMOS 和体硅 CMOS 结构示意图,插入 SOI 结构有源层和衬底之间的介质(SiO_2)隔断了有源层和衬底的电气连接。SOI 电路可以实现高压器件与低压电路单元的隔离。

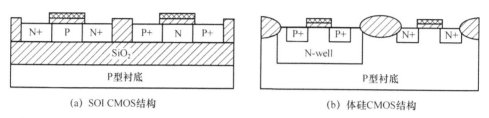

(a) SOI CMOS 结构   (b) 体硅CMOS结构

图 1-4 SOI 与体硅 CMOS 结构示意图

1.4.2 HK 耐压层

长期以来,功率半导体中电荷平衡关系主要有两类:N 区和 P 区电离电荷之间的平衡关系,如超结器件;MIS 结构半导体和金属电极电荷之间的平衡关系。高 K(HK)介质根据半导体电离电荷极性自平衡产生平衡极化电荷,屏蔽半导体电离电荷产生的高电场,实现场优化并极大增加工艺容差。由于极化电荷作用,器件耐压时介质极化电荷吸引大量半导体电离电荷(正电荷或负电荷)产生电力线,屏蔽大部分半导体电离电荷场的影响,可揭示高 K 介质对半导体层场调制机理。高 K 介质槽型 LDMOS 器件结构如图 1-5 所示。

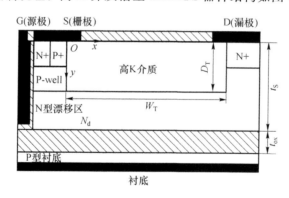

图 1-5 高 K 介质槽型 LDMOS 器件结构

1.4.3 VFP 耐压层

场板(FP)技术被广泛应用于功率器件的表面,被称为横向场板(LFP)。在常规横向功率器件中需要较长的漂移区,以维持高的击穿电压,横向场板的长度远小于漂移区的长度。因此,横向场板的耗尽被限制在局部表面区域且对比导通电阻没有显著影响,并且横向场板主要是优化器件的表面电场。将纵向场板(VFP)引入横向器件中,纵向场板辅助耗尽漂移区且优化器件的体电场。VFP槽型LDMOS如图1-6所示。

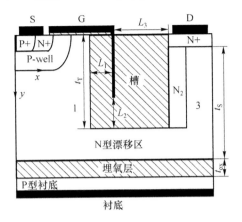

图1-6　VFP槽型LDMOS

1.4.4　CCL SJ 耐压层

功率半导体器件采用RESURF相关技术可以实现电离电荷平衡,改善器件$R_{on,sp}$与BV的矛盾关系,但$R_{on,sp}$的降低能力有限。常规RESURF技术由于器件高耐压对漂移区最短长度的限制,在缩小器件尺寸方面几乎无能为力。超结(SJ)结构打破了"硅极限",但常规SJ存在衬底辅助耗尽效应(SAD),破坏了N区和P区的电离电荷平衡,耐压较低。针对RESURF器件长漂移区优化剂量较低,SJ器件的衬底对表面耐压层有辅助耗尽作用。电荷平衡SJ耐压层通过在漂移区和衬底之间引入电荷补偿层,起到优化漂移区内的电荷分布的作用,可实现超结层电荷平衡的目的。新型的具有电荷补偿层和SJ耐压层的SOI LDMOS结构介绍详见后文。常规SJ SOI LDMOS如图1-7所示。

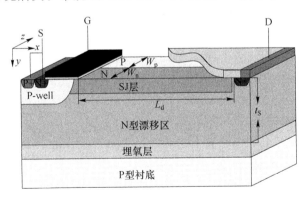

图1-7　常规SJ SOI LDMOS

1.4.5　GC 耐压层

功率半导体器件的发展方向有两个:一个是向着使功率半导体器件具有较大的功率优值的方向发展,用FOM(功率优值)=$\mathrm{BV}^2/R_{on,sp}$表示可知,要想得到较大的FOM,要求具有较大的 BV 和较低的比导通电阻 $R_{on,sp}$，但是半导体器件存在固有的"硅极限"，即击穿电压和比导通电阻成 2.5 次方的关系，这限制了功率器件的发展；另一个是向着低导通电阻和低栅漏电荷(Q_{GD})的方向发展，即较小的 $R_{on,sp} \times Q_{GD}$。使用新型栅结构，与常规的矩形栅结构对比，可以通过增加栅极和漏极之间栅氧的厚度，来降低栅漏电容 C_{GD}，进而降低栅漏电荷 Q_{GD}，以降低器件的导通损耗。常规 RGTD-DT LDMOS 如图 1-8 所示。

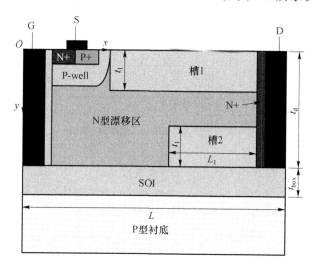

图 1-8　常规 RGTD-DT LDMOS

参 考 文 献

[1] Baliga B J. Power semiconductor devices[M]. Boston：PWS, 1996.

[2] 陈星弼. 功率 MOSFET 与高压集成电路[M]. 南京：东南大学出版社,1990.

[3] Collins H W, Pelly B, HEXFET, A new power technology, cuts on-resistance, boosts ratings[J]. Electron. Des. , 1979, 17(12):36-37.

[4] Lee B H, Chun J H, Kim S D, et al. A new gradual hole injection dual-gate LIGBT [J]. IEEE Electron Device letters, 1998, 19(12)：490-492.

[5] Cai J , Sin J K O,Mok P K T,et al. A new lateral trench-gate conductivity modula-ted power transistor[J]. IEEE Transactions on Electron Devices, 1999：1788-1793.

[6] Talwalkar N, Lauritzen P O, Fatemizadeh. B, et al. A power BJT model for circuit simulation[C]//PESC Record. 27th Annual IEEE Power Electronics Specialists Conference. Baveno：IEEE, 1996.

[7] Ou H H, Tang T W. Numerical modeling of hot carriers in submicrometer Silicon BJT's[J]. IEEE Transactions on Electron Devices, 1987,34(7)：1533-1539.

[8] Appcls J A, Vaes H M J. High voltage thin layer devices (RESURF devices)[C]// IEEE Technical Digest of Electron Devices Meeting. Washington：IEEE, 1979.

[9] Ohashi H , Ohura J, Tsukakoshi T,et al. Improved dielectrically isolated device in-

tegration by silicon-wafer direct bonding（SDB）Technique［C］//Electron Devices Meeting. Los Angeles：IEEE，1986.

［10］ Nakagawa A，Yasuhara N，et al. Prospects of high voltage power ICs on thin SOI ［C］//1992 Internation Technical Digest on Electron Devices Meeting. San Francisco：IEEE，1992.

［11］ Udrea F，Garner D，Sheng K，et al. SOI power devices［J］. Electronics & Communication Engineering Journal，2000，12(1)：27-40.

［12］ 张波,罗小蓉,李肇基. 功率半导体器件电场优化技术［M］. 成都:电子科技大学出版社,2015.

［13］ Lutz J，Schlangenotto H，Scheuermann U，et al. Semiconductor Power Devices Physics，Characteristics Reliability［M］. Germany：Springer，2011.

［14］ 陈星弼. 功率 MOSFET 与高压集成电路［M］. Boston：PWS，1996.

［15］ 陈星弼,张庆忠. 晶体管原理与设计［M］. 2 版. 北京:北京电子工业出版社,2006.

［16］ 赛尔勃赫. 半导体器件的分析与模拟［M］. 上海:上海科学技术文献出版社,1988.

［17］ Sze S M. Medic 4.1 User's Manual［M］. Fremont：Avant Crop，1998.

［18］ 费恩曼,莱顿,桑兹. 费恩曼物理学讲义［M］. 上海:上海科学技术出版社,2005.

［19］ Wang Y，Wang Y F，Liu Y J，et al. Split gate SOI trench LDMOS with low-resistance channel［J］. Superlattices & Microstructures，2017，102：339-406.

［20］ Singh Y and Punetha. M. High performance SOI lateral trench dual gate power MOSFET［C］//2012 International Conference on Communications, Devices and Intelligent Systems (CODIS). Kolkata：IEEE，2012.

［21］ Zhou Kun，Luo Xiaorong，Li Zhaoji，et al. Analytical model and new structure of the variable-k dielectric trench LDMOS with improved breakdown voltage and specific on-resistance［J］. IEEE Transactions on Electron Devices，2015，62(10)：3334-3340.

［22］ Saxena R S，Kumar M J. Polysilicon spacer gate technique to reduce gate charge of a trench power MOSFET［J］. IEEE Transactions on Electron Devices，2012，59 (3)：738-744.

第 2 章　异质耐压层

2.1　解析理论

异质材料是指两种不同种类的半导体材料组合在一起的材料,或者指一种半导体材料和绝缘介质材料组合在一起的材料。在功率半导体器件中通常使用异质材料构成耐压层,以承受较高的电压。根据异质材料的属性可将异质耐压层分为两大类:

① 异质结耐压层。在 MOS 器件中利用 PN 结的反向耐压来承受源漏区极高的电压。

② 异质耐压层。通过引入不同的半导体材料和绝缘介质材料来构成耐压层,SOI、EN-DIF、HK、VFP 等就是经常被运用的关键技术。

功率器件耐压的解析分析属于静电场内容。电荷场与电势场的理解包括以下两个方面:

在物理意义上,耐压层电场是电荷场分量和电势场分量的叠加,电荷场表示耐压层电离电荷所产生的场,由耐压层中电荷分布决定,而与外加电势无关;电势场则不考虑耐压层中电离电荷的影响,只由耐压层边界电势决定。

在数学意义上,耐压层电场可通过求解泊松方程得到,而电势由泊松方程和拉普拉斯方程的解叠加而成。其中,泊松方程为 $\nabla^2\varphi=-\rho/\varepsilon_S$($\rho$ 是电荷体密度,ε_S 是硅层介电常数),它仅考虑零电势边界条件并决定电荷场;拉普拉斯方程为 $\nabla^2\varphi=0$,它考虑零电势与外加电势边界条件,并给出电势场。上述表达式中 φ 都为电势。

图 2-1 是 VDMOS 耐压层结构的电荷场与电势场示意图,图中虚线表示电场线,电荷场中的电力线由耐压层中电离的正电荷发出,终止于两零电势边界,而电势场从高电势边界发出电场线度越整个耐压层终止于低电势面。电荷场与电势场都有可能为二维甚至三维分布,具体与掺杂分布以及边界等势面分布情况有关。

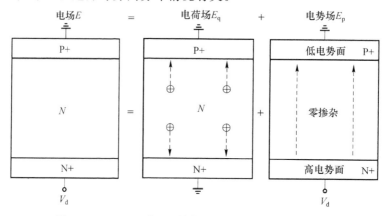

图 2-1　VDMOS 耐压层结构的电荷场与电势场示意图

电荷场为零电势边界下电荷分布所致的电场,因此其分布对电势边界无影响,而只是与电势场叠加后改变总电场的分布。零电荷条件下器件合场为电势场,在此基础上叠加电荷场,其分布一般具有对称性,总是在部分降低合场的同时部分增加合场,称之为电荷场的调制。

常见的异质耐压层有如下几种:SOI 耐压层、HK 耐压层、和 VFP 耐压层、CCL SJ 耐压层、GC 耐压层。

2.2　ENDIF 耐压层

2.2.1　高压 SOI 介质场增强技术

SOI 横向耐压技术完全与体硅横向耐压技术兼容,国内外众多器件设计者对此进行了大量的创新性研究,形成了比较成熟的横向耐压理论以及设计思路。而对于 SOI 纵向耐压技术,结构上由于埋氧介质阻止了耗尽层向衬底扩展,耐压完全由顶层硅及埋层的厚度决定,实际工艺中两者的厚度不能太厚,这使得 600 V 以上的高压 SOI 应用受限。常规 SOI 埋层界面电荷被横向电场抽取,浓度很低,埋层界面满足如下高斯定律:

$$\varepsilon_1 E_1 = \varepsilon_S E_S \tag{2-1}$$

其中,ε_S 和 ε_1 分别是顶层硅和介质埋层的介电常数;E_1、E_S 分别为埋层和硅层电场。当常规结构中顶层硅厚度为非 $0.1\ \mu m$ 量级(薄硅层)时硅层电场极限约为 $30\ V/\mu m$,埋层电场约为 $100\ V/\mu m$,实际上埋层临界电场可达 $600\ V/\mu m$,如果能把埋层电场的潜力发挥出来,则埋层耐压如同"大人"的承重能力,硅层耐压犹如"小孩"的能力。常规 SOI LDMOS 的结构电场示意图如图 2-2 所示。对于介电常数小于 SiO_2 的低 K(LK)介质,其临界击穿电场更高,由此可见常规结构埋层耐压是一个能力完全没有发挥出来的"大人",显然通过增加埋层电场来提高 SOI 器件耐压的设计余量甚大。

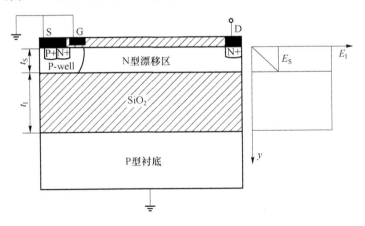

图 2-2　常规 SOI LDMOS 的结构和电场示意图

ENDIF 技术可以使得埋层电场极大增强,器件耐压得以大幅度提升,因此抓住 SOI 器件的埋层耐压即抓住了高压 SOI 耐压设计的关键。常规 SOI 器件纵向耐压受限的原因:一是受工艺限制,埋层和硅层厚度不能做得太厚;二是埋层电场大约是硅层电场的 3 倍。可以通过使用 ENDIF 技术增强介质层电场,提高器件纵向耐压,ENDIF 理论统一了高压 SOI 功率器件的纵向耐压问题。

2.2.2　介质场增强理论

为了说明其原理,仍采用图 2-2 所示的常规 SOI LDMOS 结构。假设通过设计使得 SOI 器件的耐压主要由纵向耐压决定,并且击穿点位于漏端下方的界面,可得器件纵向耐压(V_{BV})的简明表达式为:

$$V_{BV} = 0.5E_S t_S + E_I t_I \qquad (2\text{-}2)$$

其中,t_S、t_I 分别表示顶层硅与埋层厚度。

埋氧层界面高斯定律为:

$$\varepsilon_I E_I = \varepsilon_S E_S + q\sigma_{in} \qquad (2\text{-}3)$$

其中,σ_{in} 为埋层界面电荷密度,q 为电子电荷。结合式(2-2)、式(2-3)可得常规 SOI 器件 V_{BV} 的公式:

$$V_{BV} = 0.5 t_S E_S + \frac{\varepsilon_S}{\varepsilon_I} t_I E_S + \frac{q t_I \sigma_{in}}{\varepsilon_I} \qquad (2\text{-}4)$$

当固定器件结构中的 t_S、t_I、ε_S 时,可以改变的变量有 3 个:硅层临界击穿电场 E_S、埋层介电系数 ε_I、界面电荷密度 σ_{in}。得到相应的 SOI ENDIF 的 3 种方法:增强硅层临界击穿电场 E_S,减小埋层介电常数 ε_I,增加埋层界面电荷面密度 σ_{in}。

ENDIF 理论作为 SOI 器件纵向耐压技术的普适理论,对现有的纵向耐压模型进行了统一,给出了设计优化的 3 个方向(E_S、ε_I、σ_{in}),对高压 SOI 器件纵向耐压结构设计具有指导作用。

2.2.3　电荷型介质场增强技术

通过对 ENDIF 理论的概述和分析可以看出,在 3 种介质场增强的方法中只有介质层界面引入电荷这种方式受硅层及埋层材料特性的影响较小,即界面电荷量可以不完全受材料特性的限制,也就是说在不改变材料特性的情况下可以通过引入电荷的方式增强埋层电场。衬底、埋层、顶层硅 3 层结构形成一个 MIS 电容,电容两端的电压等于电容值 C 与电容两边电荷 Q 的乘积,即 $Q = C \cdot V$,SOI 纵向耐压中的埋层耐压可以看成 MIS 电容耐压。从公式中可以看出,引入的电荷越多电容两端的电位差越大。电荷的引入可以打破埋层电场与硅层电场的 3 倍关系,能够极大地改善器件的纵向耐压。根据式(2-3),解出 E_I:

$$E_I = \frac{q}{\varepsilon_I} \sigma_{in} + \frac{\varepsilon_S E_S}{\varepsilon_I} \qquad (2\text{-}5)$$

可以看出埋层电场 E_I 随界面电荷面密度 σ_{in} 线性变化,σ_{in} 每增加 1×10^{12} cm^{-2},E_I 增加 46.4 V/μm。例如,当 t_S 取 1 μm 时,σ_{in} 从 0 变化到 6×10^{12} cm^{-2},E_I 从 154.6 V/μm 提高到 433 V/μm。因此在埋层界面引入电荷增强埋层电场是一种发挥埋层"大人"能力的有效方式。

2.2.4　薄硅层介质场增强技术与结构

提高 SOI 器件纵向耐压要求在器件耐压时电势在水平方向有更大的曲率,从二维泊松方程可知增大电势水平方向曲率的方法有两种：一是提高漂移区掺杂浓度；二是增加纵向电场的变化率。当硅层厚度极薄时，由于电离积分的路径被缩短，埋层界面硅层在更高电场值下发生雪崩击穿，因此电场纵向变化率很大，从而有更大的器件耐压值。也可以理解为耐压时由于硅层很薄并且靠近漏端处掺杂浓度更高（薄硅层必须用线性变掺杂，这在书中第4章有推导过程），耗尽时可得高浓度界面施主离子，增加埋层电场，提高耐压。本书著者所在课题组首次在国际上提出了薄层硅临界击穿电场 $E_{s,c}$ 与硅层厚度的定量关系：

$$E_{s,c} = \frac{9.783(21.765 - \ln t_S)}{3.975 + \ln t_S} \tag{2-6}$$

从式(2-6)中可以看出，硅层厚度越薄，其临界击穿电场就越大。在硅层厚度为 $0.1\ \mu m$ 时，硅层的临界击穿电场达到 $141\ V/\mu m$，远大于常规结构中的 $30\ V/\mu m$。根据式(2-1)可知，此时埋层电场从约 $90\ V/\mu m$ 增加到约 $423\ V/\mu m$，器件纵向耐压增强。

2.3 HK 耐压层

2.3.1 高 K 材料

功率半导体器件采用 RESURF 相关技术可以实现电离电荷平衡，改善器件 $R_{on,sp}$ 与 BV 的矛盾关系，但 $R_{on,sp}$ 的降低能力有限。尤其常规 RESURF 技术由于器件高耐压对漂移区最短长度的限制，在缩小器件尺寸方面几乎无能为力。超结(SJ)结构打破了"硅极限"，但 SJ 存在衬底辅助耗尽效应(SAD)，破坏了 N 区和 P 区的电离电荷平衡，耐压较低。高 K 介质的极化电荷可以取代 SJ 中的 N 区或者 P 区的电离电荷，实现新的电荷平衡。在有高 K 极化电荷存在的功率器件中，器件要求高 K 介质的 k 值较高（10^2 数量级到 10^3 数量级），且对界面态也有一定的要求。表 2-1 是一些介电材料的相对介电常数和制备方法。

表 2-1　一些介电材料的相对介电常数和制备方法

材　料	制备方法	相对介电常数
SiO_2	氧化(Oxidation)	3.9
Si_3N_4	凝胶气相淀积(JVD)	6~7
ZnO	射频溅射(RF Sputtering)、溶胶＋凝胶法	8~12
Ta_2O_5	金属有机物化学气相沉积(MOCVD)、溅射(Sputtering)	25~50
HfO_2	金属有机物分解(MOD)	21
ZrO_2	真空蒸发、MOD	25
BST(如钛酸钡系的 $Ba_xSr_{1-x}TiO_3$)	分子束外延(MBE)、MOCVD	180
PZT(如钛酸铅系的 $PbZr_xTi_{1-x}O_3$)	MBE、MOCVD	400~800

2.3.2 极化电荷自平衡机理的研究

硅和高 K 介质两者的介电常数相差很大，硅的相对介电常数 $\varepsilon_{si} = 11.9$，而高 K 介质的

相对介电常数 ε_1 可达几十甚至上万,后者远大于前者。两者的电导率 σ 相差也很大,在 N 型掺杂浓度为 $1\times10^{15}\ cm^{-3}$ 的情况下硅的 σ 约为 $0.2\ S/m$,而高 K 介质的 σ 几乎为 0,前者远大于后者。基于静电场和电流场的作用,它们的电位移矢量 $\boldsymbol{D}$ 和电流密度矢量 $\boldsymbol{J}$ 可分别表示为 $\boldsymbol{D}=\varepsilon\boldsymbol{E}$ 和 $\boldsymbol{J}=\sigma\boldsymbol{E}$。根据两者的相似性,在导通状态下,由于硅层的 σ 远高于高 K 介质层,其电流密度也要远大于高 K 介质层的值,器件呈现低的导通电阻;在耐压状态下,由于高 K 介质层的介电系数 ε_1 远高于硅的 ε_{si},因此绝大部分电力线由漏端经过高 K 介质层终止到源端,而在硅层内及其表面的电场较低,器件呈现高耐压。

当设计介电系数足够的高 K 介质使得高 K 的极化电荷完全匹配漂移区的电离电荷时,器件实现其自平衡,表面场最优,耐压最大,比导通电阻最低。也就是说,由于高 K 介质与硅层的并行,使电位移和电流分道而行,两者各行其责:高 K 介质层在关态下承担高电压,而硅层其耐压层的电力线分布图在开态下实现低导通电阻,如图 2-3 所示。高 K 器件在极化电荷自平衡($SB\text{-}Q_p$)的情况,再引入高浓度 N 条,从而产生的具有新的极化电荷自平衡的系统如图 2-4 所示,新的耐压层在关态下介质极化电荷与高浓度 N 条和漂移区重新实现电荷自适应平衡,不引入额外高电场峰值且优化器件场分布。开态下高浓度 N 条构成低阻导电层,从而以其为基础的功率 MOS 器件兼具高耐压和低比导通电阻特性。

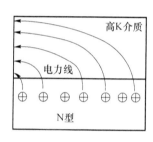

图 2-3   耐压层的电力线分布图

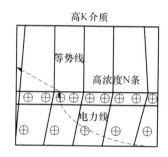

图 2-4   具有新的极化电荷自平衡的系统

2.4   VFP 耐压层

随着功率器件的发展,场板技术被广泛地应用,这些场板被称为横向场板或者表面场板。当器件漂移区较长时,更需要场板去优化器件的表面电场和辅助耗尽漂移区,但横向场板对器件比导通电阻的改善没有明显的效果。本书作者、章文通等人提出了纵向场板(Vertical Field Plate,VFP)新结构以及相关模型。针对 LFP 耗尽效应不可深及器件体内,仅能进行表面局部场优化的特点,使用 VFP 引入体内耗尽机制。这种转变极大增加了漂移区掺杂浓度,同时优化体内场,提高耐压。槽栅技术把器件的沟道区、积累区从横向变成纵向,使沟道区和积累区的面积在横向尺寸上得以减小,使得比导通电阻进一步降低。这给器件设计者提供了一条思路,即横向器件将常规表面横向耗尽场板变为体耗尽场板(即 VFP),这可使漂移区所占面积极大降低,从而使器件的比导通电阻极大降低。并且在横向器件设计中,槽栅技术可以缩短电流的导通通道,降低比导通电阻。

2.5 CCL 耐压层

超结 LDMOS 器件以相互交替排列的 PN 条代替单一掺杂的漂移区。PN 条之间相互耗尽,所以超结 LDMOS 器件的 PN 条可以做到以较高的掺杂浓度实现器件的低比导通电阻。然而超结中 PN 条之间微妙的电荷平衡会受衬底辅助耗尽效应的影响,这将导致击穿电压的下降。为了消除衬底辅助耗尽效应的影响并提高 SJ LDMOS 器件的性能,引入并优化掺杂电荷补偿层分布,与线性掺杂相比,CCL 层在漏端具有更高的掺杂剂量,而在源端具有更低的掺杂剂量。在满足电荷平衡条件下,器件耐压由体内场和表面场综合决定。我们进一步分析了电场分布,比较了优化后具有线性且均匀的电荷补偿层的横向超结器件与常规横向超结器件的表面场分布、电荷非平衡的影响,从中发现了优化电荷补偿层可实现其均匀表面场条件并且可实现耐压最优。

2.6 GC 耐压层

在低耐压应用领域,槽型结构广泛应用于功率器件设计,尤其针对低于一百伏级的器件。在高频转化器的应用领域,低的栅电荷(Gate Charge,GC)能够提高功率效率,因此栅电荷问题变为更加明显。对于低压槽型 MOS 功率器件,比导通电阻和栅电荷已经成为研究的重要参数。一方面,靠近栅极区域的漂移区会积累电子,可以降低器件的比导通电阻;另一方面,深槽栅会增加栅漏电容,导致器件的栅电荷增加。总的栅电容与栅极的长度成比例,栅漏电容与栅极和漏极之间交叠的长度有关。减小栅漏电容的方法有两种,分别是增加栅级和漏极之间氧化槽的距离和减小栅漏之间的电压。为了评估总的导通和关断损耗,用损耗优值 $FOM2 = R_{on,sp} \times Q_{GD}$ 来表征。

参 考 文 献

[1] 章文通. 超结功率器件等效衬底模型与非全耗尽工作模式研究[D]. 成都:电子科技大学,2016.

[2] Zhang Bo,Li Zhaoji. J,Hu shengdong,et al. Field enhancement for dielectric layer of high-voltage devices on silicon on insulator[J]. IEEE Transactions. Electron Devices,2009,56(10):2327-2334.

[3] Appels J A,Vaes H M J. High voltage thin layer devices (RESURF devices)[C]// IEEE Technical Digest of Electron Devices Meeting. Washington IEEE,1979.

[4] Charitat G,Bouanane M A,Rossel P. A self-lsolated and efficient power device for HVIC's:RESURF LDMOS with SIPOS layers[C]//22nd European Solid State Device Research Conference. Lenver:IEEE,1992.

[5] Udrea F,Popescu A,Milne W I. 3D RESURF double-gate MOSFET:a revolutionary power device concept[J]. Electronics Letters,1998,34(8):808-809.

[6] 李驰平,王波,宋雪梅,等. 新一代栅介质材料——高 K 材料[J]. 材料导报,2006,20

(2):17-25.

[7] Poli S, Reggiani S, Baccarani G, Gnani E, et al. Numerical investigation of the total SOA of trench field-plate LDMOS Device[M]. [S. l.]: Simulation of Semiconductor Processes and Devices (SISPAD), 2010.

[8] Jaume D, Charitat G, Reynes J M, et al. High-voltage planar devices using field plate and semi-resistive laye[J]. IEEE Transactions. Electron Devices, 1991, 38 (7): 1681-1684.

[9] Lee M R, Kwon O K. High performance extended drain MOSFETs (EDMOSFETs) with metal field plate[C]//11th International Symposium Power Semicond Devices and ICS. ISPSD'99 Proceeding. Toronto: IEEE, 1999.

[10] Terashima T, Yamashita J, Yamada T. Over 1 000V n-ch LDMOSFET and p-ch LIGBT with JI RESURF structure and multiple floating field plate[C]//Proceeding of International Symposium on Power Semicond Devices and IC's: ISPSP'95. Yokohama: IEEE, 1995.

[11] Bassin C, Ballan H, Declercq M. High-voltage devices for 0. 5-μm standard CMOS technology[J]. IEEE electron device letters, 2002, 21(1): 40-42.

[12] Fujishima N, Saito M, Kitamura A, et al. A 700V lateral power MOSFET with narrow gap double metal field plates realizing low on-resistance and long-term stability of performance[C]//Proceeding of the 13th International Symposium on Power Semiconductor Devices & ICs. IPSP'01. Osaka: IEEE, 2001.

[13] Qiao M, Zhou X, He Y T, et al. 300-V high-side thin-layer-SOI field pLDMOS with multiple field plates based on field lmplant technology[J]. IEEE Electron Device Letters, 2012, 33(10): 1438-1440.

[14] Wu Lijuan, Zhang Wentong, Shi Qin, et al. Trench SOI LDMOS with vertical field plate[J]. Electronics Letters, 2014, 50(25): 1982-1984.

[15] Zhang Wentong, Zhang Bo, Qiao Ming, et al. A novel vertical field plate lateral device with ultra-low specific on-resistance[J]. IEEE Transactions. Electron Devices, 2014, 61(2): 518-524.

[16] Luo Xiaorong, Lei T F, Wang Y G, et al. Low on-resistance SOI dual-trench-gate MOSFET[J]. IEEE Transactions. Electron Devices, 2012, 59(2): 504-509.

[17] Erlbacher T, Bauer A J, Frey L. Significant on-resistance reduction of LDMOS devices by intermitted trench gates integration[J]. IEEE Transactions. Electron Devices, 2012, 59(12): 3470-3476.

[18] Park I Y, Salama C A T. CMOS compatible super junction LDMOST with N-buffer layer[C]//Proceedings. ISPSD '05. The 17th International Symposium on Power Semiconductor Devices and ICs, 2005. Santa Barbara: IEEE, 2005.

第3章 ENDIF 耐压层电荷场优化

本章首先研究电荷型高压 SOI 器件的设计原理,在原理的指导下提出了七类高压 SOI 器件结构。研究的内容包括:

(1) 反型电荷型 ENDIF 高压 SOI nLDMOS 器件:①反型电子电荷型-阶梯部分埋氧结构(Step Buried Oxide Partial SOI,SBO PSOI)器件;②反型空穴电荷型-复合阶梯埋层结构(Combining the Step Buried Oxide,SBO CBL SOI)器件。

(2) 反型空穴、电离施主结合混合电荷型 ENDIF 高压 SOI nLDMOS 器件:①线性变距离 N^+ 电荷岛结构(Linear Variable Distance N^+ Charge Island,LVD N^+ I)器件;②基于 E-SIMOX 工艺的部分 N^+ 埋层结构(Partial Buried N^+-Layer,PBN^+)器件。

(3) 积累空穴型 ENDIF 高压 SOI pLDMOS 器件:埋氧层自适应埋电极(Adaptive Buried Electrode,ABE)高压 pLDMOS 器件。

(4) 积累空穴、电离施主结合型 ENDIF 高压 SOI pLDMOS 器件:①一种在 E-SIMOX 衬底上制作 N^+ 电荷岛结构(N^+ I)的 pLDMOS 功率器件;②具有浮空埋层的界面部分等电位(Interface Part of the Equipotential with Floating Buried Layer,FBL)p 型高压 LDMOS 器件。

(5) 反型电荷型 SOI SJ ENDIF 器件:①自平衡(Self Balance,SB)中的介质槽(Dielectric-Trench,DT)SOI SJ pLDMOS 结构;②T 型-双介质埋层(T-Dual Dielectric Buried Layer,T-DBL)SOI SJ nLDMOS 结构。

(6) 电离施主型 SOI SJ ENDIF 器件:薄硅层(Thin Silicon Layer,TSL)SOI SJ nLD-MOS 结构器件。

(7) 反型空穴、电离施主结合型 SOI SJ ENDIF 器件:N^+ 电荷岛(N^+ Island,N^+ I)SOI SJ nLDMOS 结构器件。

3.1 电荷型高压 SOI 器件设计技术

3.1.1 硅层横向耐压电荷型 ENDIF

高压 SOI 器件耐压时等势线会有两种分布方式:(1)界面处硅层电势高于埋层电势,如薄硅层器件($<0.5\,\mu m$)等势线往源、漏端一个方向集中;(2)源端下方硅层参与纵向耐压,如厚硅层($>5\,\mu m$)器件等势线往源、漏两个方向分别集中。第一种情况漏端下方埋层耐压几乎等于硅层横向耐压,埋层电场约等于器件耐压除以埋层厚度。以一个漂移区较长的常规 nLDMOS 为例,漏端 N^+ 区的大量电力线终止于衬底,密集的电力线造成界面硅层因电场迅速抬高而使器件提前击穿。如果在界面引入电荷,就可以屏蔽一部分电力线,增加埋层电场,削弱硅层电场。假设电荷浓度从源到漏线性增加,则可以得到线性增加的电势,同时界面电荷可以保证界面硅层不被击穿,优化漂移区电场,提高横向耐压。基于这个思想,需要对 nLDMOS 引入界面电荷并且对浓度和梯度进行设计,图 3-1 是满足理想 ENDIF 条件时的界面电荷浓度分布示意图。

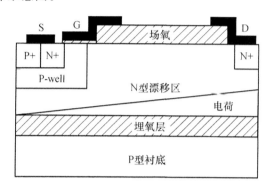

图 3-1　满足理想 ENDIF 条件时的界面电荷浓度分布示意图

电荷型 ENDIF 可增加埋层电场,降低漏下界面硅侧电场,同时不提高源漏电场峰值。通过在埋层界面引入浓度从源到漏线性上升的电荷,可使埋层电场线性提高,如图 3-1 所示,这种埋层界面引入电荷增加介质电场的方法可以获得理想的电荷型 ENDIF 耐压。

在埋层界面电荷浓度与梯度的设计中,产生净电荷的来源有:耗尽区不可移动的离子、MIS 结构形成的反型或者积累电荷、介质注入的固定电荷及这三种来源的组合等。这几种方式都可以作为界面电荷的引入机理,对这些引入电荷方式的分析如下:(1)耗尽层不可移动的离子的产生需界面处硅层全部耗尽并形成不可移动的施主或者受主离子。这种方法的应用有一个前提,提高埋层界面处掺杂浓度时必须保证漂移区全部耗尽(没有耗尽的区域为等势体,耐压时不会有等势线穿过),因此埋层界面硅侧局部掺杂浓度不能做得很高(例外的是薄硅层/线性浅结可以通过漂移区线性变掺杂,耗尽界面高浓度杂质得到 ENDIF 电荷,其分析可详见 3.5 节),这限制了埋层界面引入电荷的浓度。(2)通过注入剂量控制介质中注入的固定电荷浓度,界面电荷浓度不受耗尽的影响,可以得到近似理想的界面电荷。但可能在埋层界面形成局部的高电场而使器件提前击穿,另外这种方法可能引入较高的界面态密度,本书中的器件结构将不会涉及这种方法。(3)SOI ENDIF 器件的介质埋层为一个 MIS 电容,由 MIS 结构形成反型或者积累电荷。其电荷分布有别于理想电容情况下的连续分布,为准连续分布,原因是硅层较薄时连续分布电荷上界面是等势面,当没有等势线穿过时,ENDIF 作用较小。以 nLDMOS 为例,耐压时衬底接地,埋层上界面形成反型空穴,其浓度随界面电势的增加而指数增加。如果用 σ_{in} 表示介质埋层界面电荷密度,它与界面势的关系可以表示为:

$$\sigma_{in} = \left\{ \frac{2k_0 T \varepsilon_S n_i^2}{q^2 N_d} \exp\left[\frac{q(2\varphi_B + \Delta\varphi_S)}{k_0 T} \right] \right\}^{1/2} \tag{3-1}$$

其中,N_d 为漂移区掺杂浓度;k_0、T、n_i、$2\varphi_B$ 分别为玻尔兹曼常数,绝对温度(室温下 $T = 300$ K),硅本征载流子浓度,半导体弱反型结束、强反型开始时的电势;$\Delta\varphi_S$ 为强反型开始后的电势增量。

常规高压 SOI 器件由于横向电场的抽取,埋层上界面不能积累浓度很高的空穴,导致漏端下方埋层界面硅层提前被击穿,只要找到阻止埋层界面空穴抽取的方法就能增强介质场,提高器件耐压。界面反型空穴浓度强烈依赖于界面势,随界面势的增加而指数增加。强反型开始后的界面电势增量 $\Delta\varphi_S$ 可以表示为:

$$\Delta\varphi_S = \frac{k_0 T}{q}\ln\left(\frac{q^2\sigma_{in}^2}{2k_0 T\varepsilon_S N_d}\right) \tag{3-2}$$

从式(3-2)可以看出,$\Delta\varphi_S$ 微小的增加都会引起 σ_{in} 的剧增,例如,对于一个漂移区掺杂浓度为 $N_d = 8\times10^{14}$ cm^{-3} 的 nLDMOS 来讲,$\Delta\varphi_S$ 仅从 0.13 V 增至 0.333 V,σ_{in} 就从 2×10^{11} cm^{-2} 剧烈增至 1×10^{13} cm^{-2}。因此改变埋层界面处的电势形成一系列的势阱可以对界面电荷浓度进行调控,nLDMOS 耐压时理想界面势阱示意图如图 3-2 所示。

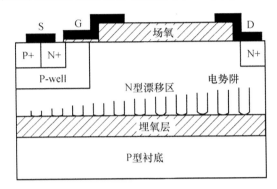

图 3-2　nLDMOS 耐压时理想界面势阱示意图

常规的高压 SOI 器件横向耗尽区与纵向耗尽区交叠后,埋氧层界面积累的空穴被横向排出,因此耐压较低,界面电荷结构在埋层界面引入的电荷能屏蔽硅层电场,增强埋层电场,从而提高器件总体耐压。考虑到空穴浓度在埋层界面理想情况必须为线性分布才能得到最佳耐压效果,假设在埋层界面形成一系列的空穴势阱,该势阱的深度在器件耐压时随外加电压从源到漏线性加深,如果势阱中积累电荷足够多,可使埋氧层完全承担纵向耐压。当漏压减小甚至归零时,势阱深度降低,积累的空穴相应减少。这种通过外加电压改变而浓度变化的反型电荷称之为自适应电荷(Adaptive Charge,AC)。

AC 的优点是可以根据需要增加的埋层电场值调整电荷浓度,避免注入固定电荷时产生局部高电场。下面重点分析自适应电荷介质场增强原理,仍然以 nLDMOS 为例。自适应电荷本质上是反型空穴,要保证埋层界面处发生反型,每个势阱中掺杂浓度不能太高,随着漏压的升高,器件漂移区很快耗尽,这个过程与常规 SOI 器件耐压类似。常规RESURF SOI 器件因漏下埋层界面硅层出现电场峰而被击穿,电荷型 ENDIF 器件随漏压升高,漏下方势阱高度增加,空穴积累于势阱中,增强了该处埋层电场并削弱了硅层电场。漏端 N$^+$ 发出的电力线更多指向漂移区中部,漏端电位进一步升高,等效为常规 SOI 器件的漏电位往源端移动,类似的器件将在新的"漏极"下方形成新的势阱并积累相应浓度的空穴。另外,当新的漏端提升埋层电位的作用发生时,以前漏端的下方埋层电位被进一步提升,原漏端势阱高度随电位的升高而升高,势阱中束缚了更多的界面电荷。最终通过自适应的方式在整个埋层界面引入准连续且浓度由源到漏逐渐升高的线性分布电荷,其调制作用使埋层电场线性增加,ENDIF 效果在漏端下方达到最大。理想情况是通过电荷对漂移区电场的屏蔽作用不断减弱硅层电场,增加埋层电场,最终器件在漏下方埋层中发生击穿,等势线在漂移区中准均匀分布。

3.1.2 硅层纵向耐压电荷型 ENDIF

第二种情况以 nLDMOS 为例,耐压时漏端高电位会向源端以及衬底两个方向降为 0,漏压增加时 P-well 与衬底形成的耗尽区交叠,因为源端埋层上界面在两个方向上电势差相等。在厚顶硅层的情况下,器件源端硅层纵向耐压几乎为埋层耐压。当埋层厚度不变时只要源端的硅层纵向耐压增加就能增加埋层电场,并且由于硅层厚度较厚的时候,源端与漏端硅层几乎可以承受相同的纵向耐压,因此这种器件优化设计后耐压约为埋层耐压的两倍,器件可以在更薄的埋层厚度上承受更高的耐压,热特性得到改善。

3.2 n-反型电荷型高压 SOI 器件

这类电荷型 ENDIF 高压 SOI 器件的特点是:器件耐压时通过在埋层上界面形成反型空穴或者电子(如 3.5 节 SJ 里的 DT 和 P^+I SOI pLDMOS 结构)来增强埋层电场。SBO PSOI 结构是在埋层下界面阶梯处形成高浓度反型电子;SBO CBL SOI 是在两个埋层上界面形成反型空穴。这两种结构都是利用埋层形状的设计使得埋层界面电荷不被横向电场抽取,以增强埋层电场。

3.2.1 SBO 高压 PSOI 器件

本节提出并研究了薄硅层阶梯部分埋氧(SBO PSOI)结构。该结构的特点是埋层为从源到漏厚度逐渐增加的阶梯形状,阶梯阻挡了漏极对反型电子的抽取,增加了埋层电场,同时阶梯位置引入的电场峰调制了表面电场,提高了横向耐压,源端的硅窗口缓解了器件的自热效应(SHE)。

1. SBO PSOI 器件结构与工作机理

图 3-3(a)是 SBO PSOI 结构示意图,其中,t_1 为埋层厚度;N_d、L_d、t_s 和 L_w 分别为漂移区掺杂浓度、漂移区长度、顶层硅厚度和源下硅窗口长度;SBO PSOI 的漂移区掺杂均匀,埋氧层被分为 3 个阶梯,其中 I、II 和 III 分别为 3 个阶梯,单个阶梯长度为 L_1(在图 3-3(b)中显示)。

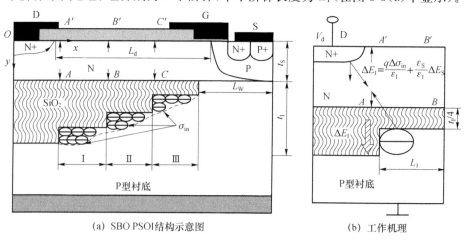

(a) SBO PSOI结构示意图   (b) 工作机理

图 3-3 SBO PSOI 器件结构示意图和工作机理

在 SBO PSOI 结构中,随外加漏压 V_d 的增加,阶梯处收集的反型电子浓度如图 3-3(a)所示,由电荷型 ENDIF 理论可知,界面电荷增加了埋层电场。埋层的阶梯会使漂移区电场在埋层界面(A、B、C)和硅层表面(A'、B'、C')出现 3 个电场峰值。图 3-3(b)示意了 SBO PSOI 结构阶梯处引入的电荷 $\Delta\sigma_{in}$、产生的附加电场 ΔE_I,它们有如下关系:

$$\Delta E_I = \frac{q\Delta\sigma_{in}}{\varepsilon_I} + \frac{\varepsilon_S}{\varepsilon_I}\Delta E_S \tag{3-3}$$

SBO PSOI 结构的纵向耐压 V_{BV}(即 BV)由 3 个部分构成,分别是顶层硅耐压、埋层耐压和衬底耐压,由 $V_{BV} = 0.5E_S t_S + E_I t_I$ 可得如下公式:

$$BV = 0.5E_S t_S + E_I t_I + V_{sub} \tag{3-4}$$

其中 V_{sub} 是衬底耐压。埋层电场的增加提高了 SBO PSOI 器件的击穿电压。

2. 击穿电压与结构参数的关系

SBO PSOI 器件电学特性仿真的仿真条件为:$L_d = 18~\mu m$,$t_I = 2~\mu m$,阶梯数目 $N = 3$,阶梯长度 $L_I(1,2) = 4~\mu m$,$L_I(3) = 7~\mu m$,$L_w = 3~\mu m$,$t_S = 0.5~\mu m$。如图 3-4(a)所示的 SBO PSOI 等势线分布比如图 3-4(b)所示的常规(Con.)SOI 等势线分布更均匀,这源于阶梯处引入的负电荷对漂移区电场的调制,在每个阶梯的位置引入新的电场峰值提高漂移区中部电场,同时引入的负电荷增加了埋层电场,提高了纵横向耐压。

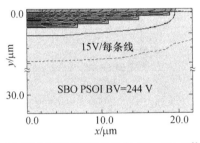
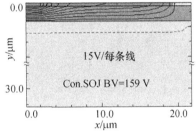

(a) SBO PSOI的等势线分布 ($N_d = 3.2\times10^{16}~cm^{-3}$)　　(b) 常规SOI等势线分布 ($N_d = 1.4\times10^{16}~cm^{-3}$)

图 3-4　击穿时,SBO PSOI 与常规 SOI 等势分布

图 3-5 为击穿时,常规 SOI、常规 PSOI 和 SBO PSOI 结构的表面和界面电场分布图。图 3-5(a)为 3 种结构的表面电场分布,由于埋层的阶梯形状,埋层界面的电场峰值调制了漂移区表面电场,A 点硅层电场从常规 SOI 结构的 4.4 V/cm 提高到 $E_{A'}$ 的 12.7 V/cm,优化了表面电场,提高了横向耐压。图 3-5(b)为 3 种结构的界面电场分布,在 A 点,电场从常规 SOI 结构的 12.3 V/cm 提高到 SBO PSOI 结构 E_A 的 26.3 V/cm。

图 3-6(a)为击穿时,SBO PSOI 下界面电子浓度分布,由于阶梯阻挡,下界面反型的电子在阶梯处被收集,电子浓度峰值呈线性分布。由于电荷的存在,图 3-6(b)中常规 SOI、常规 PSOI 和 SBO PSOI 结构的纵向电场 E_I 分别为 80 V/cm、90 V/cm 和 114 V/cm,常规 SOI 和 SBO PSOI 结构的击穿电压分别为 159 V 和 244 V。

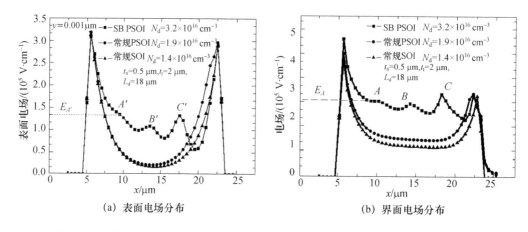

(a) 表面电场分布　　　　　　　(b) 界面电场分布

图 3-5　击穿时,常规 SOI、常规 PSOI 和 SBO PSOI 结构的表面和界面电场分布图

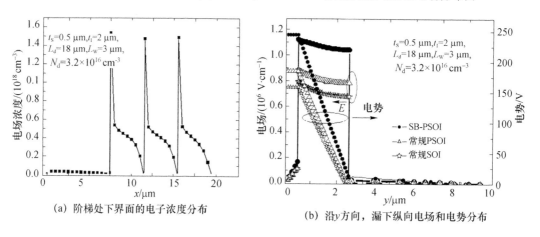

(a) 阶梯处下界面的电子浓度分布　　(b) 沿 y 方向,漏下纵向电场和电势分布

图 3-6　击穿时,SBO PSO 的电子浓度和电场、电势分布

如图 3-7 所示为结构参数与耐压的关系。图 3-7(a)中,随着漂移区长度的增加,BV 和 V_I 随之增大,硅层和衬底电场较低,其变化不如前两者明显,此时为表面击穿,随着漂移区长度逐步增加,器件击穿电压趋于饱和,此时为体内击穿。SBO PSOI 结构较常规 SOI 结构击穿电压提高了 53.5%。图 3-7(b)中,随硅层窗口长度增加,阶梯处收集的电荷减少,埋层击穿电压降低,顶层硅击穿电压基本不变,由于耗尽层的延伸,尽管衬底击穿电压有所增加,但总击穿电压主要由埋层击穿电压决定,器件总击穿电压降低。

图 3-8(a)为击穿电压与硅层厚度 t_S 漂移区浓度 N_d 的关系。随 t_S 从 0.5 μm 到 10 μm 的变化,击穿电压先增加后降低,在 $t_S < 5$ μm 时,随着硅层厚度的增加,整个击穿电压略有增加。当 $t_S > 5$ μm 时,阶梯对漂移区电场调制作用减弱,击穿电压迅速下降,在满足 RESURF 条件的漂移区浓度 N_d 取值时,击穿电压最大。图 3-8(b)中,埋层厚度从 1 μm 到 2.4 μm 的变化过程中,埋层承受击穿电压增加,器件击穿电压一直呈现上升趋势,但由于工艺限制,埋层厚度要小于 4 μm。

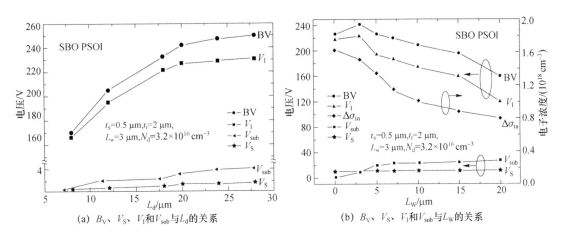

(a) B_V、V_S、V_I和V_{sub}与L_d的关系　　(b) B_V、V_S、V_I和V_{sub}与L_W的关系

图 3-7　结构参数与耐压的关系

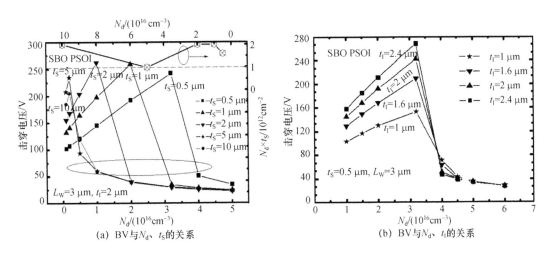

(a) BV 与 N_d、t_S 的关系　　(b) BV 与 N_d、t_I 的关系

图 3-8　SBO PSOI 击穿电压与 t_S、t_I 和 N_d 的优化关系

图 3-9 所示为三种结构的热特性。仿真条件:衬底温度为 300 K,V_g 为 15 V,功耗为 1 mW/μm。

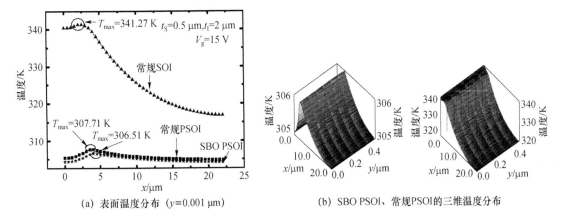

(a) 表面温度分布 ($y=0.001$ μm)　　(b) SBO PSOI、常规PSOI的三维温度分布

图 3-9　SBO PSOI 结构与常规 SOI、常规 PSOI 结构的热特性

21

图 3-9(a)为 3 种结构表面温度分布,SBO PSOI 因为硅窗口的存在,最高表面温度为 306.51 K,常规 SOI 的 T_{max} 出现在源端为 341.27 K。如图 3-9(b)所示是 $t_1 = 2 \mu m$ 时,SBO PSOI 和常规 PSOI 的三维温度分布。热特性说明 SBO PSOI 结构在提高耐压的同时缓解了自热效应。

3.2.2 SBO CBL 高压 SOI 器件

著者所在课题组曾提出过单窗口复合介质埋层高压 SOI 器件(SOI with Single-Window Composite Buried Layer,SWCBL SOI)和双窗口复合介质埋层高压 SOI 器件(SOI with Double-Window Composite Buried Layer,DWCBL SOI)的复合介质埋层(SOI with Composite Buried Layer,CBL SOI)高压 SOI 器件系列。这类结构采用双介质埋层,在两层介质之间填充多晶硅,并且第一层介质上开有一个或者两个有一定宽度的 Si 窗口。这样可以利用双介质来耐压,多晶层下界面会积累一定浓度的电荷,可增加第二介质层电场,提高器件的击穿电压,且第二埋层厚度和耐压无关,在保证第二埋层不击穿的前提下,可以尽量减小其厚度,这样较薄的第二埋层和硅窗口的存在缓解了器件的自热效应。

本节在上述结构基础上结合 SBO SOI 和 CBL SOI 结构的优点,提出了复合阶梯埋层(Step Buried Oxide by Combining Buried Layer,SBO CBL)高压 SOI 器件。新结构的 BV 提高源于上埋层(the Upper Buried Oxide Layer,UBO)阶梯固定空穴以及下埋层(the Lower Buried Oxide Layer,LBO)多晶层界面收集的空穴。两层介质埋层增强,从而提高器件的击穿电压。

1. SBO CBL SOI 结构与机理

图 3-10 是 SBO CBL SOI 器件的结构和工作机理图。SBO CBL SOI 由 UBO 和 LBO 以及上下埋层之间的多晶层、UBO 上面的阶梯埋氧层组成。H 是 SBO 的高度,L_1 和 L_2 是 SBO 的左右长度,L_3 是 SBO 第一阶梯的长度,L_d 和 L_w 是漂移区和窗口的长度,L 是 UBO 左边的长度,t_S、t_{l1}、t_{l2}、t_{po} 和 t_p 分别是硅层、UBO、LBO、多晶层和 p-top 的厚度。

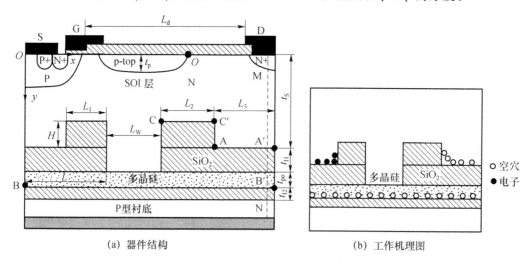

(a) 器件结构   (b) 工作机理图

图 3-10　SBO CBL SOI LDMOS 器件的结构和工作机理图

设计中使用场板和双 RESURF 技术提高器件的横向耐压(V_L)。当漏端接正电压 V_d,同时源、栅和衬底接地,反型的空穴聚集在右边 UBO 和 LBO 的上界面。SBO 的阶梯埋层阻止了横向电场对 UBO 上界面空穴的抽取,UBO 阻止了源极把空穴从 LBO 上界面被漂移区横向电场抽取,UBO 的窗口还调制了漂移区的电场。SBO CBL SOI LDMOS 的 BV 可以近似表示为:

$$BV = 0.5E_s\varepsilon_s + \frac{t_{I1}(E_s\varepsilon_s + qQ_{I1})}{\varepsilon_I} + \frac{t_{I2}(E_p\varepsilon_s + qQ_{I2})}{\varepsilon_I} \tag{3-5}$$

其中,Q_{I1} 和 Q_{I2} 分别是 UBO 和 LBO 上界面的空穴密度,E_s 和 E_p 分别是 SOI 层和多晶层的电场。从式(3-5)可以得到,器件的耐压是由 3 个部分共同承担的。

图 3-11 是纵向漏端($x=79\ \mu$m,$t_S=10\ \mu$m)UBO 和 LBO 的上界面的空穴浓度分布,由空穴浓度可以计算得到如下两个介质埋层的电荷密度:

$$Q_{I2} = (0.05 \times 10^{-4} N_{I2})\text{cm}^{-2} \tag{3-6}$$

$$Q_{I1} = (0.05 \times 10^{-4} N_{I1})\text{cm}^{-2} \tag{3-7}$$

其中,N_{I1} 和 N_{I2}(单位为 cm^{-3})是 UBO 和 LBO 上界面的空穴浓度分布。

复合介质埋层 SOI(CBL SOI)的 UBO 上界面没有阶梯,反型空穴浓度近似为 0,耐压 BV 可以近似表示为:

$$BV = 0.5E_s\varepsilon_s + \frac{t_{I1}E_s\varepsilon_s}{\varepsilon_I} + \frac{t_{I2}(E_p\varepsilon_s + qQ_{I2})}{\varepsilon_I} \tag{3-8}$$

常规 SOI LDMOS 的 BV 可以近似表示为:

$$BV = 0.5E_s\varepsilon_s + \frac{t_I E_s\varepsilon_s}{\varepsilon_I} \tag{3-9}$$

比较方程(3-6)至方程(3-8),相比常规结构,SBO CBL SOI 的 BV 提高的原因是右边 UBO 和 LBO 上界面分别引入额外的空穴 Q_{I1} 和 Q_{I2};CBL SOI 的 BV 仅仅是被 LBO 上界面的 Q_{I2} 所提高;常规 SOI 没有空穴的积累,埋层电场没有被增强,因此耐压较低。新结构 SBO CBL SOI 的埋层电场和 BV 的提高是两个地方的电荷综合作用的结果。

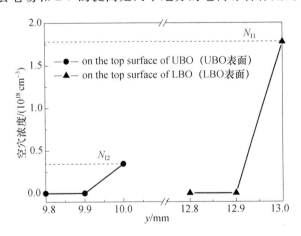

图 3-11　纵向漏端($x=79\ \mu$m,$t_S=10\ \mu$m)UBO 和 LBD 的上界面的空穴浓度分布

图 3-12 是击穿时,SBO CBL SOI、CBL SOI 和常规 SOI 的等势线和表面电场分布。图 3-12(a)是 SBO CBL SOI 等势线分布,SBO CBL SOI 在右边阶梯埋层和区域 1 的等势线比 CBL SOI〔如图 3-12(b)所示〕的更密集,而且,在区域 2〔如图 3-12(a)所示〕比常规 SOI LD-MOS〔如图 3-12(c)所示〕的更密集。因此,SBO CBL SOI 的等势线分布更加合理,BV 更

高。SBO CBL SOI 相比 CBL SOI 和常规 SOI 的表面电场有更高的电场尖峰,漂移区电场被更好地调制,这优化了横向电场,提高了横向耐压。另外,如图 3-12(a)、图 3-12(d)所示,图 3-12(a)中的 3 点 O_1、O_2 和 O_3 的电势基本相同,并且在点 O_3 的电势和第二埋层耐压 V_{12} 相等。Q_{12} 由 V_{12} 决定,因此 Q_{12} 被点 O_1 电势所决定。可见,阶梯埋层的引入,相比 CBL SOI,除了调制漂移区电场,增加 UBO 埋层的电场外,对 LBO 的电场也有调制作用。

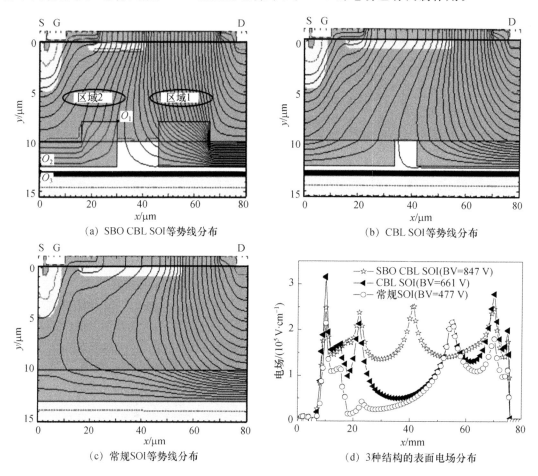

(a) SBO CBL SOI 等势线分布   (b) CBL SOI 等势线分布

(c) 常规 SOI 等势线分布   (d) 3 种结构的表面电场分布

图 3-12　击穿时,SBO CBL SOI、CBL SOI 和常规 SOI 的等势线分布和表面电场

($y=0.01~\mu m$)分布($L_d=70~\mu m$,$t_S=10~\mu m$,$t_{l1}=2.5~\mu m$,

$t_{po}=0.5~\mu m$,$t_{l2}=0.5~\mu m$,$t_p=1~\mu m$,等势线的每条线为 20 V)

　　但由于 UBO 上界面阶梯处引入的空穴、UBO 下界面感应的电子中和了 LBO 上界面的空穴,SBO CBL SOI 的 LBO 的电场相比 CBL SOI 的 LBO 的电场略有降低。常规 SOI、CBL SOI 和 SBO CBL SOI 的 BV 分别为 477 V、661 V 和 847 V。

2. 耐压与结构参数的关系

　　图 3-13 是 SBO CBL SOI、CBL SOI 和常规 SOI 的纵向电场分布。SBO CBL SOI 和 CBL SOI 的上、下埋层电场分别为 E_{l1} 和 E_{l2}。SBO CBL SOI 的 LBO 和 UBO 的电场从常规 SOI 的 92 V/μm 分别增加到 163 V/μm,460 V/μm;CBL SOI 的 LBO 和 UBO 电场从常规 SOI 的 92 V/μm 分别到 92 V/μm,476 V/μm。根据 UBO 上界面的电位移的连续性,E_{l1} 可

以表示为：

$$E_{I1}\varepsilon_I = E_s\varepsilon_s + 0.05 \times 10^{-4}qN_{I1} \tag{3-10}$$

当 $V_d = BV$，$E_s\varepsilon_s \approx 3.16 \times 10^{-7}(\text{cm}^{-2} \cdot \text{C})$，只有当 $N_{I1} > 10^{17} \text{ cm}^{-3}$ 时，埋层电场 E_I 才能得以有效增加，否则仍然是硅层的 3 倍关系。

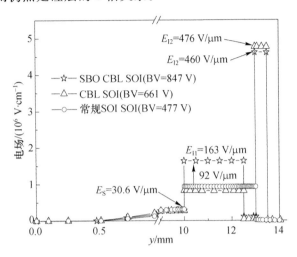

图 3-13 在漏端($x = 79 \ \mu\text{m}$)，SBO CBL SOI、SBL SOI 和常规 SOI 的纵向电场分布

图 3-14 是沿 x 方向，三种结构的界面电场和空穴浓度分布。在图 3-14(a)中，SBO CBL SOI 中的 SBO 能阻止空穴的抽取，$N_{I1} = 3.4 \times 10^{17} \text{ cm}^{-3}$，SBO CBL SOI 的 E_s 是 30.6 V/μm，按照方程(3-10)，计算可得 E_{I1} 是 173 V/μm。图 3-14 中 SBO CBL SOI 的 E_{I1} 接近 163 V/μm。在仿真和理论计算中，E_{I1} 的值仅仅只有 6% 的误差。相比 UBO 上界面阶梯处的高浓度空穴值，常规 SOI 和 CBL SOI 的电荷浓度低于 10^{17} cm^{-3}，如图 3-14(a)所示，只有 10^{14} 量级，因此，两者的 E_{I1} 都仅仅只有 90 V/μm。CBL SOI 的 UBO 的埋层电场没有得到提高。

根据 LBO 上界面的电位移连续型，可以得到如下的 E_{I2}：

$$E_{I2}\varepsilon_I = E_p\varepsilon_s + 0.05 \times 10^{-4}qN_{I2} \tag{3-11}$$

如图 3-14(b)所示，SBO CBL SOI 在 $x = 79 \ \mu\text{m}$ 处，$E_p = 1.07 \times 10^5 \text{ V/cm}$，$N_{I2} = 1.77 \times 10^{18} \text{ cm}^{-3}$，按照方程(3-11)的理论计算可得 E_{I2} 为 442 V/μm，而 SBO CBL SOI 的 E_{I2} 仿真近似为 460 V/μm。对 CBL SOI 而言，E_{I2} 的仿真和理论计算值分别为 476 V/μm 和 475 V/μm，两种结构的仿真值和理论计算值基本吻合。在图 3-14(b)，由于在多晶层的底部源端一侧的空穴浓度比漏端的高，所以 E_p 在漏端高于源端，在计算 E_{I2} 时要取平均值，这也是两种结构理论值和仿真值出现误差的原因之一。结合图 3-14(b)和图 3-11 可以看到，CBL SOI 的 LBO 的空穴浓度要高于 SBO CBL SOI 的，尽管这样，但是由于 CBL SOI 有高的 E_{I2} 和低的 E_p，两者综合作用使得 BV 仍然小于 SBO CBL SOI 结构的。在忽略了由于仿真和计算所引起的误差外，所有这些仿真结果都和方程(3-10)和方程(3-11)相吻合，SBO CBL SOI 有相比 CBL SOI 结构更高的 BV。

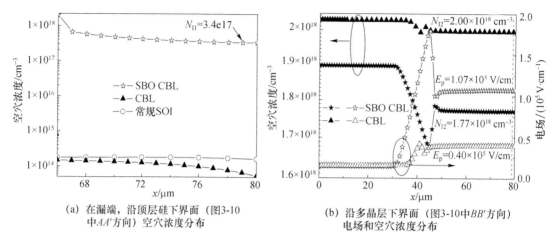

(a) 在漏端,沿顶层硅下界面（图3-10
中AA'方向）空穴浓度分布

(b) 沿多晶层下界面（图3-10中BB'方向）
电场和空穴浓度分布

图 3-14　沿 x 方向,SBO CBL SOI、CBL SOI 和常规 SOI 的界面电场和空穴浓度分布

图 3-15 表示的是 H 变化时对顶层硅界面空穴浓度和 BV、$R_{on,sp}$ 的影响。

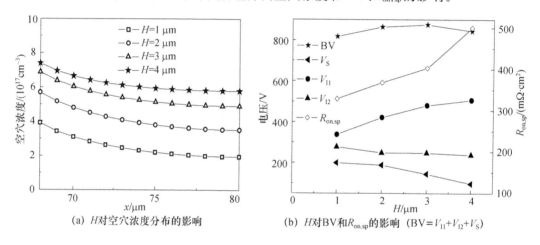

(a) H对空穴浓度分布的影响

(b) H对BV和$R_{on,sp}$的影响 （BV＝V_{l1}＋V_{l2}＋V_S）

图 3-15　H 变化时对顶层硅界面空穴浓度和 BV、$R_{on,sp}$ 的影响

在图 3-15(a) 中,当阶梯高度 H 增加时,会有更多的空穴(N_{l1} 和 Q_{l1} 的值都很高)被固定在 UBO 的上界面。图 3-15(b) 是 H 对 BV 和 $R_{on,sp}$ 的影响,按照方程(3-9),E_{l1} 和 V_{l1} 随 H 的增加而增加。当 H 增加时,有更多的等势线被固定在右边阶梯埋层和 UBO 中,但由于空穴对顶层硅电场的削弱作用,顶层硅耐压 V_S 和 LBO 的耐压 V_{l2} 都将降低。因此,在图 3-15(b) 中,随 H 的增加,BV 先增加后降低。而且,随 H 的增加,电流通路面积会降低,因此在图 3-15(b) 中,H 增加,$R_{on,sp}$ 将稳定增加。当 BV 和 $R_{on,sp}$ 的值取的折中时,优化的 H 的值是 $2\ \mu m$。

图 3-16 是 SBO CBL SOI 的结构参数 L_1、L_2、L_w 和 L 对 BV、V_{l1}、V_{l2} 和 V_S 的影响。L_3〔如图 3-10(a) 所示〕随 L_w、L_2 和 L 的增加而降低,L_3 的降低将会带来 N_{l1} 和 Q_{l1} 的增加,因此 E_{l1} 和 V_{l1} 随 L_w、L_2 和 L 的增加而增加。在大的 L_w、L_2 和 L 的情况下,V_S 会快速降低,因为 L_3 的降低减少了第一埋层,使得可以有更多等势线的空间。点 O_1 和 O_3〔如图 3-12(a) 所示〕的电势几乎是相等的,O_3 的电势为 V_{l2},V_{l2} 随 O_1 移到漏端而增加,随 L 的增加而增加。另外,大的 L_w、L_2 和 L 导致更高的局部电场集中,使器件提前击穿。点 C 和 C'〔如图

3-10(a)所示）的电场随 L_W 的增加变的更高（如图 3-16 所示），限制了 BV。总之，BV 随 L_W、L_2 和 L 的增加先增加后降低，但由于源端 UBO 有较低的电子浓度，几乎没有 ENDIF 效果，BV 不随 L_1 的增加而变化。优化的器件结构参数是 $L_1=14\ \mu m$，$L_2=20\ \mu m$，$L_W=16\ \mu m$ 和 $L=30\ \mu m$。从仿真和分析中可以得出的是，O_1 的位置和 L_3 的长度对 BV 的影响最大。

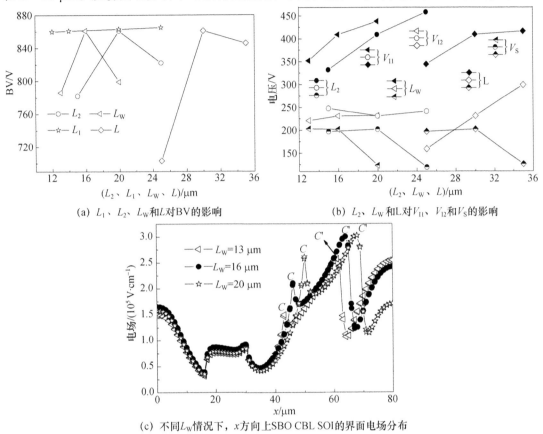

(a) L_1、L_2、L_W 和 L 对 BV 的影响

(b) L_2、L_W 和 L 对 V_{11}、V_{12} 和 V_S 的影响

(c) 不同 L_W 情况下，x 方向上 SBO CBL SOI 的界面电场分布

图 3-16　SBO CBL SOI 的结构参数对耐压的影响

图 3-17 是 SBO CBL 的 t_p 对 BV 和 $R_{on,sp}$ 的影响。在优化的 p-top 浓度 N_p 下，随 t_p 的降低，p-top 的曲率效应对器件 BV 的影响将会加大，这样会导致有高的电场在 O_1 点［如图 3-12(a) 所示］，限制了 BV，导致器件提前击穿。电流路径会随 t_p 的降低而增加。在 $t_p>1\ \mu m$，$R_{on,sp}$ 随 t_p 的降低而降低，在 $t_p=0.5\ \mu m$ 时，p-top 的曲率效应变得非常严重，导致优化的 N_d 降的很低，$R_{on,sp}$ 减小迅速。

图 3-18(a) 是 SBO CBL SOI、CBL SOI 和常规的 SOI 开态时，在电压 $V_d=10\ V$ 或者 $20\ V$，$V_g=15\ V$ 时的表面温度分布曲线。由于 Si 窗口的存在，CBL SOI 和 SBO CBL SOI 的表面温度比常规 SOI 结构的低。图 3-18(b) 是埋氧层厚度 t_1 对最大温度 T_{max} 和 BV 的影响。SBO CBL SOI 和常规 SOI 的 BV 随 t_1 的增加而增加。但对 SBO CBL SOI 来说，如图 3-18(b) 所示，T_{max}（在 $V_d=10\ V$ 和 $V_g=15\ V$）增加较慢。可以得出，SBO CBL SOI 不仅能提高 BV，也能降低自热效应。

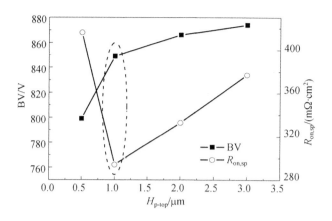

图 3-17　SBO CBL 的 t_p 对 BV 和 $R_{on,sp}$ 的影响

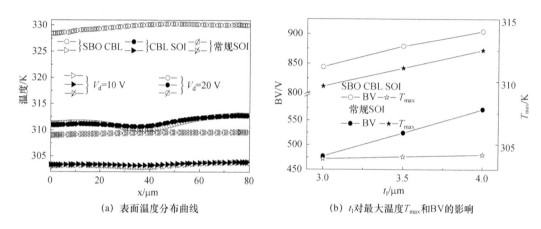

（a）表面温度分布曲线　　　　　（b）t_1对最大温度T_{max}和BV的影响

图 3-18　热特性分析

3. 基于 SDB 技术的 SBO CBL SOI 工艺实现

图 3-19(a)至图 3-19(d)是 SBO CBL SOI 硅片的关键制作步骤：①在 SOI 层上刻蚀 Si，形成 UBO 图形；②在 SOI 层再刻蚀 Si，形成 SBO 图形；③热生长 0.1 μm 的氧和 CVD，得到超过 4.5 μm 的 SiO_2，然后 CMP SiO_2 形成 UBO 和 SBO；④在 SOI 层上，持续地淀积多晶并减薄到 0.5 μm，然后在硅片衬底热生长 0.5 μm 的氧，最后键合 SOI 层和衬底，完成 SBO CBL SOI 的实验。比较 CBL SOI 的制作，新结构仅仅需要一张掩膜版就可以形成阶梯槽图〔如图 3-19(b)所示〕，但 BV 却可以从 661 V 增加到 847 V。

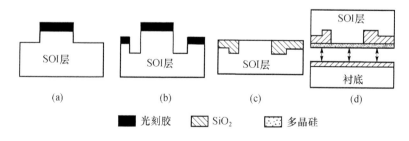

图 3-19　SBO CBL SOI 硅片的关键制作步骤

4. 复合埋层 CBL SOI 实验

(1) CBL SOI 材料研制

由于双窗口复合埋层结构和阶梯埋氧复合埋层结构相对复杂,所以实验设计了基于 SDB 技术的 CBL 埋层 SOI 结构,并采用了双面对位光刻、平坦化键合面、SDB 等主要技术,成功研制了具有复合埋层的 SOI 材料。图 3-20 是 CBL SOI 的结构和等势线图。

① 器件结构示意图

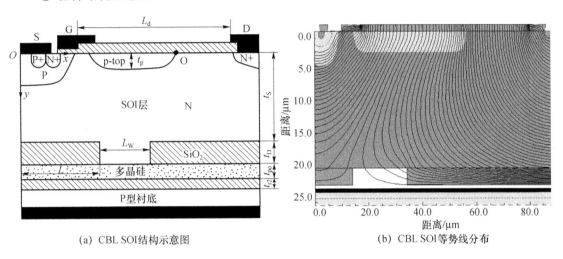

(a) CBL SOI结构示意图　　　　　　　(b) CBL SOI等势线分布

图 3-20　CBL SOI 的结构和等势线图

这类器件结构的特点上面已经叙述,本部分再简单描述为:SOI 材料有两个埋氧层,两层介质埋层之间填充多晶硅,第一介质层开有一个硅窗口,利用多晶硅下界面积累的空穴可增加第二埋层的电场,从而提高器件耐压。L 为上埋层左边距离窗口的长度,L_W 为硅窗口的宽度。

② SOI 材料的版图制作

在工艺仿真中,设计了不同的 L 和 L_W 的值,这样可以通过窗口图形的大小不同得到一系列器件,以便做测试对比。图 3-21 是一个单元内的开窗口的版图布局,26 个器件占据 5 排,其中有窗口的图形是 15 个。图 3-22 是 UBO 一个单元内的开窗口的版图,应用图形间隔分布,图中圆环的直径为 L_W 的值。这种版图芯片平整性好,平坦化难度被降低,键合有源片和衬底时较为牢固。

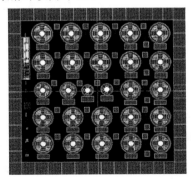

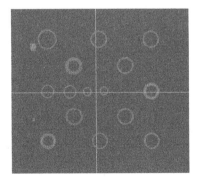

图 3-21　一个单元内的器件版图布局　　　　图 3-22　UBO 一个单元内的开窗口的版图

29

③ CBL SOI 材料制备工艺流程

复合埋层 SOI 材料制备工艺流程如表 3-1 所示。

表 3-1　复合埋层 SOI 材料制备工艺流程

序号	步骤	序号	步骤	序号	步骤
1	编号(未抛光面)	22	硫酸清洗	43	氧化清洗
2	编号后清洗	23	ISO 平坦化涂胶	44	键合
3	氮化硅前氧化	24	检查	45	光刻来检
4	LPCVD 氮化硅	25	坚膜	46	衬底双面光刻(窗口镜像版)
5	光刻来检	26	鸟头平坦化	47	出片检查
6	正面标记光刻(窗口镜像版)	27	测台阶高度	48	湿法腐蚀 SiO_2
7	出片检查	28	漂 SiO_2 30 s	49	最终检查
8	干法腐蚀 Si_3N_4/SiO_2	29	最终检查	50	有源片减薄抛光到 20 μm
9	干法刻蚀 Si 深度 1.3～1.4 μm	30	LPCVD 多晶硅前清洗	51	预氧清洗
10	终检	31	LPCVD 多晶硅厚度 3 μm	52	预氧
11	光刻来检	32	最终检查	53	光刻来检
12	背面标记双面光刻(窗口版)	33	增密前清洗	54	有源片双面光刻(窗口版)
13	出片检查	34	增密	55	出片检查
14	干法腐蚀 Si_3N_4/SiO_2	35	漂氧化层 15 s	56	来片检查
15	干法刻蚀 Si 深度 4.5～5 μm	36	多晶硅平坦化剩余厚度 1 μm	57	有源片标记光刻(窗口版)将 3 英寸区套成 4 英寸区域
16	最终检查	37	衬底片背面抛光		
17	高压氧化前清洗	38	编号	58	出片检查
18	高压氧化厚度 2.7 μm	39	编号后清洗	59	湿法腐蚀 SiO_2
19	煮 Si_3N_4(煮前 BOE 漂 40 s)	40	衬底硅氧化	60	干法刻蚀硅 2000 Å
20	平坦化来检	41	氧化清洗	61	湿法腐蚀 SiO_2
21	涂胶前测台阶高度	42	衬底硅氧化(0.5 μm、1 μm 各 3 片)	62	最终检查

④ SOI 材料 SEM(扫描电镜)照片

图 3-23 是 CBL SOI 结构硅片材料的剖面扫描电镜(SEM)照片,当腐蚀掉介质 500 nm 后,介质埋层出现槽型,各层界面清楚。图 3-24 是 SOI 材料窗口位置的 SEM 照片,窗口图形比较完整。

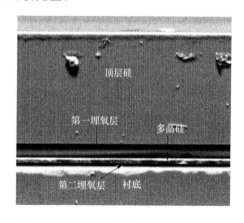

图 3-23　CBL SOI 结构硅片的 SEM 照片

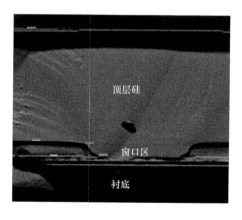

图 3-24　SOI 材料窗口位置的 SEM 照片

（2）器件工艺流程测试结果

CBL SOI 材料制备结束后，要进行器件工艺流程的设计，如表 3-2 所示。

表 3-2　CBL SOI LDMOS 器件工艺流程设计

序号	步骤	序号	步骤	序号	步骤
1	预氧清洗	32	高压氧化前清洗	63	SiO_2 淀积
2	预氧	33	高压氧化	64	光刻来检
3	光刻来检	34	煮 Si_3N_4	65	光刻擦片
4	Pwell1 负胶接触光刻（2#版）	35	漂 SiO_2	66	增密前清洗
5	出片检查	36	终检	67	增密
6	Pwell1 硼注入	37	预栅氧清洗	68	清洗
7	注入后去胶	38	预栅氧	69	光刻来检
8	最终检查	39	剥离栅氧	70	LCONT 负胶接触（9#版）
9	光刻来检	40	栅氧化清洗	71	出片检查
10	Pwell2 负胶接触光刻（3#版）	41	栅氧化	72	湿法腐蚀
11	出片检查	42	多晶硅淀积	73	最终检查
12	Pwell2 硼注入	43	Poly 磷掺杂	74	金属化前测试
13	注入后去胶	44	漂 PSG 后清洗	75	金属化前清洗
14	最终检查	45	光刻来检	76	溅射 AlSi
15	光刻来检	46	Poly 负胶接触（6#版）	77	光刻来检
16	P＋wall 负胶接触光刻（4#版）	47	出片检查	78	Metal 负胶接触（10#版）
17	出片检查	48	Poly Si 腐蚀	79	出片检查
18	P＋wall 硼注入	49	终检	80	湿法腐蚀 AlSi
19	注入后去胶	50	光刻来检	81	最终检查
20	最终检查	51	N＋区负胶接触（7#版）	82	金属化后测试
21	推进前清洗	52	出片检查	83	合金前清洗
22	推进	53	N＋磷注入	84	合金
23	PN 结特性测试	54	注入后去胶	85	钝化前清洗
24	预氧前清洗	55	终检	86	PE 钝化
25	预氧化	56	光刻来检	87	光刻来检
26	低淀 Si_3N_4 前清洗	57	P＋区负胶接触（8#版）	88	TOP SIDE 负胶（11#版）
27	低淀 Si_3N_4	58	出片检查	89	出片检查
28	光刻来检	59	P＋硼注入	90	PE 钝化腐蚀
29	Active 负胶接触（5#版）	60	注入后去胶	91	终检
30	出片检查	61	终检	92	电参数测试
31	干法刻蚀 Si_3N_4	62	SiO_2 淀积前清洗		

（3）耐压测试结果

测试流片后的硅片，在示波器 x 方向每格为 100 V 的情况下，图 3-25 是 UBO 在两种窗

口位置 L 和窗口宽度 L_w 下所对应的耐压测试结果。如图 3-25(a)所示的是 UBO 窗口位置 $L=16$ μm 和宽度 $L_w=30$ μm 的 BV,BV 为 759 V,如图 3-25(b)所示为 $L=20$ μm 和 $L_w=20$ μm 时的 BV,器件 BV 为 761 V。器件测试的最高 BV 为 761 V,和仿真分析相吻合,这验证了 CBL SOI 结构设计的合理性。

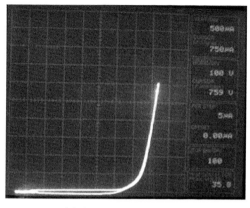 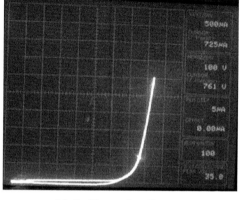

(a) $L=16$ μm, $L_W=30$ μm　　　　　　(b) $L=20$ μm, $L_W=20$ μm

图 3-25　UBO 在两种窗口位置 L 和窗口宽度 L_w 下的耐压测试结果

综上所述,通过器件仿真优化,确定实验流片的参数值如下:顶层硅厚度 $t_S=20$ μm,第一埋氧层厚度 $t_{I1}=2.5$ μm,第二埋氧层厚度 $t_{I2}=0.5$ μm,多晶硅厚度 $t_{po}=1$ μm。CBL SOI 结构工艺与常规结构工艺相比主要的不同在于:新结构的介质窗口位于材料体内。介质窗口的对位是 CBL SOI 工艺主要需要解决的问题,为了保证器件性能的一致性,首先对器件的关键参数——窗口的大小、位置对器件耐压的影响进行了仿真。在窗口大小 $W=20$ μm,漂移区长度 $L_d=80$ μm,浓度为 $N_d=7×10^{14}$ cm^{-3} 下,窗口位置从 2 μm 到 8 μm 变化的过程中 BV 从 847.6 V 到 851.1 V。在漂移区长 $L_d=80$ μm,掺杂浓度 $N_d=7×10^{14}$ cm^{-3},窗口位置 $L=8$ μm 时,窗口大小在一定范围内对 BV 的影响是很小的,W 从 2 μm 变化到 40 μm,耐压变化仅为 2.3%。因此,可以从原理上验证介质窗口的大小及位置具有较大的工艺容差,并不会因为工艺的微小浮动而对器件性能产生巨大的影响。

工艺上 CBL SOI 结构主要采用通过高压氧化获得高质量的第一埋氧层,进而通过化学气相淀积多晶硅,并运用化学机械抛光来实现键合面的平坦化,以及在高温下对有源片和衬底片进行牢固键合。测试结果表明,该材料具有结合强度高、界面质量好、电学性能优良等优点。

为了实现介质窗口的对位,使用双面对位光刻技术。首先,通过光刻将图形形成到有源片的正面;其次,进行第一次双面光刻,将正面标记转移到背面,由于背面未抛光,表面粗糙,采用干法刻蚀 4.5~5 μm 的硅,以保证图形在下次光刻可以被识别;再次,经过 LOCOS(硅的局部氧化)、LPCVD 多晶硅、多晶硅平坦化等工艺,将有源片正面与衬底片进行高温热键合后得到 SOI 片,再进行第二次双面光刻,将有源片背面刻蚀硅形成的图形转移到衬底片的底面上,并将有源片进行减薄抛光到需要的厚度 20 μm;最后,将衬底片底的图形经过第 3 次双面光刻后转移到有源片的正面,并采用干法刻蚀 300 nm 深的硅,以保障图形的可识别性,得到最终结构。

双面光刻技术的套准精度一般为 $\pm 2\ \mu m$，这完全能够保证器件性能的一致性，从器件原理、材料制备、套刻精度 3 个方面可以论证 CBL SOI 器件的可实现性。

3.3 n-混合电荷型高压 SOI 器件

这类电荷型 ENDIF 高压 SOI 器件的特点是埋层上界面会出现混合的电荷，这些电荷共同作用增加埋层电场，提高 BV。例如，通过在埋层界面形成一系列不连续的较高浓度的 N^+ 区域，一方面，使埋层界面存在高浓度的掺杂，耐压时每个 N^+ 区域的电位不连续，可以使每个 N^+ 区域根据耐压的需要进行不同程度的耗尽；另一方面，在两个 N^+ 区域之间形成反型空穴，两种正电荷同时增加埋层电场。

3.3.1 LVD N^+ I SOI LDMOS 结构与机理

本节研究了一种线性电荷岛（LVD N^+ I）的新型高压 SOI LDMOS。LVD N^+ I SOI 能自适应地收集高浓度的界面动态反型空穴，反型电荷被纵向电场 E_V、电离电荷的左右库仑力 $(f_L、f_R)$ 以及横向电场 E_L 的综合合力固定在两个高浓度的 N^+ 之间，浓度从源到漏线性增加。根据电荷型 ENDIF 理论和高斯定理，这些界面空穴能有效地增加埋层电场 E_I 和提高 BV。LVD N^+ I SOI 的 BV 和 E_I 分别从常规结构的 204 V 和 90.7 V/μm 增加到 612 V 和 600 V/μm。本节还定义和分析了表征界面电荷对电场 E_I 增强能力的增强因子 η。

1. LVD N^+ I SOI LDMOS

LVD N^+ I SOI LDMOS 的结构如图 3-26(a)所示，它的工作机理如图 3-26(b)所示。本节提出的 LVD N^+ I SOI LDMOS 收集界面空穴的机理完全不同于文献[10]和[11]中的，文献中的结构机理是介质槽克服横向电场作用，利用阻挡抽取来积累电荷。而 LVD N^+ I SOI LDMOS 结构线性变距离的高浓度 N^+ 区域被注入 BOX 上界面，当正的高漏压 V_d 添加到漏，同时源、栅和衬底接地时，上界面将自适应地收集空穴，空穴被 E_V、E_L 和 f_L、f_R 固定在两个 N^+ 区域之间，电子则被感应和固定在 BOX 下界面。$H、D、W$ 和 ΔW 分别表示 N^+ 区域的高度、厚度、间距和间距变化；L_d 为漂移区长度；N_d、N_{n+} 和 N_{sub} 是漂移区、N^+ 区域和衬底掺杂浓度；t_S、t_I 和 t_{sub} 分别为硅层、埋层和衬底的厚度。

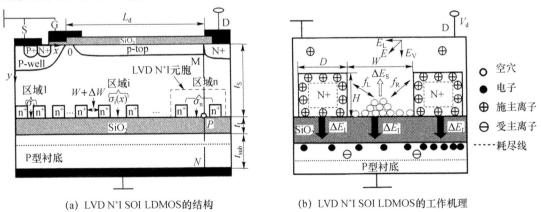

(a) LVD N^+I SOI LDMOS的结构　　　(b) LVD N^+I SOI LDMOS的工作机理

图 3-26　LVD N^+ I SOI LDMOS 结构和工作机理

2. 结构参数对器件击穿特性的影响

在横向已采用终端技术优化好的条件下，器件 BV 即纵向耐压(V_{BV})，主要由漏端下方〔沿图 3-26(a)中 MN 的 P 点〕的纵向硅层电场 E_S 和埋层电场 E_I 决定。假设 N^+I 单元之间电荷密度 $\sigma_{in}(x)$ 相等，埋层上界面分为 n 个小区域，如图 3-26(a)所示。第一区中电荷密度为 σ_1，第 n 个电荷岛位于漏下，其电荷密度为 σ_{Ld}。

当器件全耗尽时，漂移区的二维电势 $\phi(x,y)$ 可以表示为两个部分组成：$\phi(x,y)=\omega(x,y)+\varphi(x,y)$，这里 $\omega(x,y)$ 和 $\varphi(x,y)$ 是外加电压 V_d 和耗尽杂质带来的电势，$\phi(x,y)$ 满足如下二维泊松方程：

$$\frac{\partial^2\phi(x,y)}{\partial x^2}+\frac{\partial^2\phi(x,y)}{\partial y^2}=-\frac{qN_d}{\varepsilon_S} \quad 0\leqslant x\leqslant L_d,0\leqslant y\leqslant t_S \tag{3-12}$$

边界条件为：

$$\frac{\partial\phi(x,y)}{\partial y}\bigg|_{y=0}=0 \tag{3-13a}$$

$$\frac{\partial\phi(x,y)}{\partial y}\bigg|_{y=t_S}=\frac{q\sigma_{in}(x)}{\varepsilon_S}-\frac{\varepsilon_I\phi(x,t_S)}{\varepsilon_S t_I} \tag{3-13b}$$

$$\phi(0,0)=0, \quad \phi(L_d,0)=V_d \tag{3-13c}$$

漂移区电势 $\phi(x,y)$ 可以表示为两个部分之和：

$$\varphi(x,y)=\omega(x,y)+\varphi(x,y) \quad 0\leqslant x\leqslant L_d,0\leqslant y\leqslant t_S \tag{3-14}$$

$$\frac{\partial^2\omega(x,y)}{\partial x^2}+\frac{\partial^2\omega(x,y)}{\partial y^2}=0, \quad \omega(0,0)=0,\omega(L_d,0)=V_d \tag{3-15}$$

$$\frac{\partial^2\varphi(x,y)}{\partial x^2}+\frac{\partial^2\varphi(x,y)}{\partial y^2}=-\frac{qN_d}{\varepsilon_S}, \quad \varphi(0,0)=0,\varphi(L_d,0)=0 \tag{3-16}$$

把 $\omega(x,y)$ 沿 y 方向进行泰勒展开：

$$\omega(x,y)\cong\omega(x,0)+\frac{\partial\omega(x,y)}{\partial y}\bigg|_{y=0}\cdot y+\frac{\partial^2\omega(x,y)}{\partial y^2}\bigg|_{y=0}\cdot\frac{y^2}{2} \tag{3-17}$$

利用边界条件(3-13a)，简化方程(3-17)：

$$\omega(x,y)=\omega(x,0)+\frac{\partial^2\omega(x,y)}{\partial y^2}\bigg|_{y=0}\cdot\frac{y^2}{2} \quad 0\leqslant x\leqslant L_d,0\leqslant y\leqslant t_S \tag{3-18}$$

$$\begin{cases}\dfrac{\partial\omega(x,y)}{\partial y}=\dfrac{\partial^2\omega(x,y)}{\partial y^2}\bigg|_{y=0}\cdot y \\[2mm] \dfrac{\partial\omega(x,y)}{\partial y}\bigg|_{y=t_S}=\dfrac{\partial^2\omega(x,y)}{\partial y^2}\bigg|_{y=0}\cdot t_S\end{cases} \tag{3-19}$$

带着边界条件(3-13b)，求解方程(3-19)：

$$\frac{\partial^2\omega(x,y)}{\partial y^2}\bigg|_{y=0}\cdot t_S=-\frac{\varepsilon_I\omega(x,t_S)}{\varepsilon_S t_I} \quad 0\leqslant x\leqslant L_d,0\leqslant y\leqslant t_S \tag{3-20}$$

求解方程(3-20)：

$$\frac{\partial^2\omega(x,y)}{\partial y^2}\bigg|_{y=0}=-\frac{\omega(x,0)}{t^2} \quad 0\leqslant x\leqslant L_d,0\leqslant y\leqslant t_S \tag{3-21}$$

这里 $t=[1/2t_S^2+(\varepsilon_S/\varepsilon_I)t_S t_I]^{1/2}$ 是 SOI 器件的特征厚度。

根据方程(3-15)和方程(3-21),带着边界条件可以得到:

$$\frac{\partial^2 \omega(x,0)}{\partial x^2} - \frac{\omega(x,0)}{t^2} = 0, \quad \omega(0,0) = 0, \quad \omega(L_\mathrm{d},0) = V_\mathrm{d} \tag{3-22}$$

求解方程(3-18)和方程(3-22),电势 $\omega(x,y)$ 为:

$$\omega(x,y) = \left(1 - \frac{y^2}{2t^2}\right)\omega(x,0) \quad 0 \leqslant x \leqslant L_\mathrm{d}, 0 \leqslant y \leqslant t_\mathrm{S} \tag{3-23}$$

求解方程(3-22)和方程(3-23),可以得到电势 $\omega(x,0)$:

$$\omega(x,0) = \sinh\left(\frac{x}{t}\right) V_\mathrm{d} / \sinh\left(\frac{L_\mathrm{d}}{t}\right) \quad 0 \leqslant x \leqslant L_\mathrm{d} \tag{3-24}$$

使用同样的求解方法, $\varphi(x,y)$ 电势可以表示为:

$$\begin{cases} \dfrac{\partial^2 \varphi(x,0)}{\partial x^2} - \dfrac{\varphi(x,0)}{t^2} = -\dfrac{qN_\mathrm{d}}{\varepsilon_\mathrm{S}} - \dfrac{t_1 q\sigma_\mathrm{in}(x)}{\varepsilon_1 t^2} & 0 \leqslant x \leqslant L_\mathrm{d}, 0 \leqslant y \leqslant t_\mathrm{S} \\ \varphi(0,0) = 0 \qquad\qquad\qquad\qquad \varphi(L_\mathrm{d},0) = 0 \end{cases} \tag{3-25}$$

同理,电势 $\varphi(x,y)$ 可以表示为:

$$\varphi(x,y) = \left(1 - \frac{y^2}{2t^2}\right)\varphi(x,0) + \frac{y^2}{2}\frac{t_1 q\sigma_\mathrm{in}(x)}{\varepsilon_1 t^2} \quad 0 \leqslant x \leqslant L_\mathrm{d}, 0 \leqslant y \leqslant t_\mathrm{S} \tag{3-26}$$

令 $\sigma_\mathrm{in}(x) = \sigma_\mathrm{in}$,求解带有边界条件的方程(3-25):

$$\varphi(x,0) = \frac{\left(\dfrac{qN_\mathrm{d}}{\varepsilon_\mathrm{S}} + \dfrac{t_1 q\sigma_\mathrm{in}}{\varepsilon_1 t^2}\right)t^2}{\sinh\dfrac{L_\mathrm{d}}{t}}\left[\sinh\frac{L_\mathrm{d}}{t}(1 - \mathrm{e}^{\frac{x}{t}}) + \mathrm{e}^{\frac{L_\mathrm{d}}{t}}\sinh\frac{x}{t} - \sinh\frac{x}{t}\right] \tag{3-27}$$

从方程(3-24)和方程(3-27)中,表面电势 $\phi(x,0)$ 可以表示为:

$$\phi(x,0) = \frac{\left[V_\mathrm{S} - \left(\dfrac{qN_\mathrm{d}t^2}{\varepsilon_\mathrm{S}} + \dfrac{t_1 q\sigma_\mathrm{in}}{\varepsilon_1}\right)(1 - \mathrm{e}^{\frac{L_\mathrm{d}}{t}})\right]\sinh\dfrac{x}{t} - \left(\dfrac{qN_\mathrm{d}t^2}{\varepsilon_\mathrm{S}} + \dfrac{t_1 q\sigma_\mathrm{in}}{\varepsilon_1}\right)\sinh\dfrac{L_\mathrm{d}}{t}\mathrm{e}^{\frac{x}{t}}}{\sinh\dfrac{L_\mathrm{d}}{t}} +$$

$$\frac{qN_\mathrm{d}t^2}{\varepsilon_\mathrm{S}} + \frac{t_1 q\sigma_\mathrm{in}}{\varepsilon_1} \tag{3-28}$$

其中, $\beta = \dfrac{t^2 qN_\mathrm{d}}{\varepsilon_\mathrm{S}}$,根据方程(3-23)和方程(3-26),可以得到电势 $\phi(x,y)$ 的分布:

$$\phi(x,y) = \left(1 - \frac{y^2}{2t^2}\right)\phi(x,0) + \frac{y^2}{2}\cdot\frac{t_1 q\sigma_\mathrm{in}}{t^2\varepsilon_1} \quad 0 \leqslant x \leqslant L_\mathrm{d}, 0 \leqslant y \leqslant t_\mathrm{S} \tag{3-29}$$

然后,按照电势和电场的关系,从方程(3-28)可以得到 $E_x(x,0)$:

$$E_x(x,0) = -\frac{\partial \phi(x,0)}{\partial x}$$

$$= -\frac{\left[V_\mathrm{S} - \left(\dfrac{qN_\mathrm{d}t^2}{\varepsilon_\mathrm{S}} + \dfrac{t_1 q\sigma_\mathrm{in}}{\varepsilon_1}\right)(1 - \mathrm{e}^{\frac{L_\mathrm{d}}{t}})\right]\cosh\dfrac{x}{t} - \left(\dfrac{qN_\mathrm{d}t^2}{\varepsilon_\mathrm{S}} + \dfrac{t_1 q\sigma_\mathrm{in}}{\varepsilon_1}\right)\sinh\dfrac{L_\mathrm{d}}{t}\mathrm{e}^{\frac{x}{t}}}{t\sinh\dfrac{L_\mathrm{d}}{t}}$$

$$\tag{3-30}$$

从方程(3-29),按照电势和电场的关系,$E_x(x,y)$ 为:

$$E_x(x,y)=-\frac{\partial \phi(x,y)}{\partial x}=\left(1-\frac{y^2}{2t^2}\right)E_x(x,0) \quad 0\leqslant x\leqslant L_{\mathrm{d}},0\leqslant y\leqslant t_{\mathrm{S}} \quad (3\text{-}31)$$

对于一个全耗尽的漂移区,顶层硅的纵向电场可以得到,满足如下:

$$E_y(x,y)=-\frac{\partial \phi(x,y)}{\partial y}=\frac{y}{t^2}\phi(x,0)-\frac{yt_1 q\sigma_{\mathrm{in}}}{t^2 \varepsilon_{\mathrm{I}}} \quad 0\leqslant x\leqslant L_{\mathrm{d}},0\leqslant y\leqslant t_{\mathrm{S}} \quad (3\text{-}32)$$

由方程(3-32),(漏下)硅层 E_{S} 为:

$$E_{\mathrm{S}}=E_y(L_{\mathrm{d}},t_{\mathrm{S}})=-\frac{\partial \phi(L_{\mathrm{d}},t_{\mathrm{S}})}{\partial y} \quad (3\text{-}33)$$

求解(3-33),可得 E_{S} 为:

$$E_{\mathrm{S}}=\frac{t_{\mathrm{S}}}{t^2}\left(V_{\mathrm{d}}-\frac{t_1 q\sigma_{\mathrm{in}}}{\varepsilon_{\mathrm{I}}}\right) \quad (3\text{-}34)$$

结合方程(3-34)和界面的高斯定义,埋层 E_{I} 的纵向电场可以表示为:

$$E_{\mathrm{I}}=\frac{\varepsilon_{\mathrm{S}}E_{\mathrm{S}}}{\varepsilon_{\mathrm{I}}}+\frac{q\sigma_{\mathrm{in}}}{\varepsilon_{\mathrm{I}}} \quad (3\text{-}35)$$

结合方程(3-34)和方程(3-35),求解得埋层 E_{I} 为:

$$E_{\mathrm{I}}=\frac{\varepsilon_{\mathrm{S}}t_{\mathrm{S}}}{\varepsilon_{\mathrm{I}}t^2}\left(V_{\mathrm{d}}-\frac{t_1 q\sigma_{\mathrm{in}}}{\varepsilon_{\mathrm{I}}}\right)+\frac{q\sigma_{\mathrm{in}}}{\varepsilon_{\mathrm{I}}} \quad (3\text{-}36)$$

分析方程(3-34)和方程(3-36),常规 SOI 器件由于埋层上界面无法固定电荷,埋层电场 E_{I} 远远小于 LVD N$^+$I SOI 结构的。固定的 σ_{Ld} 有效增强埋层电场 E_{I},削弱硅层电场 E_{S},避免在硅侧器件的提前击穿〔分别如图 3-26(b)中的 ΔE_{I} 和 ΔE_{S} 所示〕。这样 N$^+$I SOI 结构击穿电压得以提高。当 $\sigma_{\mathrm{Ld}}=0$,方程(3-34)和方程(3-36)也同样适合于常规 SOI 结构。

方程(3-34)和方程(3-36)中,E_{I} 和界面电荷(空穴 σ_{in})的关系如图 3-27(a)所示。随着 σ_{in} 的增加,有一个线性递增的埋层电场 E_{I} 和缓慢变化的硅层电场 E_{S}。在 $E_{\mathrm{S}}=30$ V/μm 时,随着 σ_{in} 从 0 cm^{-2} 到 6.23×10^{12} cm^{-2} 和 1.17×10^{13} cm^{-2},E_{I} 则从 108 V/μm 增加到 345.48 V/μm 和 571.58 V/μm。把 LVD N$^+$I SOI 结构和常规 SOI 结构的埋层电场的比值定义为电场增强因子 η。

$$\eta=1+\frac{q\sigma_{\mathrm{in}}}{\varepsilon_{\mathrm{S}}E_{\mathrm{S}}} \quad (3\text{-}37)$$

在图 3-27(a)中,E_{I} 和 η 随 σ_{in} 的增加而增大。当 $\sigma_{\mathrm{in}}=1.17\times10^{13}$ cm^{-2},$E_{\mathrm{S}}=30$ V/μm 和 15 V/μm 时,η 分别为 6.94 和 12.89,也就是说,E_{I} 的增加是因为界面电荷的出现。BV 的增强因子 γ 有和 η 类似的定义,定义为:

$$\gamma=1+\frac{t_1 q\sigma_{\mathrm{in}}}{0.5\varepsilon_{\mathrm{I}}t_{\mathrm{S}}E_{\mathrm{S}}+\varepsilon_{\mathrm{S}}t_{\mathrm{I}}E_{\mathrm{S}}} \quad (3\text{-}38)$$

表 3-3 是 LVD N$^+$I SOI LDMOS 结构的仿真条件。

表 3-3　**LVD N$^+$I SOI LDMOS 结构的仿真条件**

器件参数	LVD N$^+$I SOI	常规 SOI	单位
漂移区长度 L_d	30～90	30～90	μm
顶层硅厚度 t_S	5	5	μm
介质厚度 t_I	1	1	μm
p-top 层厚度 t_p	0.5,1,1.5		μm
P$^-$衬底厚度 t_{sub}	2	2	μm
P$^-$衬底掺杂浓度 N_{sub}	3×10^{14}	3×10^{14}	cm^{-3}
N$^+$区域高度 H	0～1.2		μm
N$^+$区域厚度 D	0～2.5		μm
两个 N$^+$区域的宽度 W	1.8～2.76		μm
两个 N$^+$区域的宽度的变化 ΔW	0.04		μm
N$^+$区域浓度 N_{n+}	1×10^{17}～1×10^{19}		cm^{-3}

图 3-27(a)中，$E_S=15$ V/μm 时，σ_{in} 分别为 1.99×10^{12} cm^{-2} 和 5.27×10^{12} cm^{-2}，γ 是 2.11 和 3.93，BV 分别提高 2 和 3 倍。在击穿时，LVD N$^+$I SOI LDMOS 的 σ_{in} 和 η 的仿真结果如图 3-27(b)所示。由于 σ_{in} 沿着 x 方向电势从源到漏线性增加，E_I 相应地线性增加，如图 3-27(a)和(b)所示。LVD N$^+$I SOI 漏下的 η 达到 18.5，这是因为漏下有最高的空穴浓度，同时常规 SOI 的 η 恒等于 1，因为 $\sigma_{in}=0$ cm^{-2}。

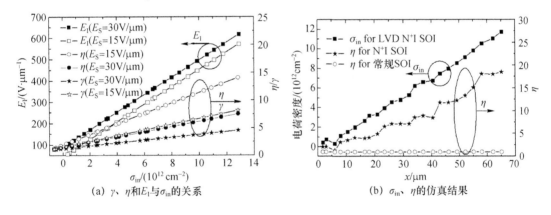

(a) γ、η和E_I与σ_{in}的关系　　　(b) σ_{in}、η的仿真结果

图 3-27　σ_{in} 对 E_I 和 BV 的影响

图 3-28 是 LVD N$^+$I SOI($N_d=1.15\times10^{15}$ cm^{-3})、N$^+$I SOI($N_d=1\times10^{15}$ cm^{-3})和常规 SOI($N_d=2.6\times10^{15}$ cm^{-3})在击穿时的等势线和表面电场($y=0.001/\mu$m)的比较。从图中可见，界面电荷调制了漂移区电场，LVD N$^+$I SOI 的等势线比常规 SOI 的分布更均匀，N$^+$I SOI 的等势线条数少于 LVD N$^+$I SOI 的，常规 SOI 等势线主要集中在源漏两端。界面电荷优化了横向电场，提高了横向耐压，使得 LVD N$^+$I SOI 中部的表面电场得到了提升。

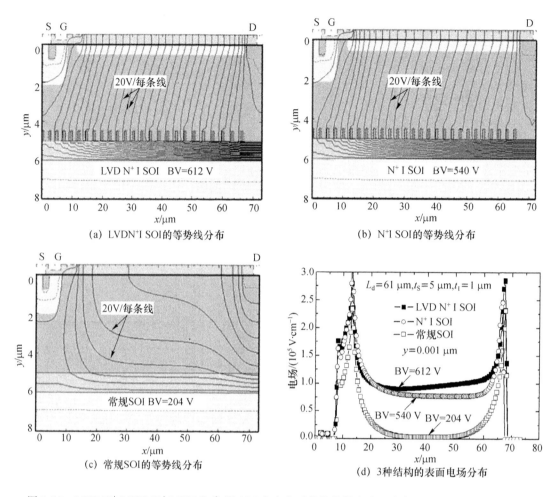

(a) LVDN⁺I SOI的等势线分布

(b) N⁺I SOI的等势线分布

(c) 常规SOI的等势线分布

(d) 3种结构的表面电场分布

图 3-28 LVD N⁺I SOI、N⁺I SOI 和常规 SOI 在击穿时的等势线和表面电场($y=0.001\ \mu m$)的比较

图 3-29 是击穿时,LVD N⁺I SOI LDMOS 埋层界面电荷分布。图 3-29(a)、(b)分别是 LVD N⁺I SOI LDMOS 空穴在埋层上界面($y=4.999\ \mu m$)的分布和电子在埋层下界面($y=6.001\ \mu m$)的分布。大量的空穴固定在上界面,其浓度从源到漏随电势的增加而增加, $10^{17}\ cm^{-3}$ 数量级的电子被感应到埋层下界面。图 3-29(c)是漏下一个 LVD N⁺I SOI 单元 在不同纵向距离上的空穴分布,可以得出,反型层大约为 90 nm。图 3-29(d)是每个 LVD N⁺I SOI 单元的中点空穴浓度随 V_d 的变化,随着 V_d 从 100V 增加到 612 V,空穴浓度也随 之增加,最后达到饱和,这显示了界面空穴有自适应增加的能力,浓度随外加电压动态变化, 这能有效增强 E_1,使器件承受更大的外加电压。

图 3-30 是击穿时,常规 SOI、N⁺I SOI 和 LVD N⁺I SOI 漏下的垂直电场和电势分 布。介质电场 E_1 从常规 SOI 的 90.7 V/μm、N⁺I SOI 的 522 V/μm 增加到 LVD N⁺I SOI 的 600 V/μm。LVD N⁺I SOI 的 BV 从常规结构的 204 V、N⁺I SOI 的 540 V 增加 到 612 V。埋层承担了超过器件 90% 的 BV($V_1=t_1E_1=600$ V)。反型电荷降低硅层电 场 E_s 到 3.63 V/μm,避免了硅层的提前击穿。通过方程(3-34)、方程(3-36)计算得到 的 E_s 和 E_1 和仿真结果吻合较好。

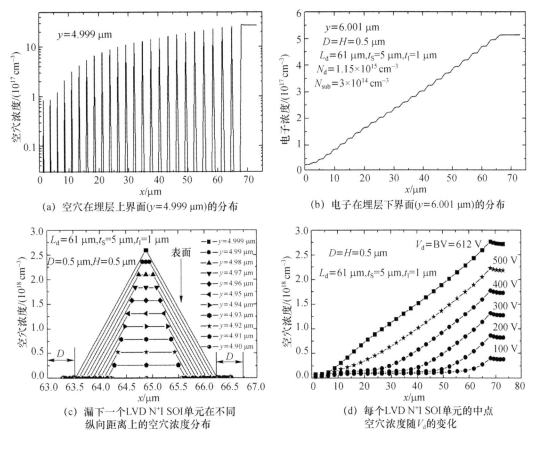

(a) 空穴在埋层上界面($y=4.999\ \mu m$)的分布

(b) 电子在埋层下界面($y=6.001\ \mu m$)的分布

(c) 漏下一个LVD N$^+$I SOI单元在不同
纵向距离上的空穴浓度分布

(d) 每个LVD N$^+$I SOI单元的中点
空穴浓度随V_d的变化

图 3-29 击穿时，LVD N$^+$I SOI LDMOS 埋层界面电荷分布

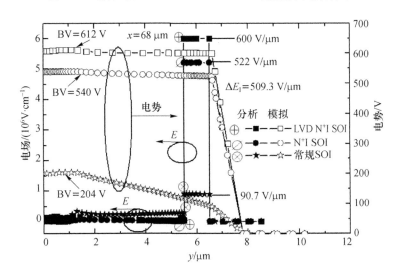

图 3-30 击穿时，三种结构漏下的垂直电场和电势分布

图 3-31(a)是沿 x 方向的硅层 Si 电场(E_{SV})电场和埋层 SiO$_2$ 电场(E_{IV})分布。对 LVD N$^+$I SOI，$\Delta E_I(x)$ 随空穴浓度从源到漏增加。因此在漏下，相比常规 SOI 的 $E_{IV}=3E_{SV}$，

LVD N$^+$I SOI 的 E_{IV} 超过 $3E_{SV}$。如图 3-31 所示，一系列 LVD N$^+$I SOI 单位的每个的 $E_{SV}(x)$ 几乎不变，由于空穴对顶层硅电场的削弱作用，$E_{SV}(x)$ 小于 30 V/μm，常规 SOI 硅层电场从源到漏增加，在漏下击穿点（$x=67.94$ μm）到达 30 V/μm。因为界面电荷的调制作用，LVD N$^+$I SOI 的击穿点在 $x=13.10$ μm，$y=4.98$ μm。空穴对 E_I 的增强作用还可以从图 3-31(b) 的三维电场分布得出。

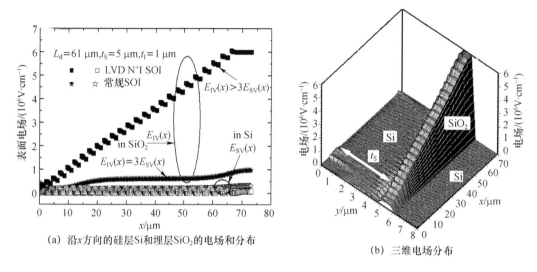

(a) 沿 x 方向的硅层 Si 和埋层 SiO$_2$ 的电场和分布

(b) 三维电场分布

图 3-31 击穿时的电场分布

图 3-32 是界面 N$^+$ 区域浓度（N_{n+}）对 BV、E_I 和最大空穴浓度 $N_{h,m}$ 的影响。N_{n+} 大于 2.1×10^{18} cm^{-3} 时，BV、E_I 和 $N_{h,m}$ 不会随 N$^+$ 区域浓度的变化而变化；N_{n+} 低于 2.1×10^{18} cm^{-3} 时，BV 随 N_{n+} 的降低而降低。N_{n+} 的拐点取值出现在 2.1×10^{18} cm^{-3} 的时候。可见，N_{n+} 的浓度是一个关键因素，浓度比 2.1×10^{18} cm^{-3} 低时漏下 N$^+$ 全耗尽，ENDIF 电荷浓度随 N$^+$ 掺杂浓度的减小而减小，因此 BV 不独立，会随 N_{n+} 的变化而变化。如果 N_{n+} 的浓度太低，N$^+$ 电荷岛结构变为埋 N 岛（BNI）结构。

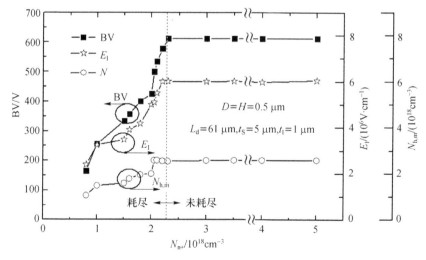

图 3-32 界面 N$^+$ 区域的浓度对 BV、E_I 和最大空穴浓度 $N_{h,m}$ 的影响

图 3-33 是器件结构参数对 LVD N^+ I SOI BV 的影响,图 3-33(a)表示 H、D、ΔW 和 L_d 对 BV 的影响。从图 3-33(a)可见,最大的 BV(为 612V)出现在 $H=D=0.5\ \mu m$,$\Delta W=0.04\ \mu m$ 时,说明 LVD N^+ I SOI 结构的参数变化对 BV 的影响都有一个优值,优化工作就是找出各个优值。此类 LVD N^+ I SOI 结构的 BV 都随 L_d 的增加而线性增加,不同于常规 SOI 结构会出现耐压与漂移区长度无关的现象。并且,当结构参数 H 或者 D 为 $0\ \mu m$ 时,N^+ 结构消失,LVD N^+ I SOI 变成常规 SOI,BV = 204 V。图 3-33(b)是 p-top 层的浓度和厚度对 BV 的影响,满足 RESURF 条件的时候 BV 最大,最大的 BV 出现在大约为 $2.5\times10^{12}\ cm^{-2}$ ($N_p\times t_p$)的条件下,当 p-top 层有不同的厚度 $0.5\ \mu m$、$1\ \mu m$ 和 $1.5\ \mu m$ 时,最大的 BV 几乎相等。其余情况 BV 迅速下降,源、漏端击穿。

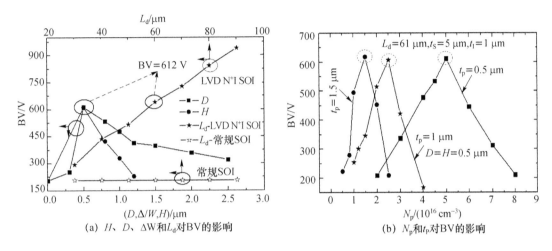

(a) H、D、ΔW和L_d对BV的影响   (b) N_p和t_p对BV的影响

图 3-33 器件结构参数对 LVD N^+ I SOI BV 的影响

3. 基于 SDB 技术的 LVD N^+ I SOI 工艺流程

图 3-34 所示的是 LVD N^+ I SOI 结构的工艺原理。图 3-35 是 LVD N^+ I SOI 主要工艺流程节点,这种结构采用 SDB 工艺,有别于 3.4 节中的 ESIMOX 工艺。先准备硅片两个(硅片 1 和硅片 2)。硅片 1 为<100>,在 180 keV 能量下注入 $2\times10^{15}\ cm^{-2}$ 的砷,形成 N^+。N^+ 区域在实际工艺中厚度大约为 500 nm。硅片 2 的埋层是热氧化形成的,硅片 2 埋层做好后,翻转。然后,硅片 1 和硅层 2 在 1 180 ℃氧气气氛中通过范德瓦耳斯力键合 3 个小时。最后,硅片在高温下退火,然后减薄硅片 1,抛光硅片到 $5\ \mu m$。因此,LVD N^+ I SOI 在键合前仅仅需要一张额外的砷注入,其余工艺和常规 CMOS/SOI 工艺完全兼容。

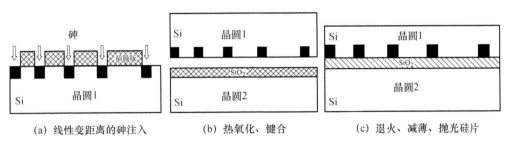

(a) 线性变距离的砷注入   (b) 热氧化、键合   (c) 退火、减薄、抛光硅片

图 3-34 LVD N^+ I SOI 结构的工艺原理

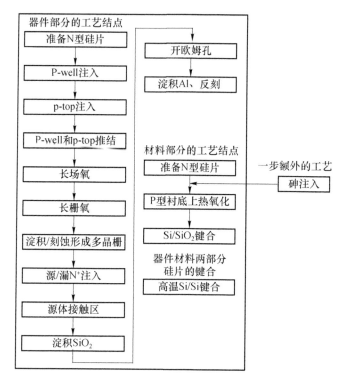

图 3-35　LVD N$^+$ I SOI 主要工艺流程节点

3.3.2　PBN$^+$ SOI LDMOS

SIMOX(注氧隔离)是制作 SOI 硅片的方法之一。SIMOX 器件的硅层大约为 1 800 Å,埋层大约为 3 800 Å,实用的 SIMOX 器件 BV 小于 50 V。外延 SIMOX(即 E-SIMOX)可得到需要的硅层厚度。在本小节中,提出基于 E-SIMOX 衬底具有部分 N$^+$ 埋层的 PBN$^+$ 高压 SOI 器件。该结构特点是埋层界面靠近源端位置插入非耗尽 N$^+$ 埋层,并且器件反偏时只有漂移区的 N 全耗尽,N$^+$ 埋层部分耗尽,在 N$^+$ 的末端形成空穴势垒,从而固定反型空穴,增加埋层电场,提高耐压。它有相比常规 E-SIMOX SOI 器件更高的埋层电场和耐压,又有别于 N$^+$ 电荷岛的结构。

1. PBN$^+$ SOI LDMOS 结构与机理

图 3-36 是 PBN$^+$ SOI LDMOS 器件结构示意图。高浓度部分 N$^+$ 埋层插入在源下埋层上界面,同时在 PBN$^+$ SOI LDMOS 中制作 p-top 层,用双 RESURF 优化横向电场,提高横向耐压。t_S、t_I、t_{n+} 和 t_{sub} 分别是顶层硅、埋氧层、PBN$^+$ 层和衬底层厚度;L_d、L_{n+} 和 L_S 分别是漂移区、PBN$^+$ 层、源下 p-body 区长度;N_d 是漂移区浓度。

使用软件对 PBN$^+$ SOI 结构和常规结构进行仿真(仿真条件:漂移区长度 $L_d = 30\ \mu m$,埋层厚度 $t_I = 0.375\ \mu m$,硅层厚度 $t_S = 10\ \mu m$,衬底掺杂浓度 $N_{sub} = 3 \times 10^{14}\ cm^{-3}$,p-body 长度 $L_S = 5\ \mu m$,PBN$^+$ 层浓度 $N_{n+} = 1 \times 10^{18}\ cm^{-3}$,PBN$^+$ 层长度 $L_{n+} = 16\ \mu m$,衬底厚度 $t_{sub} = 2\ \mu m$)。图 3-36(b)PBN$^+$ 层部分耗尽高浓度电离施主的库仑力阻止反型空穴被漂移区横向电场抽取,因此反型空穴被固定在界面 PBN$^+$ 层(源下)的区域。同时,有大量的电子感应到

BOX 下界面,此时源端硅层 BV 等于埋层 BV。

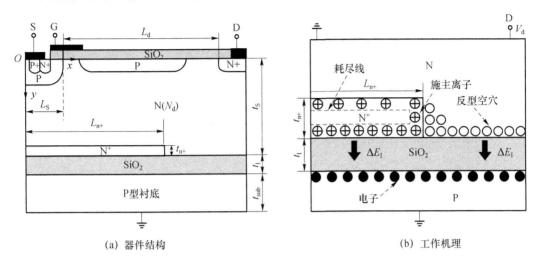

(a) 器件结构　　　　　　　　(b) 工作机理

图 3-36　PBN$^+$ SOI LDMOS 器件结构示意图

由电荷型 ENDIF 原理分析可知,界面电荷能有效地增强 E_I,增强的 ΔE_I 如图 3-37(b)所示。

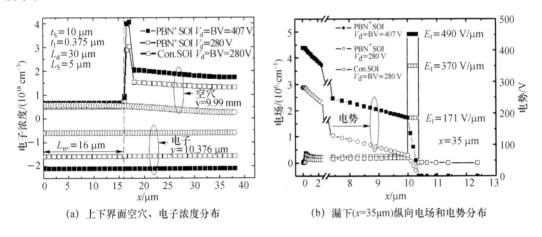

(a) 上下界面空穴、电子浓度分布　　　(b) 漏下($x=35\mu$m)纵向电场和电势分布

图 3-37　PBN$^+$ SOI 和常规 SOI 的电荷和电场、电势分布

PBN$^+$ SOI 和常规 SOI 埋层上下界面空穴、电子分布如图 3-37(a)所示。收集的界面电荷把 E_I 从常规 SOI 的 171 V/μm 提高到 PBN$^+$ SOI 的 490 V/μm,如图 3-37(b)所示。PBN$^+$ SOI 界面电荷增强了 E_I,把 BV 从常规结构的 280 V 提高到 407 V。

图 3-38 器件击穿时,是 PBN$^+$ SOI 和常规 SOI 的等势线和表面电场分布。如图 3-38 所示,因为 PBN$^+$ 层界面电荷对电场的调制作用,PBN$^+$ SOI 的表面电场和等势线分布比常规 SOI 的更均匀。而且,PBN$^+$ SOI 的硅侧电场被界面空穴削弱,相比常规 SOI 的有所降低。分析图 3-38(a),PBN$^+$ SOI 的 N$^+$ 埋层还使器件在源端下方可容纳更多的等势线,提高了器件耐压。

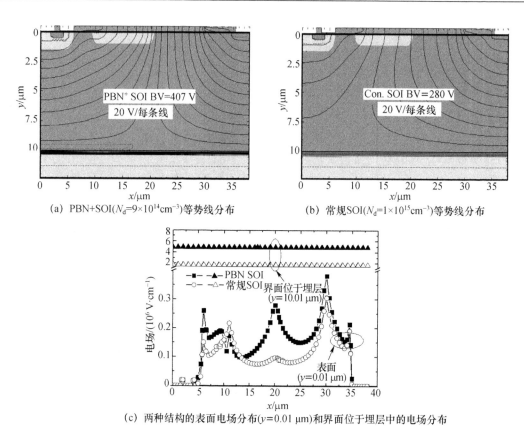

(a) PBN+SOI(N_d=9×10^{14}cm^{-3})等势线分布

(b) 常规SOI(N_d=1×10^{15}cm^{-3})等势线分布

(c) 两种结构的表面电场分布(y=0.01 μm)和界面位于埋层中的电场分布

图 3-38　器件击穿时，PBN$^+$ SOI 和常规 SOI 的等势线和电场分布

2. PBN$^+$ SOI LDMOS 耐压特性分析

图 3-39 是 BV 与器件结构参数 L_d、N_{n+} 和 t_{n+} 的关系。

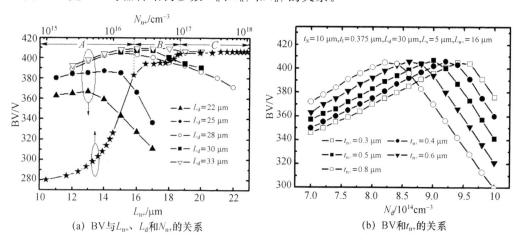

(a) BV与L_{n+}、L_d和N_{n+}的关系

(b) BV和t_{n+}的关系

图 3-39　BV 与器件结构参数的关系

如图 3-39(a)所示,当 L_d 小于 30 μm 时,最大 BV 将随 L_d 的增加而增加,当 L_d 大于或等于 30 μm 时,由于纵向耐压的限制,最大的 BV 将不变。另外,越小的 L_{n+} 需要越短的 L_d 才能到达最大的 BV。N_{n+} 浓度必须大于或等于 1×10^{17} cm^{-3} 时,界面电离施主的浓度和反

型空穴浓度才能饱和〔图 3-39(a)的 C 区〕,BV 与 N^+ 掺杂浓度无关。当 N_{n+} 在 2×10^{16} cm^{-3} ～ 1×10^{17} cm^{-3} 之间变化,且 N^+ 浓度在 PBN$^+$ 部分耗尽时,N$^+$ 靠近源端等势线密集,源端 N$^+$ 全耗尽,如图 3-39(a)中的 B 区,漏端 N$^+$ 部分耗尽电荷浓度降低,BV 降低。当 PBN$^+$ 层的浓度 $N_{n+}<2\times10^{16}$ cm^{-3} 时,随 N_{n+} 的变化,PBN$^+$ 层完全耗尽,BV 快速降低〔图 3-39(a)中的 A 区〕,成为一般的埋 N 缓冲层结构。图 3-39(b)是 BV 和 t_{n+} 的关系,可以看出,随着 t_{n+} 从 0.3 μm 增加到 0.8 μm,对于每一个 t_{n+},最大 BV 几乎是一个常数(407V)。随 t_{n+} 的降低,最大 BV 的 N_d 也会降低,这是 RESURF 条件限制的原因。

3.4 电荷型 p 沟高压 SOI 器件

本节重点研究 ENDIF 电荷型 p 沟高压 SOI LDMOS 的 BV、比导通电阻等电学特性与结构参数的关系。ENDIF p 沟高压 SOI LDMOS 主要有:(1)积累空穴型 ENDIF 高压 SOI pLD-MOS 器件:埋氧层自适应埋电极(Adaptive Buried Electrode, ABE)结构高压 SOI pLDMOS 器件。(2)积累空穴、电离施主结合型 ENDIF 高压 SOI pLDMOS 器件:①在 E-SIMOX 衬底上制作 N$^+$ 电荷岛结构(N$^+$I)的 pLDMOS 功率器件;②具有浮空埋层的界面部分等电位(Interface Part of the Equipotential with Floating Buried Layer,FBL)高压 SOI pLDMOS 器件。

3.4.1 高压 SOI pLDMOS

1. 高压 SOI pLDMOS 的特点

高压 SOI pLDMOS 的 BV 低一直是困扰器件设计工作者的一个难题。高压 SOI pLD-MOS 在实际应用中源栅接高电位,漏和衬底接低电位,高压 SOI pLDMOS 在这种加压方式下衬底电位不能辅助耗尽漂移区。为得到最佳的耐压效果,要求漂移区掺杂浓度较低,但是当漂移区掺杂浓度变低时 pLDMOS 的比导通电阻增加。具体耐压过程是其耗尽层从源端的 N-well 与 P-drift 形成的 PN 结边界耗尽,PN 结本身会出现电场峰,反映到表面电场上就是高压 SOI pLDMOS 在源端出现单一电场峰,使器件提前击穿,P 型漂移区使得纵向电场斜率为负,源下方埋层、上界面硅层电场降低,从而埋层纵向电场较低,埋层电场大约为 50V/μm,而常规高压 SOI nLDMOS 埋层电场大约为 90 V/μm,使得相同条件下的常规高

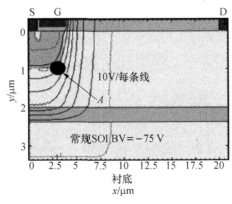

图 3-40　常规 SOI pLDMOS 击穿时的等势线分布

压 SOI pLDMOS 的 BV 降低。图 3-40 是常规 SOI pLDMOS 击穿时的等势线分布。源极接高压,器件耗尽层从源端 PN 结开始逐渐向右边漏极扩展,由于 A 点电场过高而导致器件提前击穿。即使漂移区浓度为 10^{14} cm^{-3} 数量级,仍然无法耗尽漂移区,这正是常规 SOI pLDMOS 的 BV 难以做到很高的原因。

2. 高压 SOI pLDMOS 的常规结构

如图 3-41 所示为高压 SOI pLDMOS 的常规结构。

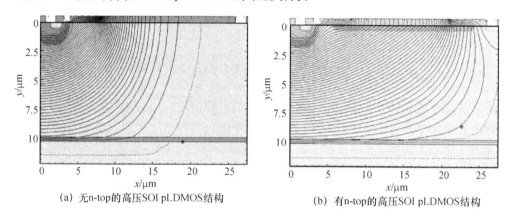

(a) 无n-top的高压SOI pLDMOS结构　　　　　　(b) 有n-top的高压SOI pLDMOS结构

图 3-41　高压 SOI pLDMOS 的常规结构

图 3-41(a)中高压 SOI pLDMOS 采用和高压 SOI nLDMOS 完全对应的常规结构。仿真中常规高压 SOI pLDMOS 衬底与漏端接负电位,源栅接地。衬底电位低于漂移区电位,漂移区耗尽层边界从源往漏延伸,无耗尽层相交叠情况,通过降低漂移区浓度的方式也难耗尽。如图 3-41(b)所示,在高压 SOI pLDMOS 漂移区引入 n-top,反型的掺杂辅助耗尽漂移区。但由于漂移区电位高于衬底电位,漏端与衬底等电位使得漏端下方埋层上界面因为 MIS 电容的作用,出现空穴积累而无法耗尽。

3.4.2　p-积累电荷型高压 SOI pLDMOS

该类 p-积累电荷型 LDMOS 的典型结构为 ABE SOI pLDMOS,该结构通过在埋氧层中引入线性变化的电位,从而在埋氧层与顶层硅的界面产生空穴与电子的势阱,这些势阱在埋氧层上界面引入大量交错的空穴和电子,同时在下界面感应相应的电子和空穴,这些界面的电荷增强了埋层的电场,提高了器件耐压。在 $L_d = 50\ \mu m$,$t_S = 5\ \mu m$,$t_l = 1\ \mu m$ 的情况下,获得相比常规 SOI 结构更高的 BV。该节详细分析了结构参数对 BV 的影响,同时仿真了器件比导通电阻和热特性。

1. ABE SOI pLDMOS 结构和机理

ABE SOI pLDMOS 的结构和工作机理如图 3-42 所示。图 3-42 中 t_S、t_l、t_{sub} 分别表示 ABE SOI pLDMOS 顶层硅、埋氧层以及衬底层厚度;L_d 表示器件漂移区长度;N_d 表示漂移区的掺杂浓度;$N_{n\text{-}top}$ 是表面降场层浓度;D、H 和 W 分别是电极的宽度、高度和间距。该结构把漏端负电压 V_d 通过分压的形式输出到埋氧层电极中,在电极上形成由源到漏线性变化的电势。在漏压绝对值逐渐增加的过程中,由于界面硅层电位低于电极电位,所以电极正上方出现电子势阱,两个电极之间出现空穴势阱。通过在埋层中电极电位的设计可以使得

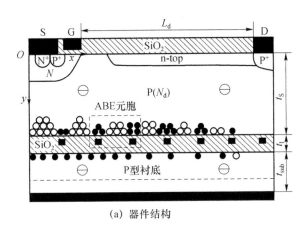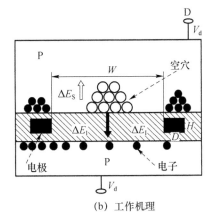

(a) 器件结构　　　　　　　　(b) 工作机理

图 3-42　ABE SOI pLDMOS 的结构和工作机理

界面处空穴的浓度远高于电子的浓度,根据电荷型 ENDIF 理论,这样介质场可以得到增强。仿真实验中,ABE SOI pLDMOS 结构可以优化介质场到 545 V/μm,远高于常规 SOI 结构的 75 V/μm。而且,埋层中电极电位和埋层上界面电荷密度都随外加漏压绝对值的增加而增大,减小而减小,这是自适应变化的过程,因此这种结构是具有自适应过程的结构。ABE SOI pLDMOS 埋层的特点表现在两个方面:电极的位置分布与电极电位的分布。电极在埋层中均匀分布,电极位于埋层中靠近上界面的位置,因为耐压时器件埋层中的等势线都处于电极的下方,太靠近埋层下方会使得埋层容易击穿,同时电极也不能超出埋层上表面,那样会直接形成从电极到漂移区的漏电。漏端电压分压之后输入每个电极中,其电位绝对值分布为从源到漏线性增加。

2. 结构参数对器件特性的影响

使用仿真软件对 ABE SOI 结构和常规 SOI 结构进行仿真(仿真条件:漂移区长度 $L_d=50\ \mu$m,埋层厚度 $t_1=1\mu$m,顶层硅厚度 $t_s=5\ \mu$m,ABE 厚度 $H=0.5\ \mu$m,ABE 长度 $D=0.5\ \mu$m,两个 ABE 的间距 $W=3\ \mu$m,衬底掺杂浓度 $N_{sub}=2\times10^{14}\ $cm^{-3})。图 3-43 为 ABE SOI pLDMOS 击穿时埋层上下界面的电荷(空穴、电子分布)。图 3-43(a)为 ABE SOI pLDMOS 在承受高压时埋氧层上界面的空穴浓度分布,界面空穴浓度从源端到漏逐渐线性

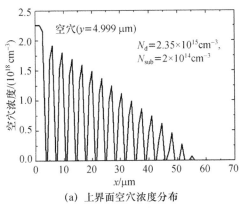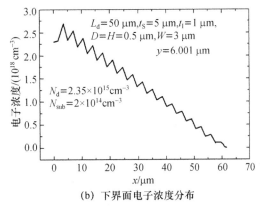

(a) 上界面空穴浓度分布　　　　(b) 下界面电子浓度分布

图 3-43　击穿时,ABE SOI pLDMOS 埋层上下界面的电荷(空穴、电子)分布

47

递减,为准连续的电荷,其最大值为 2.26×10^{18} cm^{-3}。上界面电子浓度与空穴有相反的分布趋势,但是电子浓度在增加的过程中在靠近漏的一端下降到 0,其最大值为 4.56×10^{17} cm^{-3},由于衬底电位等于漏电位,因此靠近漏端硅层与埋层等势,无电荷势阱存在。图 3-43(b)为埋氧层下界面电子浓度分布,下界面硅层由于电极的调制,产生与空穴浓度可比拟的反型电子,该反型电子从源端到漏端接近线性分布,最大值为 2.69×10^{18} cm^{-3}。空穴在下界面积累的量很少,最大值仅为 1.48×10^{15} cm^{-3}。上界面空穴的分布与电子分布是交替出现的,电子出现在电极的上面,空穴出现在两个电极之间。埋层上下界面分别产生从源到漏线性降低的界面自适应电荷,这些电荷能增强纵向电场,而且能调制器件表面横向电场。

图 3-44(a)是 ABE SOI pLDMOS 和常规 SOI 击穿时等势线和表面电场分布。自适应电荷的引入使得 ABE SOI pLDMOS 漂移区内等势线分布得更加均匀。从两种结构的表面电场分布的比较可见,由于电极电位从源端到漏端绝对值线性升高并且电极间距相等,界面电势由源到漏呈阶梯状近似等差升高,这使得漂移区内电势接近线性分布,表面电场接近矩形分布。漂移区表面电场的平均值由常规 SOI 的大约 5 V/μm 增加至 ABE SOI pLDMOS 的大约 15 V/μm。从图 3-44(b)中可以看出,由于自适应空穴的引入,介质场增强接近 545 V/μm,这大大提高了器件的 BV,而常规 SOI 的纵向电场为 75 V/μm,电势从常规结构的 -176 V 增加到新结构的 -587 V,新结构电极积累电荷作用明显。

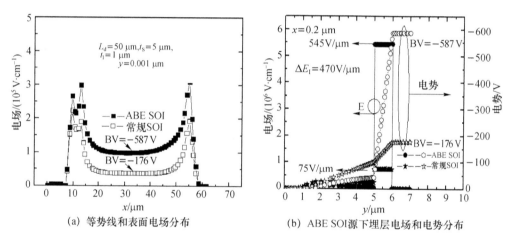

(a) 等势线和表面电场分布　　　　(b) ABE SOI 源下埋层电场和电势分布

图 3-44　击穿时,ABE SOI 和常规 SOI 电场和电势分布
(常规 SOI $N_d = 8 \times 10^{14}$ cm^{-3},ABE SOI $N_d = 2.35 \times 10^{15}$ cm^{-3})

图 3-45 是 p、n 沟 ABE SOI LDMOS(即 pLDMOS 和 nLDMOS)漂移区长度变化对 BV、比导通电阻的影响。其中 ABE SOI nLDMOS 在 L_d 长度从 50 μm 到 140 μm 变化的过程中,ABE SOI nLDMOS 的 BV 从 653 V 变化到 1 420 V,BV 持续增加,而常规 SOI 基本恒定不变,保持在 293 V 左右,常规 SOI 的 BV 受纵向耐压限制。在 $V_{gs} = 20$ V 时,ABE SOI nLDMOS 和常规 SOI 的比导通电阻基本相等,在 L_d 长度为 60 μm 时分别是 0.209 $\Omega \cdot$ cm^2 和 0.236 $\Omega \cdot$ cm^2,140 μm 时分别为 1.176 $\Omega \cdot$ cm^2 和 1.171 $\Omega \cdot$ cm^2。因为埋层电极对漂移区浓度影响较小,说明 ABE SOI nLDMOS 在提高 BV 的同时,没有以牺牲比导通电阻为代价。ABE SOI pLDMOS 在 L_d 长度从 20 μm 到 80 μm 变化的过程中,ABE SOI pLDMOS 的 BV 从 -318 V 变化到 -863 V,BV 持续增加,而常规 SOI 基本恒定不变,保持在 -176 V 左右。在 $V_{gs} = -20$ V 时,ABE SOI pLDMOS 的比导通电阻相比常规 SOI 有大幅降低,在 40 μm 时 ABE SOI pLDMOS 和常规 SOI 的比导通电阻分别是 0.189 $\Omega \cdot$ cm^2 和 0.924 $\Omega \cdot$ cm^2,60 μm 时分别为 0.412 $\Omega \cdot$ cm^2

和 2.01 Ω·cm²。这说明 ABE SOI pLDMOS 在提高 BV 的同时,由于电极有辅助耗尽作用,漂移区浓度比常规 SOI 的高一个数量级以上,故其比导通电阻大幅降低,这体现了埋电极结构用在 pLDMOS 上的优势大于用在 nLDMOS 上的。

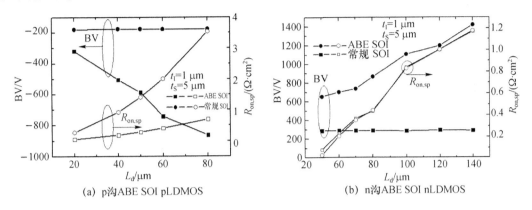

(a) p沟ABE SOI pLDMOS   (b) n沟ABE SOI nLDMOS

图 3-45 p、n 沟 ABE SOI LDMOS 漂移区长度对 BV 和比导通电阻的影响

图 3-46 是 ABE SOI pLDMOS 的结构参数(包括电极的宽度 D、高度 H 和间距 W 以及埋层厚度 t_1)对 BV 的影响。在 D 和 H 从 0.1 μm 到 1.2 μm 的变化过程中,BV 基本没有大的变化,都在 −587 V 左右浮动,这充分说明电极可以做成点电极,其宽度和高度对 BV 没有影响。W 从 1 μm 到 8 μm 的变化过程中,4 μm 以前 BV 保持恒定,5 μm 后有突变,BV 降到 −450 V,这说明间距有个饱和值,间距太大使得势阱高度降低,束缚电荷能力减弱。BV 对埋层厚度也不敏感,在埋层厚度在 1 μm 到 3 μm 的变化过程中,BV 基本没有变化,维持在 −587 V 附近。因此在制作过程中,若埋层太薄,则会导致埋层击穿;若埋层太厚,则会导致工艺不容易实现和热特性过差。这充分说明埋电极结构的可控范围很大,引入电荷增加埋层电场的能力非常强,比埋层注入固定电荷的方法有优势。

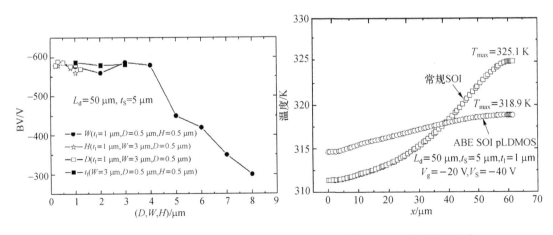

图 3-46 结构参数对 BV 的影响   图 3-47 温度特性的研究

3.4.3 p-混合电荷型高压 SOI pLDMOS

1. N⁺ I SOI pLDMOS 简介

3.4.1 节中的常规 ABE SOI pLDMOS 器件在漂移区是非耗尽的,BV 很低。本节基于 E-

SIMOX 工艺,把 3.3 节中的 N^+ 电荷岛 SOI(N^+I SOI)设计思路用于 ABE SOI pLDMOS,利用积累空穴和电离电荷增加埋层电场,提高击穿电压,实现 p 型 SOI 器件电荷型 ENDIF 高压器件 BV 的提升。本节将分析 p 型 N^+I SOI 结构特点并对其进行优化设计。

2. N^+I SOI pLDMOS 结构与电场模型分析

N^+I SOI pLDMOS 的结构及物理机理如图 3-48 所示。等距离高浓度 N^+ 区域注入到 P 型漂移区的介质埋层的顶部,当负电压 V_d 作用于漏端和衬底,同时源、栅接地。积累的空穴被纵向电场(E_V)、横向电场(E_L)、N^+ 区域部分耗尽产生的电离施主离子间的库仑力固定在 N^+ 区域之间,电子被感应和固定在 BOX 下界面;t_S、t_I、t_{sub} 和 H 分别是顶层硅、介质埋层、衬底层和界面 N^+ 区域的厚度;L_d、L_s、D 和 W 是漂移、源端(N-well)、介质 N^+ 区域、两个相邻 N^+ 区域的长度;N_d 是漂移区掺杂浓度;f_L 和 f_R 是耗尽区电离 N 型离子左右两边的库仑力。N^+I SOI pLDMOS 和 N^+I SOI nLDMOS 常规结构在设计上的最大区别在于前者需要在 N-well 中做 N-sink。N-well 和 N-sink 主要影响 N^+I SOI pLDMOS 的阈值电压,两者剂量过低容易发生体区穿通,而剂量过高容易使栅开启困难,因此需要对剂量进行优化。

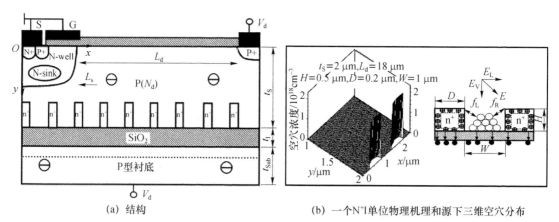

(a) 结构   (b) 一个N^+I单位物理机理和源下三维空穴分布

图 3-48 N^+I SOI pLDMOS 的结构和物理机理

制作在 SOI 材料上的高压功率器件时,充分利用 RESURF 原理并结合场板等终端技术,多方面改善器件表面电场分布,以优化好横向耐压。在 pLDMOS 的推导中把坐标原点选择在漏端,x 方向为漏指向源,漏、衬底接地,源端接高压 V_s($V_s = -V_d$),$\sigma(x)$ 为界面电荷分布,$\sigma(L_d)$ 为源下最大电荷浓度。当漂移区全耗尽后,漂移区电势 $\phi(x,y)$ 满足二维泊松方程:

$$\frac{\partial^2 \phi(x,y)}{\partial x^2} + \frac{\partial^2 \phi(x,y)}{\partial y^2} = \frac{qN_d}{\varepsilon_S} \qquad 0 \leqslant x \leqslant L_d, 0 \leqslant y \leqslant t_S \qquad (3\text{-}39)$$

边界条件为:

$$\left.\frac{\partial \phi(x,y)}{\partial y}\right|_{y=0} = 0 \qquad (3\text{-}40a)$$

$$\left.\frac{\partial \phi(x,y)}{\partial y}\right|_{y=t_S} = \frac{q\sigma(x)}{\varepsilon_S} - \frac{\varepsilon_I \phi(x,t_S)}{\varepsilon_S t_I} \qquad (3\text{-}40b)$$

$$\phi(0,0) = 0, \quad \phi(L_d,0) = V_s \qquad (3\text{-}40c)$$

漂移区电势 $\phi(x,y)$ 可以表示为两个部分之和:

$$\phi(x,y) = \omega(x,y) + \varphi(x,y) \quad 0 \leqslant x \leqslant L_d, 0 \leqslant y \leqslant t_S \qquad (3\text{-}41)$$

其中，$\omega(x,y)$ 和 $\varphi(x,y)$ 分别是外加电压 V_S 和耗尽杂质带来的电势。由式(3-39)可得

$$\frac{\partial^2 \omega(x,y)}{\partial x^2} + \frac{\partial^2 \omega(x,y)}{\partial y^2} = 0 \quad 0 \leqslant x \leqslant L_d, 0 \leqslant y \leqslant t_S \tag{3-42}$$

其边界条件为：

$$\omega(0,0) = 0, \quad \omega(L_d,0) = V_S \tag{3-43a}$$

$$\left.\frac{\partial \omega(x,y)}{\partial y}\right|_{y=0} = 0 \tag{3-43b}$$

$$\left.\frac{\partial \omega(x,y)}{\partial y}\right|_{y=t_S} = -\frac{\varepsilon_I\left[\omega(x,t_S)\right]}{\varepsilon_S t_I} \tag{3-43c}$$

把 $\omega(x,y)$ 沿 y 方向进行泰勒展开：

$$\omega(x,y) \cong \omega(x,0) + \left.\frac{\partial \omega(x,y)}{\partial y}\right|_{y=0} \cdot y + \left.\frac{\partial^2 \omega(x,y)}{\partial y^2}\right|_{y=0} \cdot \frac{y^2}{2} \tag{3-44}$$

代入边界条件方程(3-43a)、方程(3-43b)，简化方程(3-44)

$$\begin{cases} \dfrac{\partial \omega(x,y)}{\partial y} = \left.\dfrac{\partial^2 \omega(x,y)}{\partial y^2}\right|_{y=0} \cdot y \\ \left.\dfrac{\partial \omega(x,y)}{\partial y}\right|_{y=t_S} = \left.\dfrac{\partial^2 \omega(x,y)}{\partial y^2}\right|_{y=0} \cdot t_S \end{cases} \tag{3-45}$$

带入边界条件方程(3-43c)，求解方程(3-45)：

$$\left.\frac{\partial^2 \omega(x,y)}{\partial y^2}\right|_{y=0} \cdot t_S = -\frac{\varepsilon_I\left[\omega(x,t_S)\right]}{\varepsilon_S t_I} \quad 0 \leqslant x \leqslant L_d, 0 \leqslant y \leqslant t_S \tag{3-46}$$

由方程(3-46)得到：

$$\left.\frac{\partial^2 \omega(x,y)}{\partial y^2}\right|_{y=0} = -\frac{\varepsilon_I \omega(x,t_S)}{\varepsilon_S t_I t_S} \quad 0 \leqslant x \leqslant L_d, 0 \leqslant y \leqslant t_S \tag{3-47}$$

由方程(3-44)和方程(3-47)可得埋层界面电势和表面势的关系：

$$\left.\frac{\partial^2 \omega(x,y)}{\partial y^2}\right|_{y=0} = -\frac{\omega(x,0)}{t^2} \quad 0 \leqslant x \leqslant L_d, 0 \leqslant y \leqslant t_S \tag{3-48}$$

其中，$t = [1/2 t_S^2 + (\varepsilon_S/\varepsilon_I) t_S t_I]^{1/2}$ 是 SOI 器件的特征厚度。

从方程(3-42)和方程(3-48)，代入边界条件可以得到：

$$\frac{\partial^2 \omega(x,0)}{\partial x^2} - \frac{\omega(x,0)}{t^2} = 0 \tag{3-49}$$

其中，$\omega(0,0) = 0, \omega(L_d,0) = V_S$。

由(3-44)和方程(3-48)得电势 $\omega(x,y)$：

$$\omega(x,y) = \omega(x,0)\left(1 - \frac{y^2}{2t^2}\right) \quad 0 \leqslant x \leqslant L_d, 0 \leqslant y \leqslant t_S \tag{3-50}$$

求解方程(3-49)和方程(3-50)，可以得到电势 $\omega(x,0)$

$$\omega(x,0) = \frac{V_S}{\sinh\left(\dfrac{L_d}{t}\right)} \sinh\left(\frac{x}{t}\right) \tag{3-51}$$

下面对 $\varphi(x,y)$ 电势做同样的推导：

$$\frac{\partial^2 \varphi(x,y)}{\partial x^2} + \frac{\partial^2 \varphi(x,y)}{\partial y^2} = \frac{qN_d}{\varepsilon_S} \quad 0 \leqslant x \leqslant L_d, 0 \leqslant y \leqslant t_S \tag{3-52}$$

边界条件：

$$\varphi(0,0) = 0, \quad \varphi(L_d, 0) = 0 \tag{3-53a}$$

$$\left. \frac{\partial \varphi(x,y)}{\partial y} \right|_{y=0} = 0 \tag{3-53b}$$

$$\left. \frac{\partial \varphi(x,y)}{\partial y} \right|_{y=t_S} = \frac{q\sigma(x)}{\varepsilon_S} - \frac{\varepsilon_I \varphi(x,t_S)}{\varepsilon_S t_I} \tag{3-53c}$$

把 $\varphi(x,y)$ 沿 y 方向进行泰勒展开：

$$\varphi(x,y) \cong \varphi(x,0) + \left. \frac{\partial \varphi(x,y)}{\partial y} \right|_{y=0} \cdot y + \left. \frac{\partial^2 \varphi(x,y)}{\partial y^2} \right|_{y=0} \cdot \frac{y^2}{2} \tag{3-54}$$

由方程(3-53a)、方程(3-53b)和方程(3-54)得

$$\varphi(x,y) = \varphi(x,0) + \left. \frac{\partial^2 \varphi(x,y)}{\partial y^2} \right|_{y=0} \cdot \frac{y^2}{2} \quad 0 \leqslant x \leqslant L_d, 0 \leqslant y \leqslant t_S \tag{3-55}$$

由边界条件方程(3-53c)和方程(3-55)得

$$\frac{\partial^2 \varphi(x,0)}{\partial x^2} - \frac{\varphi(x,0)}{t^2} = \frac{qN_d}{\varepsilon_S} - \frac{q\sigma(x)}{\varepsilon_S}\left(\frac{1}{t_S} - \frac{t_S}{2t^2}\right) \quad 0 \leqslant x \leqslant L_d, 0 \leqslant y \leqslant t_S \tag{3-56}$$

由方程(3-55)和方程(3-56)，并化简方程(3-56)得

$$\varphi(x,y) = \left(1 - \frac{y^2}{2t^2}\right)\varphi(x,0) + \frac{y^2}{2}\frac{t_I q\sigma(x)}{\varepsilon_I t^2} \quad 0 \leqslant x \leqslant L_d, 0 \leqslant y \leqslant t_S \tag{3-57}$$

其中，$\sigma(x) = \sigma(L_d)x/L_d$，求解方程带边界条件的方程(3-56)，可得

$$\varphi(x,0) = \frac{A}{2\sinh\left(\frac{L_d}{t}\right)}e^{\frac{x}{t}} - \frac{B}{2\sinh\left(\frac{L_d}{t}\right)}e^{-\frac{x}{t}} + \frac{t_I q\sigma(L_d)}{L_d\varepsilon_I}x - \frac{qN_d}{\varepsilon_S}t^2 \tag{3-58}$$

其中，

$$A = \frac{qN_d}{\varepsilon_S}t^2\left[1 - e^{\frac{L_d}{t}} + 2\sinh\left(\frac{L_d}{t}\right)\right] - \frac{t_I q\sigma(L_d)}{\varepsilon_I} \tag{3-59}$$

$$B = \frac{qN_d}{\varepsilon_S}t^2\left(1 - e^{\frac{L_d}{t}}\right) - \frac{t_I q\sigma(L_d)}{\varepsilon_I} \tag{3-60}$$

化简方程(3-58)，可得：

$$\varphi(x,0) =$$

$$\frac{\left[\varepsilon_I qN_d t^2\left(1 - e^{\frac{L_d}{t}} + 2\sinh\left(\frac{L_d}{t}\right)\right) - \varepsilon_S t_I q\sigma(L_d)\right]e^{\frac{x}{t}} - \left[\varepsilon_I qN_d t^2\left(1 - e^{\frac{L_d}{t}}\right) - \varepsilon_S t_I q\sigma(L_d)\right]e^{-\frac{x}{t}}}{2\sinh\left(\frac{L_d}{t}\right)\varepsilon_S\varepsilon_I} +$$

$$\frac{t_I q\sigma(L_d)}{L_d\varepsilon_I}x - \frac{qN_d}{\varepsilon_S}t^2 \tag{3-61}$$

结合方程(3-51)、方程(3-61)和方程(3-41)，可得

$$\phi(x,0) = \varphi(x,0) + \frac{V_S}{\sinh\left(\frac{L_d}{t}\right)}\sinh\left(\frac{x}{t}\right) \tag{3-62}$$

结合方程(3-41)、方程(3-50)和方程(3-57)可得

$$\phi(x,y) = \left(1 - \frac{y^2}{2t^2}\right)\phi(x,0) + \frac{y^2}{2} \cdot \frac{t_I q\sigma(x)}{t^2\varepsilon_I} \quad 0 \leqslant x \leqslant L_d, 0 \leqslant y \leqslant t_S \tag{3-63}$$

求解方程(3-61)，可得 $E_x(x,0)$ 为：

$$E_x(x,0) = -\frac{\partial \phi(x,0)}{\partial x} = \varphi'(x,0) - \frac{V_S}{t\sinh\left(\frac{L_d}{t}\right)}\cosh\left(\frac{x}{t}\right) \tag{3-64}$$

从方程(3-63)，按照电势和电场的关系，可得 $E_x(x,y)$ 为：

$$E_x(x,y) = -\frac{\partial \phi(x,y)}{\partial x} = \left(1 - \frac{y^2}{2t^2}\right)E_x(x,0) - \frac{y^2}{2}\cdot\frac{t_1 q}{t^2 \varepsilon_I}\cdot\frac{\sigma(L_d)}{L_d} \tag{3-65}$$

从方程(3-63)，可得纵向电场 $E_y(x,y)$ 为：

$$E_y(x,y) = -\frac{\partial \phi(x,y)}{\partial y} = \frac{y}{t^2}\phi(x,0) - \frac{yt_1 q\sigma(x)}{t^2 \varepsilon_I} \tag{3-66}$$

由方程(3-66)，可得(源下)硅层 E_S 表示为：

$$E_S = E_y(L_d, t_S) = -\frac{\partial \phi(L_d, t_S)}{\partial y} \tag{3-67}$$

结合方程(3-62)和方程(3-67)，可得 E_S 为：

$$E_S = \frac{t_S}{t^2}\left(V_S - \frac{t_1 q\sigma(L_d)}{\varepsilon_I}\right) \tag{3-68}$$

结合方程(3-68)和界面的高斯定义，可得(源下)埋层的纵向电场 E_I 为：

$$E_I = \frac{\varepsilon_S E_S}{\varepsilon_I} + \frac{q\sigma(L_d)}{\varepsilon_I} \tag{3-69}$$

结合方程(3-68)和方程(3-69)，可得 E_I 为：

$$E_I = \frac{\varepsilon_S}{\varepsilon_I}\left[\frac{t_S}{t^2}\left(V_S - \frac{t_1 q\sigma(L_d)}{\varepsilon_I}\right)\right] + \frac{q\sigma(L_d)}{\varepsilon_I} \tag{3-70}$$

从方程(3-68)和方程(3-70)可知，在给定的 V_S 下，N^+ I SOI pLDMOS 的结构相比常规 SOI 引入了额外的界面电荷 $\sigma(x)$，提高了 E_I，增强了 BV，削弱了硅层 E_S 电场尖峰，避免了硅层提前击穿。当 $\sigma(x) = 0$，方程(3-68)和方程(3-70)也适用于常规 SOI。推导过程可知，这种界面电荷模型适合 nLDMOS 和 pLDMOS 的 N^+ I SOI 结构。

将式(3-30)和式(3-32)代入 $BV = t_1 E_I + 0.5 t_S E_S$ 中可以得到：

$$BV = \frac{1}{2\varepsilon_I^2 t^2}(2t_1\varepsilon_S\varepsilon_I t_S V_S - 2t_1^2\varepsilon_S t_S q\sigma(L_d) + 2t_1\varepsilon_S t^2 q\sigma(L_d) + t_S^2\varepsilon_I^2 V_S - t_S^2\varepsilon_I t_1 q\sigma(L_d)) \tag{3-71}$$

3. N^+ I SOI pLDMOS 特性分析

使用仿真软件 MEDICI 对 N^+ I SOI 结构和常规 SOI pLDMOS 结构进行仿真(仿真条件：$L_d = 15\sim30\ \mu m$，$t_S = 2\ \mu m$，$t_1 = 0.375\ \mu m$，$t_{sub} = 1\ \mu m$，$N_{sub} = 8\times10^{14}\ cm^{-3}$，$H = 0\sim1\ \mu m$，$D = 0\sim1\ \mu m$，$W = 1\sim2\ \mu m$，$N_{n+} = 0.1\times10^{19}\sim1\times10^{19}\ cm^{-3}$)。图 3-49 显示了 N^+ I SOI 在 ($y = 2.001\ \mu m$) 情况下，界面($y = 1.999\ \mu m$)的 E_S 和 E_I 随外加电压 V_d 的变化关系。从方程(3-68)和方程(3-70)，N^+ I SOI 在击穿时($V_d = V_B = BV$)，其 E_S 和 E_I 的值相比常规 SOI 结构分别被界面空穴降低和增强。

$$\Delta E_S = \frac{t_S}{t^2}\left(\Delta V_S - \frac{t_1 q\sigma(L_d)}{\varepsilon_I}\right) \tag{3-72}$$

$$\Delta E_I = \frac{\varepsilon_S}{\varepsilon_I}\left[\frac{t_S}{t^2}\left(\Delta V_S - \frac{t_1 q\sigma(L_d)}{\varepsilon_I}\right)\right] + \frac{q\sigma(L_d)}{\varepsilon_I} \tag{3-73}$$

在图 3-49 中，自适应的积累型电荷随着 V_d 的增大而增加，E_I 线性提高，同时，E_S 降到 3.13 V/μm。

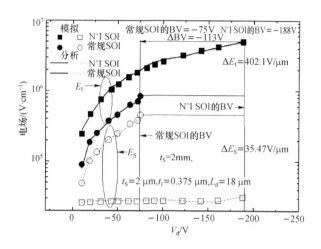

图 3-49　N^+I SOI pLDMOS 和常规 SOI 源端下方埋层上界面硅层电场、介质埋层电场和 V_d 的关系

然而,对于常规 SOI,因为没有 N^+ 区域阻止界面电荷被横向电场的抽取,E_I 总是受限于 $E_I=\varepsilon_S E_S/\varepsilon_I$,从方程(3-68)和方程(3-70)中可知,$E_S$ 可快速到达硅的临界击穿电场。当 $V_d=V_B=BV$ 时,N^+I SOI 的 E_I 从常规 SOI 的 82.2 V/μm 增加到 502.3 V/μm($\Delta E_I=402.1$ V/μm),N^+I SOI 的 E_S 从常规 SOI 的 38.6 V/μm 降到 3.13 V/μm($\Delta E_S=35.47$ V/μm),因为电场的变化,N^+I SOI 有相比常规 SOI(-75 V)高的 V_B(-188 V),方程(3-72)和方程(3-73)的计算和仿真结果吻合较好。

图 3-50 比较了 p、n 沟 N^+I SOI 和常规 SOI 在击穿时等势线和表面电场($y=0.001$ μm)分布。因为界面高浓度空穴($>2\times10^{18}$ cm^{-3})的调制作用,N^+I SOI 等势线分布得更加均匀。然而,常规 N^+I SOI pLDMOS 漂移区很难耗尽,等势线不能扩展到整个漂移区,因此 BV 较低。而且,由于从漏端到源端线性增加空穴的调制作用,N^+I SOI 的表面电场的中间部分高于常规 SOI 的,且在源、漏两端各有一个尖峰,常规 SOI 的表面电场仅在源端有峰,不能耗尽整个漂移区,这也是常规 N^+I SOI pLDMOS 的 BV 不高的原因。图中也说明了 N^+ 电荷型结构用在 N^+I SOI pLDMOS 中可以减少工艺步骤,提高 BV,在 p 沟的使用效果好于在 n 沟中。

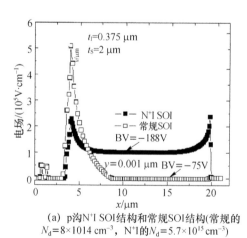

(a) p沟N^+I SOI结构和常规SOI结构(常规的 $N_d=8\times10^{14}$ cm^{-3}, N^+I的 $N_d=5.7\times10^{15}$ cm^{-3})

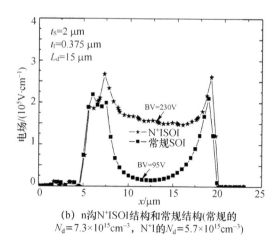

(b) n沟N^+ISOI结构和常规结构(常规的 $N_d=7.3\times10^{15}$cm^{-3}, N^+I的 $N_d=5.7\times10^{15}$cm^{-3})

图 3-50　p、n 沟 N^+I SOI 和常规 SOI 在击穿时等势线和表面电场($y=0.001$ μm)分布

图 3-51 是 N^+I SOI pLDMOS 击穿时($V_d = BV$)沿埋层上界面($y = 1.999\ \mu m$)和下界面($y = 2.375\ \mu m$)的电荷分布。图 3-51(a)是击穿时,N^+I SOI pLDMOS 介质埋层上下界面的空穴和电子分布。大量空穴聚集在介质埋层的上界面,其浓度从漏端到源端随电势的增加而增加。同时,有 $10^{17}\ cm^{-3}$ 数量级的电子位于下界面。图 3-51(b)给出了在一个 N^+I 单元纵向不同位置的空穴分布。最高的空穴浓度是在两个 N^+ 区域的中点位置,因为有最大库仑力作用于此点。从图 3-51(b)可以看出,积累层大约为 90 nm,基于方程(3-71)、方程(3-68)和方程(3-70)可知,界面积累的空穴提高了 E_I,调制了漂移区的电场,提高了器件耐压。

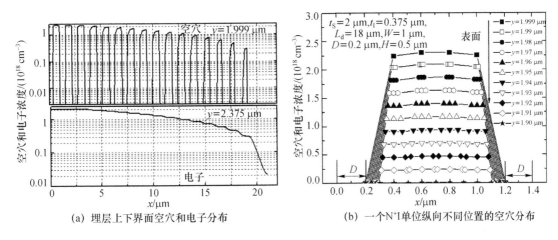

(a) 埋层上下界面空穴和电子分布   (b) 一个N^+I单位纵向不同位置的空穴分布

图 3-51   击穿时 N^+I SOI pLDMOS 沿埋层上界面和下界面的电荷分布的电荷分布

图 3-52 是击穿时,N^+I SOI pLDMOS 和常规 SOI 结构的电场和电势分布。界面空穴不仅能提高 E_I 而且能降低 E_S,在两个 N^+ 区域之间,基于方程(3-68)和方程(3-70),E_I 和 E_S 从常规 SOI 的 82.2 V/μm 和 38.6 V/μm 变化到 N^+I SOI 的 502.3 V/μm 和 3.13 V/μm。界面电荷每增加 $1 \times 10^{12}\ cm^{-2}$,埋层电场 E_I 提高 41.3 V/μm,N^+I SOI pLDMOS 的埋层承受更大的 BV。通过仿真,在 $t_s = 2\ \mu m$ 和 $t_I = 0.375\ \mu m$ 时,N^+I SOI 的 BV $= -188$ V,对应常规 SOI 的 BV 仅仅只有 -75 V。击穿时结构参数对 N^+I SOI pLDMOS 的 BV 的影响仿真如图 3-53 所示。图 3-53 中,在优化的 $H = 0.5\ \mu m$,$D = 0.2\ \mu m$ 和 $W = 1\ \mu m$ 下,最大的 BV $= -188$ V,BV 随 L_d 的增加而增加,当 H 或者 D 是 $0\ \mu m$ 时,N^+I SOI pLDMOS 成为常规 SOI。

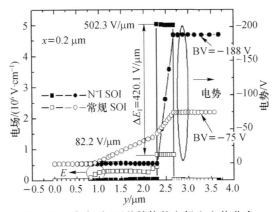

图 3-52   击穿时,两种结构的电场和电势分布

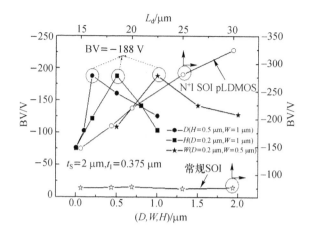

图 3-53　击穿时,结构参数对 N⁺I SOI pLDMOS 的 BV 的影响仿真

图 3-54(a)是 N⁺I SOI pLDMOS 沿 x 方向的纵向硅层电场 E_{SV} 和埋层电场 E_{IV}。随空穴浓度从漏到源线性增加,在源下常规结构的 $E_{IV} = 3E_{SV}$,N⁺I SOI pLDMOS 结构的 E_{IV} 大于 $3E_{SV}$。在每个 N⁺I 单位一系列的 N⁺、P⁻、N⁺ 结构中 $E_{SV}(x)$ 几乎不变,承受 20 V 耐压,$E_{SV}(x)$ 低于 30 V/μm。但常规 SOI 结构,界面无空穴,$E_{SV}(x)$ 随电势从漏端到源端增加到 30 V/μm,在 $x = 2.2$ μm 发生击穿。N⁺I SOI pLDMOS 由于高的横向电场作用,击穿点在 $x = 4.53$ μm。空穴对 E_I 的增强作用也可以从图 3-54(b)的三维电场分布中得出。

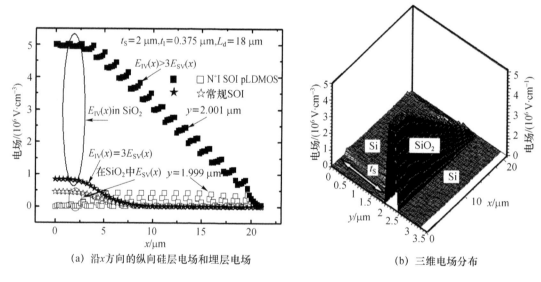

(a) 沿 x 方向的纵向硅层电场和埋层电场　　　　(b) 三维电场分布

图 3-54　击穿时,N⁺ SOI pLDMOS 的电场分布

表 3-4 是 N⁺I SOI pLDMOS 和常规 SOI 结构的 BV 和比导通电阻的比较。在 $V_{gs} = -20$ V,N⁺I SOI pLDMOS 在相同条件下的 $R_{on,sp}$ 由常规 SOI 的 0.2655 Ω·cm² 变为 0.09 Ω·cm²。对比常规结构,N⁺ 注入使得 N⁺I SOI pLDMOS 结构在耐压时漂移区有更高的浓度,比导通电阻降低 66.1%。

表3-4　N$^+$I SOI pLDMOS 和常规 SOI 结构的 BV 和比导通电阻的比较

结构	V_{gs}/V	BV/V	$R_{on,sp}/(\Omega \cdot cm^2)$
N$^+$I SOI pLDMOS	-25	-188	0.073
	20		0.09
常规 SOI	-25	-75	0.246 6
	-20		0.265 5

4. N$^+$I SOI pLDMOS 工艺实现

图 3-55 是 N$^+$I SOI pLDMOS 主要工艺流程结点描述。

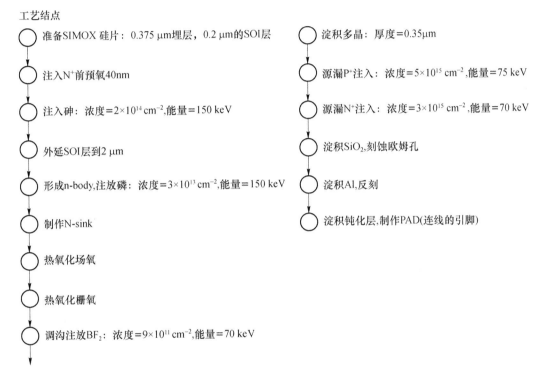

工艺结点

○ 准备SIMOX硅片：0.375 μm埋层，0.2 μm的SOI层
○ 注入N$^+$前预氧40nm
○ 注入砷：浓度=2×10^{14} cm^{-2}，能量=150 keV
○ 外延SOI层到2 μm
○ 形成n-body,注放磷：浓度=3×10^{13} cm^{-2}，能量=150 keV
○ 制作N-sink
○ 热氧化场氧
○ 热氧化栅氧
○ 调沟注放BF$_2$：浓度=9×10^{11} cm^{-2}，能量=70 keV

○ 淀积多晶：厚度=0.35μm
○ 源漏P$^+$注入：浓度=5×10^{15} cm^{-2}，能量=75 keV
○ 源漏N$^+$注入：浓度=3×10^{15} cm^{-2}，能量=70 keV
○ 淀积SiO$_2$,刻蚀欧姆孔
○ 淀积Al,反刻
○ 淀积钝化层,制作PAD(连线的引脚)

图 3-55　N$^+$ SOI pLDMOS 主要工艺流程结点描述(结点数据通过 Tsuprem4 仿真得到)

图 3-56 是 E-SIMOX N$^+$I SOI pLDMOS 技术工艺流程示意图。

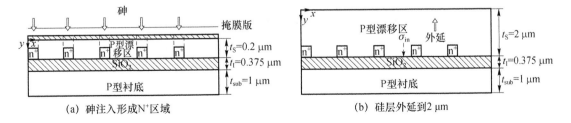

(a) 砷注入形成N$^+$区域　　　　　　　(b) 硅层外延到2μm

图 3-56　E-SIMOX N$^+$I SOI pLDMOS 技术工艺流程示意图

N$^+$区域的形成是在 150 keV 的能量下注入 2×10^{14} cm^{-2} 的砷。掩膜注入后的 N$^+$ 区域的厚度估计为 200 nm。然后在 1 100 ℃,1×10^{15} cm^{-2} 的浓度下使用外延技术,外延 1.8 μm 的硅

层到 2 μm 厚。n-body 使用磷离子注入工艺,然后经过高温推结形成 N^+ I SOI pLDMOS(如图 3-55 所示)。因此形成 N^+ I SOI pLDMOS 仅仅需要额外的砷注入掩膜工艺,其余工艺流程和常规 CMOS/SOI 工艺完全兼容。

5. N 岛实验

要求在 20 μm 的 t_S,4 μm 的 t_I 上得到 BV 达到 600 V 级的 SOI 器件,并且有驱动电路对其进行驱动。基于上述课题要求,对 N^+ I SOI 结构进行了相应的修改。如果采用 N 型顶层硅 SOI 材料设计,则需要深槽介质隔离技术隔离高压器件与低压电路单元,工艺实现困难。使用 P 型顶层硅 SOI 材料,则可以利用自隔离技术解决高压器件和低压电路单元的隔离问题。当在 P 型顶层硅 SOI 材料的埋层界面设计图形化的 N 埋层时,则可以进一步提高器件 BV。埋 N 岛是指在结构中把 N 岛做到埋层中。

本节设计出既满足耐压要求,又满足隔离要求的器件结构,如图 3-57(a)所示。器件中采用两区(LDD1 和 LDD2)的漂移区可以优化器件的表面电场分布,缓解曲率效应,从而保证器件不发生横向击穿。图 3-57(a)中,t_S 表示顶层硅厚度,t_I 表示埋氧层厚度,L_d 表示漂移区长度,S、D、W 和 H 分别表示 N 岛起始位置、长度、间距和高度,N_n、N_d、N_{LDD1} 和 N_{LDD2} 分别为 N 岛、P 型漂移区、LDD1 和 LDD2 浓度。图 3-57(a)中右半部分为低压电路控制单元,此结构将器件制作在 P 型外延层上,由于 PN 结反偏,阻断漏电流从高压器件单元流向低压电路控制单元,同时 N 岛之间为 P 型硅,天然阻断漏电流另一条可能的通路,可实现自隔离,保证系统的正常工作。在阻断耐压状态下,存在两种正电荷〔如图 3-57(b)所示〕提高埋氧层的电场:(1)N 岛耗尽后的电离施主离子;(2)随着漏端电压升高,逐渐增加的漂移区积累型空穴被两侧 N 岛所固定,两种正电荷使埋层电场远大于顶硅层电场,最终提高耐压。而且,采用两区阶梯掺杂漂移区,可以引入新的电场峰,调制表面电场,提高器件横向耐压。

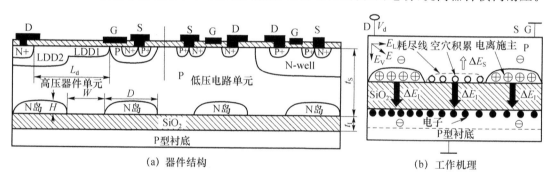

| (a) 器件结构 | (b) 工作机理 |

图 3-57　BNI SOI 器件结构及工作机理

(1)器件耐压与结构参数的分析

以下分析结构参数与器件的耐压关系,所用参数如表 3-5 所示,其中 N 岛掺杂浓度 N_n 为 $9 \times 10^{15} \sim 1.4 \times 10^{16}$ cm^{-3}。

表 3-5　**BNI SOI 仿真参数**

总厚度	34 μm	总长度	70 μm	LDD2	0~35 μm
t_S	20 μm	漏区	0~5 μm	LDD1	35~65 μm
t_I	4 μm	漏场板	5~12 μm	L_d	60 μm
t_{sub}	10 μm	源区	65~70 μm	N_d / N_{sub}	5.6×10^{14} cm^{-3}
H	2.5 μm	S	2 μm	W/D	5 μm

图 3-58 是 BNI SOI 结构上下界面空穴和电子浓度分布。电子比空穴高出一个数量级，是因为 N 岛浓度高出 P 型漂移区一个数量级以上，电子是施主离子和空穴共同感应的结果。

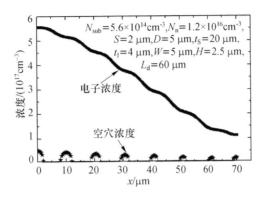

图 3-58　BNI SOI 结构上下界面空穴和电子浓度分布

图 3-59 是 BNI SOI 结构和常规 SOI 结构表面电场、纵向电场、电势分布对比图。图 3-59（a）是 BNI SOI 结构和常规 SOI 结构表面电场分布。LDD1 和 LDD2 的两区设计在漂移区中部引入新的电场峰，减小了源漏主结的高电场，提高了横向耐压。图 3-59（b）中 BNI SOI 耐压（786V）比常规 SOI（485V）高出 62.1%。在纵向电场的比较中，常规 P 型结构埋层电场为 31.2 V/μm，硅层电场为 10 V/μm。BNI SOI 结构中，纵向电场在 N 岛内逐渐上升，此时界面硅层电场为 35 V/μm，对应的埋层电场为 114.6 V/μm；在 N 岛间隙，硅层电场降为 17.8 V/μm，由于空穴和施主离子 ENDIF 的作用，埋层电场为 113 V/μm。

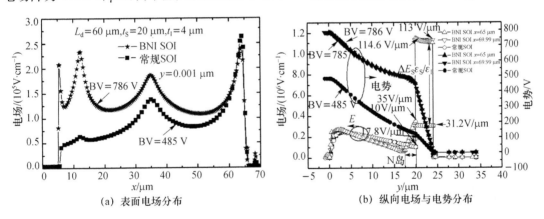

(a) 表面电场分布　　　　　　　(b) 纵向电场与电势分布

图 3-59　BNI SOI 结构与常规 SOI 结构表面电场、纵向电场、电势分布对比图

图 3-60 是 N 岛浓度与 BV 关系分布图。在 BNI SOI 结构中，N 岛浓度有一个优值，大于或小于优值 BV 都会降低。图 3-61 是 N 岛起始位置（即第一个 N 岛的位置）与 BV 的关系图，并优化漂移区 LDD1、LDD2 的浓度。图中显示，器件 BV 与 N 岛起始位置关系不大，在 N 岛浓度确定的情况下，全耗尽施主电荷浓度固定，埋层电场固定，BV 也随之确定。

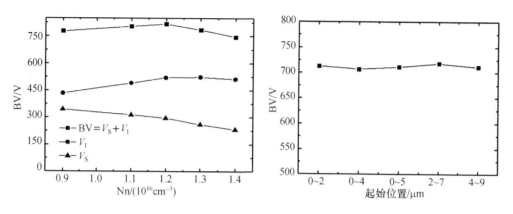

图 3-60   N 岛浓度与 BV 的关系分布   图 3-61   N 岛起始位置与 BV 的关系图

图 3-62 所示的是改变 N 岛的长度 D，并优化 N 岛与漂移区 LDD1、LDD2 的浓度，器件 BV 的变化。N 岛的长度小于优值时，N 岛长度增加，优化掺杂浓度最大，BV 增加；当 N 岛长度大于优值后，N 岛长度变化，优化 N 岛的浓度，器件的 BV 保持稳定。图 3-63 所示的是改变 N 岛的高度 H，并在各个高度下优化 N 岛的浓度及漂移区 LDD1、LDD2 的浓度时，器件的 BV 变化。改变 N 岛的高度，同时优化掺杂浓度，器件的整体 BV 保持稳定。

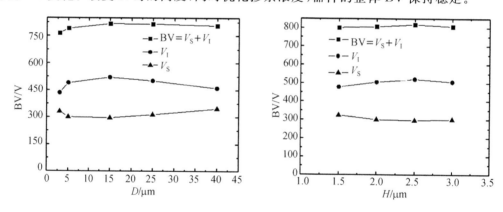

图 3-62   N 岛长度 D 与器件 BV 的关系图   图 3-63   N 岛高度 H 与器件 BV 的关系图

图 3-64(a)所示的是改变 N 岛之间的间距 W，在各个间距下优化 N 岛及漂移区 LDD1、LDD2 的浓度时器件的 BV 变化图。可以看出，随着 N 岛之间间距增大，即使优化掺杂浓度，埋层电场越来越小，器件 BV 还是逐渐降低。图 3-64(b)是保持 N 岛浓度不变（1.1×10^{16} cm^{-3}），改变间距 W，并优化漂移区 LDD1、LDD2 的浓度时，器件的 BV 变化图。从图中纵向电场、电势对比可以看出，当 N 岛浓度不变时，增加 N 岛间距，器件的 BV 逐渐降低，顶层硅电场和埋层电场也是逐渐降低的。

(2) 器件工艺联合仿真中结构参数与耐压的关系

为更贴近实际工艺，运用工艺仿真软件 Tsuprem4 和器件仿真软件 MEDICI 对该器件进行工艺器件联合仿真，以确定可行性方案。大致流程为：首先，通过工艺器件联合仿真确定一套器件参数；然后，结合实际工艺线仿真器件的工艺流程；最后，进行掩膜板设计并进行流片测试。仿真中采用两区漂移区注入剂量均为 0.6×10^{12} cm^{-2} 的两种 P 型顶层硅硅片

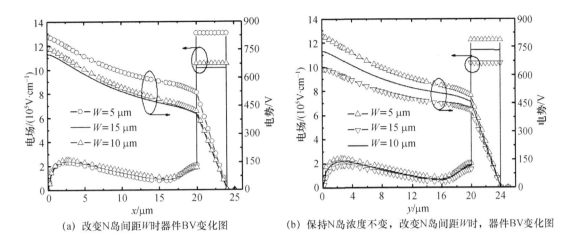

(a) 改变N岛间距W时器件BV变化图　　　　(b) 保持N岛浓度不变，改变N岛间距W时，器件BV变化图

图 3-64　N 岛间距和浓度变化对器件 BV 的影响

（取片源电阻率范围内的平均值换算出相对应的浓度值），高阻片源采用 2×10^{14} cm^{-3} 的 P 型硅，低阻片源采用 7×10^{14} cm^{-3} 的 P 型硅。

如图 3-65 所示，在 P 型硅浓度为 2×10^{14} cm^{-3}，N 岛注入剂量为 1.8×10^{12} cm^{-2} 时，获得最高的 BV 为 880 V；在 P 型硅浓度为 7×10^{14} cm^{-3}，N 岛注入剂量为 2.6×10^{12} cm^{-2} 时，获得最高的 BV 为 800 V，说明高阻低浓度 BV 优于低阻高浓度材料的。因为浓度越低，顶层硅中从漂移区下界面到 N 岛上界面处的纵向耐压曲线斜率就越小，顶层硅 BV 增加，而且埋氧层 BV 也增加。此图也表明有 N 岛结构的器件 BV 明显比没有 N 岛的（620 V）高很多。在 P 型硅浓度为 2×10^{14} cm^{-3} 时，不同推结时间变化下 N 岛注入剂量分布曲线如图 3-65 所示。推结时间越长，N 岛结深越深，表面浓度就越低。

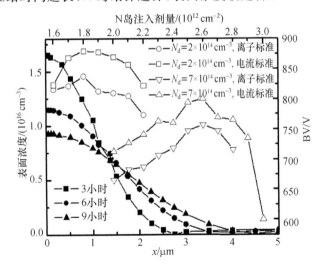

图 3-65　BV 与 N 岛注入剂量的关系以及不同推结时间下的 N 岛注入剂量分布曲线

推结时间对 BV 和纵向电场的影响如图 3-66 所示。图中显示，N 岛结深、表面浓度变化的情况下 BV 基本不变，因此在研制 SOI 材料时，重点是磷的注入剂量，其余工艺流程不用过多关注。该图还表示当注入剂量小于或等于 2×10^{12} cm^{-2} 时，器件的最高 BV 随着注

入剂量的增加而增加,这是因为随着注入剂量的提高,埋层内部的电场提高;但当注入剂量太高时,埋层与顶层硅界面电场很快达到临界击穿电场,使得硅层电场过低,减小了硅层的BV,从而影响了器件的 BV。推结 3 小时与推结 9 小时后器件的纵向电场如图 3-66 所示,推结 9 小时与推结 3 小时相比,N 埋层的结深较深,但是由于掺杂浓度小,因此电场在岛的耗尽区内上升比较缓慢,最终在埋层界面的电场相差无几。推结 3 小时后器件 BV 为805 V,推结 6 小时后器件 BV 为 797 V,推结 9 小时后器件 BV 为 779 V。

表面浓度工艺容差与 BV 的关系如图 3-67 所示。LDD1 区的表面浓度只要保证在 1.1×10^{16} cm^{-3} 以上,器件的 BV 都可以达到 700V,且 LDD2 区的表面浓度是 1.1×10^{16} cm^{-3} 和 1.4×10^{16} cm^{-3} 范围之内时,器件 BV 都能保证在 $731 \sim 775$ V 范围内,其工艺容差范围较大。

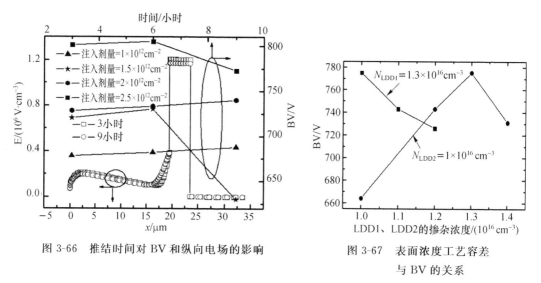

图 3-66　推结时间对 BV 和纵向电场的影响　　　图 3-67　表面浓度工艺容差与 BV 的关系

上述一系列仿真表明,埋 N 岛的纵向耐压主要取决于 N 岛注入剂量,和推结时间、结深、表面浓度关系不大,为验证这种说法的正确性,下面将从理论角度推导纵向耐压和 N 岛注入剂量的关系。

图 3-68 所示为 BNI SOI LDMOS 结构和纵向电场分布示意图。假设推结后 N 岛的结深为 H,埋 N 岛掺杂浓度为 N_n,P 型顶层硅原始掺杂浓度为 N_d,N 型漂移区 LDD2 掺杂浓度为 N_{LDD2},结深为 t_{d2}。

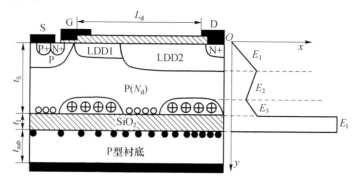

图 3-68　BNI SOI LDMOS 结构和纵向电场分布示意图

为说明器件耐压机理,在漏端下方分段求解泊松方程,在漂移区中:

$$\frac{dE_1(y)}{dy} = \frac{q(N_{LDD2}(y) - N_d)}{\varepsilon_S} \quad 0 < y < t_{d2} \tag{3-74}$$

$$\frac{dE_2(y)}{dy} = \frac{-qN_d}{\varepsilon_S} \quad t_{d2} < y < t_S - H \tag{3-75}$$

$$\frac{dE_3(y)}{dy} = \frac{q(N_n(y) - N_d)}{\varepsilon_S} \quad t_S - H < y < t_S \tag{3-76}$$

边界条件为:

$$\begin{cases} \left.\dfrac{dE}{dy}\right|_{y=0} = 0 \\ E_1(t_{d2}) = E_2(t_{d2}) \\ E_2(t_S - H) = E_3(t_S - H) \end{cases} \tag{3-77}$$

分别代入边界条件(3-77)求解方程(3-74)、方程(3-75)和方程(3-76)得

$$E_1(y) = \frac{q\left(\int_0^{t_{d2}} N_{LDD2}(y)dy - N_d\right)}{\varepsilon_S} y \quad 0 < y < t_{d2} \tag{3-78}$$

$$E_2(y) = \frac{-qN_d}{\varepsilon_S} y + \frac{q\int_0^{t_{d2}} N_{LDD2}(y)dy}{\varepsilon_S} t_{d2} \quad t_{d2} < y < t_S - H \tag{3-79}$$

$$E_3(y) = A1 + A2 + A3 \quad t_S - H < y < t_S \tag{3-80}$$

其中,$A1 = \dfrac{q\left(\int_{t_S-H}^{t_S} N_n(y)dy - N_d\right)}{\varepsilon_S} y$,$A2 = \dfrac{q\int_0^{t_{d2}} N_{LDD2}(y)dy}{\varepsilon_S} t_{d2}$,$A3 = -\dfrac{q\int_{t_S-H}^{t_S} N_n(y)dy}{\varepsilon_S}(t_S - H)$,

$\int_0^{t_{d2}} N_{LDD2}(y)dy$ 为 LDD2 的注入剂量,令其为 D_1,$\int_{t_S-H}^{t_S} N_n(y)dy$ 为 N 岛的注入剂量,令其为 D_2。耐压时器件击穿点位于漏端下方埋层界面,此处硅层电场为:

$$E_3(t_S) = \frac{q(D_2 - N_d)}{\varepsilon_S} t_S + \frac{qD_1}{\varepsilon_S} t_{d2} - \frac{qD_2}{\varepsilon_S}(t_S - H) \tag{3-81}$$

埋层电场为:

$$E_I = \frac{q}{\varepsilon_I}(D_1 t_{d2} + D_2 H - N_d t_S) \tag{3-82}$$

由式(3-82),漏端 ENDIF 效果产生的埋层电场增量可以表示为:

$$\Delta E_I = \frac{q}{\varepsilon_I}(D_2 H - N_d t_S) \tag{3-83}$$

由式(3-83),埋层耐压可以表示为:

$$V_I = \frac{qt_I}{\varepsilon_I}(D_1 t_{d2} + D_2 H - N_d t_S) \tag{3-84}$$

由式(3-84),埋层耐压增加值为:

$$\Delta V_I = \frac{qt_1}{\varepsilon_I}(D_2 H - N_d t_S) \tag{3-85}$$

由式(3-78)、式(3-79)、式(3-81)、式(3-83)和式(3-85),器件纵向耐压的增量即由 N 岛带来的耐压为:

$$\Delta BV = \frac{qD_2 H}{2\varepsilon_S} + \frac{qt_1}{\varepsilon_I}D_2 \tag{3-86}$$

埋氧层承受了纵向耐压的大部分,不同的结深对整个 BV 影响不大,器件的纵向耐压是推结时间的弱函数,纵向耐压受注入剂量的影响非常大。流片过程中为得到理想的 BV,要重点控制 N 岛的注入剂量。N 岛的注入剂量范围为 $1.5 \times 10^{12} \sim 2 \times 10^{12}$ cm^{-2},结深范围为 $4 \sim 7$ μm。

(3) BNI SOI 材料的工艺制备流程

第 1 步:在 P 型硅片晶圆 1(电阻率为 $25 \sim 35$ $\Omega \cdot$ cm)上预氧 65 nm 的氧化层,然后进行剂量为 4×10^{12} cm^{-2},能量为 150 keV 的磷离子注入,如图 3-69 所示。

第 2 步:刻蚀第一步 65 nm 氧化层,再生长氧化层 $0.3 \sim 0.4$ μm,淀积氧化层 1.7 μm,对 N 岛进行第一次推结,如图 3-70 所示。

第 3 步:在晶圆 2 硅片上,高温氧化得到 2 μm 二氧化硅,作为衬底硅片,如图 3-71 所示。

第 4 步:在 1 150 ℃高温下,晶圆 1、晶圆 2 键合 4 小时,对 N 岛进行第二次推结。然后翻转、减薄抛光晶圆 1,使外延高阻 SOI 顶层硅片最终厚度为 20 cm,如图 3-72 所示。

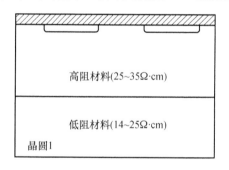

图 3-69　晶圆 1 N 岛的注入和推结

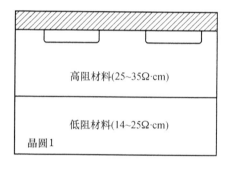

图 3-70　晶圆 1 生长,淀积氧化层

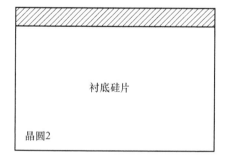

图 3-71　晶圆 2 高温氧化

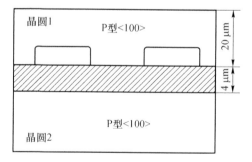

图 3-72　键合,翻转、减薄抛光晶圆 1

(4) BNI SOI 器件部分的工艺流程

下面仍然借助工艺仿真软件 Tsuprem4 对埋 N 岛结构器件部分制作进行模拟。

图 3-73 和图 3-74 分别表示光刻 LDD1 区和 LDD2 区。第一次光刻完成了对两区的离子注入,第二次光刻只针对 LDD2 完成注入,这样可达到 LDD2 的高浓度、大结深的要求。图 3-75 为长场氧图,图 3-76 为去栅氧图,图 3-77 为长栅氧图。栅氧的生长是先预氧,再漂去,再生长的过程,这样反复多次是因为场氧边界可能凹凸不平,导致栅氧生长时在这些地方产生毛刺,从而导致栅氧击穿,只有多次反复方可得到平坦的栅氧。

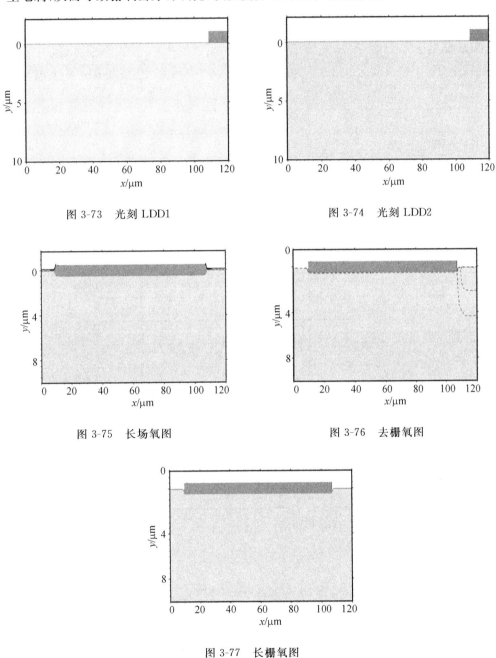

图 3-73 光刻 LDD1   图 3-74 光刻 LDD2

图 3-75 长场氧图   图 3-76 去栅氧图

图 3-77 长栅氧图

有上述工艺仿真的基础,埋 N 岛 SOI 高压器件工艺流程如表 3-6 所示。

表 3-6   埋 N 岛 SOI 高压器件工艺流程

序号	步骤	序号	步骤	序号	步骤
1	编号	25	N 管场区光刻版号：pact	49	去胶
2	一次氧化	26	N 管场注 B_1	50	Spacer（侧壁）淀积
3	一次 SiN	27	湿法去胶	51	Spacer 致密
4	N 阱光刻版号：Nwell 版	28	场氧化 650±50 nm	52	Spacer 腐蚀
5	N 阱 SiN 腐蚀	29	去 SiN	53	Spacer 氧化
6	N 阱注入 P	30	漂 SiO_2	54	N＋S/D 光刻，版号：N＋SD
7	N 阱推结	31	栅氧 150±5 nm	55	热坚膜
8	去 SiN	32	PT 光刻	56	N＋S/D 注入
9	漂 SiO_2 脱水	33	PT 注入	57	去胶
10	一次氧化	34	湿法去胶	58	P＋S/D 光刻版号：P＋SD
11	P 阱光刻版号：Pwell 版	35	漂 SiO_2	59	去胶
12	P 阱注入硼	36	栅氧 2	60	PMD 淀积
13	湿法去胶	37	沟调注入 B11	61	BPSG 致密
14	N_{LDD1} 光刻版号：NHV 版	38	淀积多晶去	62	孔光刻版号：CONT
15	N_{LDD1} 磷注入	39	背面涂胶	63	孔腐蚀
16	N_{LDD2} 光刻版号：VIA1 版	40	去背面	64	回流
17	N_{LDD2} 磷注入	41	多晶掺杂	65	金属 Al-Si-Cu
18	湿法去胶	42	多晶光刻，版号 POLY	66	金属光刻版号：M1
19	推阱	43	多晶腐蚀	67	金属腐蚀 Al-Si-Cu
20	漂 SiO_2 约 14 000 Å	44	N-LDD 光刻版号：N＋SD	68	钝化淀积
21	一次氧化	45	热坚膜	69	钝化孔光刻版号：PAD
22	一次 SiN	46	N-LDD 注入	70	钝化孔腐蚀
23	有源区光刻，版号：LV ISOLATION	47	N＋ 推结 15 nm	71	20 ℃合金 4-4＃420ALLY
24	有源区腐蚀	48	P-LDD 注入	72	PCM 测试

（5）BNI SOI LDMOS 器件的制备

① 600 V 器件版图尺寸参数

版图尺寸参数如表 3-7 所示。

表 3-7   版图尺寸参数

版名	第一方案参数	第二方案参数
Pwell1	190～210	191～211
Omicont	200～204	200～204
	181.5～182.4	181.5～182.4
	92～92.9	92～92.9
	87～87.9	87～87.9

续　表

版名	第一方案参数	第二方案参数
Pimplant	201.2～210	201.5～211
Nimplant	±92 194.5～202	±92 194.5～202.5
Nldd	±188	90～188
Active	±90 186～208	±90 188～209
Nwell	无	±90
Poly1	90～98 179～196	90～98 179～196
Metal1	±95 179～187 198～208	±95 179～187 198～208
Via	±130	90～138

② N 岛的版图设计

通过前面的分析,由于 N 岛对位对 BV 的影响小,所以 N 岛版图设计为对称图形。N 岛图形设计成正六角形是为了提高 N 岛图形面积与 N 岛之间距离的面积的比值。N 岛版图如图 3-78 所示。

③ 功率器件的版图设计

图 3-79 是功率器件的版图设计。版图设计为环形,正中间为漏极,最外围的环为源极,源端完全包围漏极,漏端高电场完全终止在源区,实现了功率器件的隔离。器件漏极直径为 90 μm,器件的直径为 245 μm,源漏共用同一个版。

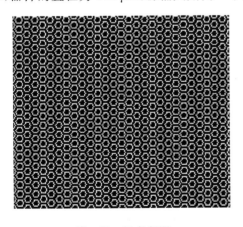

图 3-78　N 岛版图

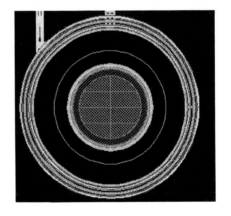

图 3-79　功率器件的版图设计

④ 系统版图全貌

整个系统版图全貌如图 3-80 所示。功率器件以下的区域为驱动电路单元。为保证器件之间的隔离,器件与电路之间至少需要一个 N 岛六边形对角线长度的间距,实际设计中留有

$100\ \mu m$ 隔离区。版图左边区域为 PAD 区,每个 PAD 上都设计了 ESD(静电释放)保护。

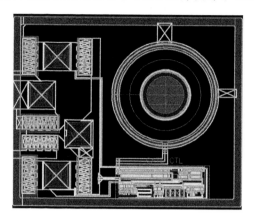

图 3-80　整个系统版图全貌

⑤ 样品及耐压测试结果

图 3-81、图 3-82 分别为器件样品剖面图(采用与 x 轴夹角为 2°52′的斜面)、器件耐压测试结果图。器件耐压测试采用 SONY TEK TRONIX371A 高压测试设备,测试结果中 BV 最高为 661V,理论仿真最高为 707 V,实测和仿真较好吻合,验证了耐压机理的合理性。这说明高低压单元工作正常,项目达到预期要求。

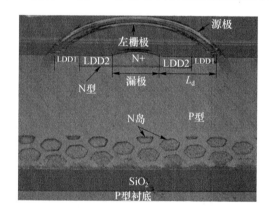

图 3-81　器件样品剖面图

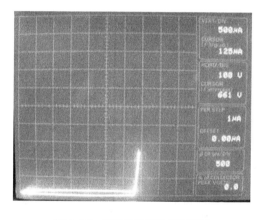

图 3-82　器件耐压测试结果图

3.4.4　FBL SOI pLDMOS

该 FBL SOI pLDMOS 结构通过在 SiO_2 界面埋入浮空的未耗尽 N^+ 或者 P^+,使得埋层上界面部分等电位,实现等势线往源、漏的中分。把器件的纵向耐压体现在埋层上,通过界面引入的空穴和部分耗尽的施主离子增加埋层电场,同时表面的同型掺杂降低导通电阻。在漂移区 $L_d = 40\ \mu m$,顶层硅 $t_S = 10\ \mu m$,埋层厚度 $t_1 = 0.375\ \mu m$,埋 N^+/P^+ 层厚度为 $0.5\ \mu m$ 的 ESIMOX 情况下,获得 -425 V 的 BV(而常规 SOI 结构的 BV 为 -232 V),并且比导通电阻降低。

1. 结构与机理

FBL SOI pLDMOS 的结构和工作机理如图 3-83 所示。t_{n+}、t_S、t_1 和 t_{sub} 分别代表埋

N⁺、硅层、介质层和衬底层厚度,L_d、L_{n+} 为漂移区、埋 N⁺ 的长度,$N_{p\text{-}top1}$、$N_{p\text{-}top2}$ 分别表示表面两段同型掺杂浓度。FBL SOI pLDMOS 结构中表面同型重掺杂 p-top 可降低导通电阻,而浮空埋层 N⁺ 的引入辅助耗尽漂移区和 p-top,使得漂移区浓度增大,同时利用电离施主产生 ENDIF 效果,源端的三阶场板辅助耗尽表面 p-top,埋 P⁺ 一方面可以作为开态时的低阻通路,另一方面可使该器件耐压不受加压方式的影响,当直接给漏加负压时埋 P⁺ 可以 ENDIF。FBL SOI pLDMOS 结构设计与 FBL SOI nLDMOS 中的不同在于:埋 N 在漏端,部分耗尽之后可以辅助耗尽漂移区,同时增加器件耐压并且降低导通电阻。由于衬底不能辅助耗尽漂移区,故加压的时候必须保证两个耗尽区发生交叠,这样才能降低表面电场,FBL SOI nLDMOS 设计中埋 N⁺ 会降低漂移区浓度。

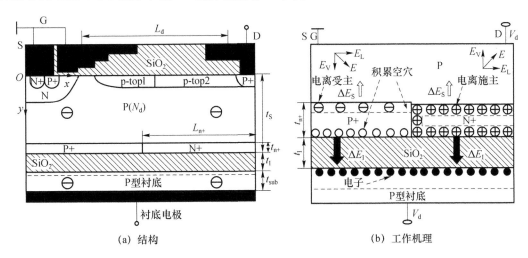

(a) 结构   (b) 工作机理

图 3-83　FBL SOI pLDMOS 的结构和工作机理示意图

2. 耐压与比导通电阻特性分析

图 3-84 是击穿时 FBL SOI pLDMOS 埋层下界面的空穴和电子浓度分布图。埋层上界面的浮空 P⁺ 和 N⁺ 的浓度均为 1×10^{20} cm⁻³,P⁺ 下界面的积累型空穴和 N⁺ 下界面的电离电荷使得埋层下界面被动产生浓度大于 3×10^{18} cm⁻³ 的均匀的电子。上界面高浓度的正电荷使得埋氧层下界面空穴数目较少,空穴浓度大约为 8.23×10^{12} cm⁻³。上界面的正电荷增加了整个埋层的电场,ENDIF 效果明显。

图 3-85 是 FBL SOI pLDMOS 和常规 SOI 的等势线和电场分布。从图 3-85(a)和图 3-85(b)中可以得出 FBL SOI pLDMOS 耐压时优化的等势线往源、漏端两个方向扩展,有别于电荷型其他的耐压方式。图 3-85(c)是两种结构的纵向电场和纵向电势分布。在漏端与衬底同时加负压的方式下,因为衬底不能参与漂移区的耗尽,器件最大 BV 约等于埋层 BV 的两倍,原因是漏端与源端的耗尽硅层厚度几乎相等,漏端纵向硅层 BV 等于埋层 BV。对于一个横向优化好的器件,纵向耐压源端与漏端相等时器件 BV 最好。由图 3-84 的下界面电子浓度分布可以知道,源、漏端埋层电场一样高,FBL SOI pLDMOS 的电场从常规 SOI 的 58 V/μm 提高到 673 V/μm,耐压从 −232 V 提高 −425 V。图 3-85(d)是常规 SOI 和 FBL SOI pLDMOS 的表面电场分布的比较。FBL SOI pLDMOS 的埋 N⁺ 辅助耗尽漂移区产生电离施主,源端使用三阶场板辅助耗尽表面的重掺杂 p-top。漏端 p-top2 的浓度低于源端

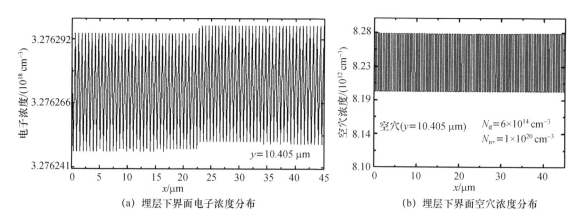

(a) 埋层下界面电子浓度分布　　　　　(b) 埋层下界面空穴浓度分布

图 3-84　击穿时 FBL SOI pLDMOS 埋层下界面的空穴、电子浓度分布图

p-top1,如果两者相等,均匀的 p-top 容易在栅场板末端出现尖峰电场,非均匀的设计可减少栅场板终止 p-top2 的电力线条数,从而降低电场峰值。p-top1 连到漏端,可以降低漏端 P^+ 的曲率效应,如果连到源端 N-well 会形成 P^+N^+ 结,使得器件提前击穿。优化的 FBL 结构使得 FBL 有优于常规结构的表面场。

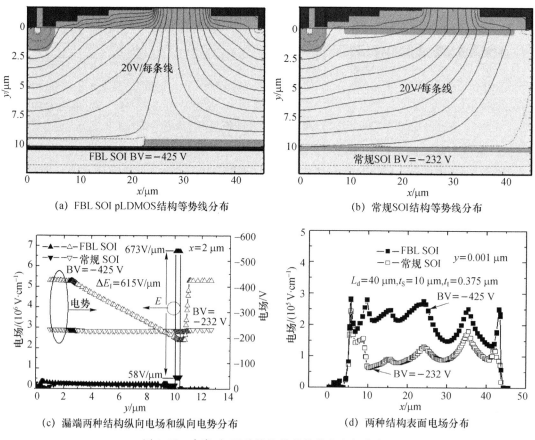

(a) FBL SOI pLDMOS结构等势线分布　　　(b) 常规SOI结构等势线分布

(c) 漏端两种结构纵向电场和纵向电势分布　　(d) 两种结构表面电场分布

图 3-85　击穿时,两种结构的等势线和电场分布

(常规 SOI 的 $N_d = 4 \times 10^{14}$ cm^{-3},FBL SOI 的 $N_d = 6 \times 10^{14}$ cm^{-3})

如图 3-86 所示是 FBL SOI 埋 N^+ 长度和高度变化对 BV 和比导通电阻的影响。图 3-86(a)
中,BV 随着 N^+ 长度的减小(或者 P^+ 长度的增加)先增大,后减小,然后保持不变。最初 N^+
长度较大时,N^+ 高浓度迅速耗尽 P 型漂移区,纵向电场最大值在表面,器件击穿在漏端 P^+
结处。N^+ 长度减小时,N-well 与 N^+ 耗尽区交叠延缓,漏端 P+ 结处电场峰值降低,BV 升
高。当 N^+ 长度为 $24~\mu m$,BV 为 $-424~V$ 时,等势力线源漏两方向扩展;N^+ 长度减为 $23~\mu m$
时,BV 最大为 $-425~V$,N^+ 长度再降低,则漏端耗尽程度减弱,击穿点位于漏下 N^+ 上表面,
此时漏端纵向耐压减小,埋层电场减弱,BV 减小;当 N^+ 长度为 $15~\mu m$,P^+ 长度为 $30~\mu m$ 时,
两个耗尽区不交叠,BV 降到最低,N^+ 长度继续减小,BV 不变,此时击穿点位于 N-well 与
漂移区的交界处。因为 P^+ 在开态时为电流提供一个低阻通路,因此随着 P^+ 长度的增加,导
通电阻单调下降。图 3-86(b)中随着 N^+、P^+ 高度的减小,有效耗尽区 BV 增加,高度每减小
$0.1~\mu m$,BV 增加 5 V,总 BV 约提高 26.7V。N^+ 高度减小,降低了 JFET(结型场效应晶体
管)效应,增大了漏端电流通路面积,故比导通电阻变小。基于实际工艺的考虑,本结构在设
计时 N^+、P^+ 高度取 $0.5~\mu m$,因为大于 $0.5~\mu m$ 后,随厚度的增加,BV 降低,比导通电阻
增大。

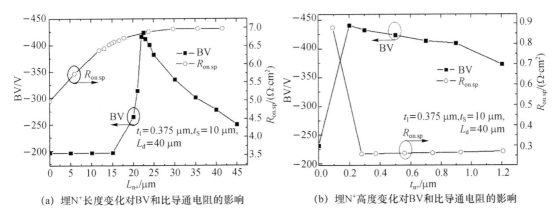

(a) 埋 N^+ 长度变化对 BV 和比导通电阻的影响 　　(b) 埋 N^+ 高度变化对 BV 和比导通电阻的影响

图 3-86　FBL SOI 埋 N^+ 长度和高度变化对 BV 和比导通电阻的影响

图 3-87 是阶梯场板长度 f_p 和阶数对 BV 的影响,阶数越大,则辅助耗尽表面 p-top
提高 BV 作用越好。BV 在 3 种阶梯场板的长度变大的过程中都是先增大后减小的。当
阶梯场板较短时,由于表面重掺杂的存在使耗尽困难,BV 由源端 N-well 耗尽的漂移区承
受,耐压较低;场板长度增加时,场板发出的电力线部分终止在漏端的漂移区,降低了电
场峰值;场板最优位置调整在漂移区中间靠近漏端处,可保证耗尽区交叠时出现源漏中
分的等势线,场板长度增大到靠近漏端,漏端硅层纵向耐压降低,整体 BV 降低。设计中
阶梯处的厚氧厚度有最优值,太厚会使场板对表面场调制作用减弱,出现阶梯数增多,BV
降低的现象。

图 3-88 是 p-top 浓度变化对 BV 的影响。p-top1 和 p-top2 浓度变化对 BV 都有个最优
值,在分别固定 p-top1 和 p-top2 中的一个的浓度而变化另一个时,每组最大 BV 分别为
$-429~V$、$-425~V$,对应的比导通电阻为 $0.261~2~\Omega \cdot cm^2$、$0.242~4~\Omega \cdot cm^2$,BV 为 $-232~V$
的常规 SOI 的比导通电阻为 $0.88~\Omega \cdot cm^2$。基于折中考虑,所以本结构的最优值是 $-425~V$,这
种情况下的 $N_{p\text{-}top1}$ 和 $N_{p\text{-}top2}$ 浓度分别为 $2 \times 10^{16}~cm^{-3}$、$0.8 \times 10^{16}~cm^{-3}$。若取均匀的 p-top,

则容差变坏,这可以从图中 $N_{p\text{-top1}} = N_{p\text{-top2}}$ 的曲线看出,随 $N_{p\text{-top}}$ 中浓度变大,曲线先上升后下降陡峭。均匀的 p-top 容易在栅场板出现尖峰电场,非均匀的设计通过减少栅场板终止在靠近漏端 p-top 的电力线来降低电场峰值。这个电场尖峰很难仅仅通过浓度的调整来得到优化,这也是进行双 p-top 设计的原因。

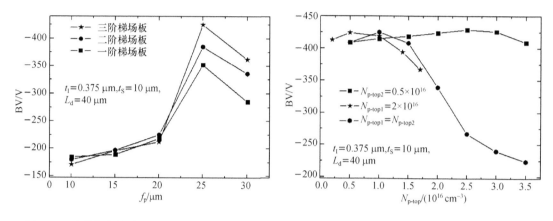

图 3-87　阶梯场板长度 f_p 和阶数对 BV 的影响　　图 3-88　双 p-top 浓度变化对 BV 的影响

3.4.5　NBL PSOI pLDMOS

本节提出了一种带有 N 埋层的部分 SOI pLDMOS(NBL PSOI pLDMOS)结构。该结构的特点是在漏下端存在一个硅窗口,硅窗口可以为有源区提供热导通路径,以缓解器件的自热效应。同时,在硅层和 BOX 层界面制作全耗尽的 N 埋层,全耗尽 N 埋层可以为 BOX 层提供大量的电离施主离子,以增强埋氧层的电场,提高器件纵向耐压。N 型埋层还可以防止常规部分 SOI pLDMOS 的衬底漏电效应的发生。在 P 型漂移区内存在一个由 n-top 层、P 型漂移区、N 埋层构成的三 RESURF 结构。会有一些等势线通过硅窗口进入衬底当中,衬底参与耗尽,承受了电压。N 埋层对漂移区有辅助耗尽效果,增加了 P 型漂移区的浓度,从而比导通电阻得到降低。最终,在 20 μm 长的漂移区和 1 μm 厚的 BOX 层条件下,NBL PSOI pLDMOS 获得了 289 V 的 BV,与常规 SOI pLDMOS 和带有 N 埋层的 SOI pLDMOS(NBL SOI pLDMOS)相比分别增加了 88.9% 和 43.8% 的 BV,比导通电阻分别降低了 82.3% 和 17.2%。它的功率优值 FOM(FOM1 = $BV^2/R_{on,sp}$)为 1.65 MW×cm^{-2},并且具有了更低的最大表面温度($T_{max}=321.3$ K)。

1. 结构和机理

图 3-89(b)是 NBL SOI pLDMOS 的结构图,与常规 SOI pLDMOS〔其结构如图 3-89(a)所示〕相比,NBL SOI pLDMOS 在漂移区内引入了 N 埋层。N 埋层、P 漂移区和 n-top 层构成了一个三 RESURF 结构,以提高 BV,降低比导通电阻。图 3-89(c)描述的是所提出的 NBL PSOI pLDMOS 结构。与 NBL SOI pLDMOS 结构相比较,NBL PSOI pLDMOS 结构在漏下端存在一个硅窗口。

根据图 3-89(c)可以看出,对于 NBL PSOI pLDMOS 结构来讲,硅窗口可以提供热传导通道,以缓解器件的自热效应。同时,由于硅窗口的存在,全耗尽的 N 埋层和 P 衬底可以相互耗尽,导致 N 埋层的浓度进一步得到提高。大量的等势线被引入衬底,导致 BV 增加。

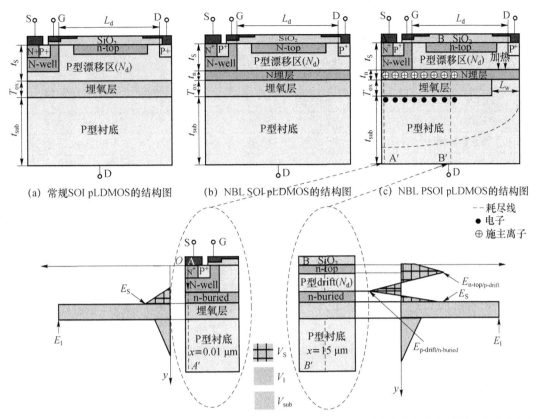

(a) 常规SOI pLDMOS的结构图　　(b) NBL SOI pLDMOS的结构图　　(c) NBL PSOI pLDMOS的结构图

(d) NBL PSOI pLDMOS源下的纵向电场分布情况　　(e) NBL PSOI pLDMOS中间处表面以下的纵向电场分布情况

图 3-89　常规 SOI pLDMOS、NBL SOI pLDMOS 和
NBL PSOI pLDMOS 结构图、机理图以及纵向电场分布图

和 NBL SOI pLDMOS 一样,NBL PSOI pLDMOS 的全耗尽 N 埋层也可以为埋氧层提供大量的电离施主离子以增加埋氧层的电场。由于 N 埋层的浓度增加导致辅助耗尽漂移区的效果更加明显,所以漂移区的浓度得到提高,最终导致 NBL PSOI pLDMOS 可以比常规 SOI pLDMOS 和 NBL SOI pLDMOS 获得更低的比导通电阻。同时,N 埋层可以防止常规 PSOI pLDMOS 衬底漏电现象的发生。图 3-89(d)给出了 NBL PSOI pLDMOS 源下的纵向电场分布情况。E_l 代表埋氧层的电场值。图 3-89(e)则给出了 NBL PSOI pLDMOS 中间处表面以下($x=15\ \mu m$)的纵向电场分布情况。我们可以看到,漂移区内有 3 个电场尖峰,这也就构成了三 RESURF 结构。NBL PSOI pLDMOS 结构的衬底连接的是漏极电位。

2. 结果和讨论

用 MEDICI 仿真软件仿真的器件结构参数在表 3-8 中列出。

表 3-8　仿真过程中用到的器件结构参数

器件结构参数	数值	单位
漂移区长度 L_d	20	μm
硅层厚度 t_S	3	μm
埋氧层厚度 T_{ox}	1	μm
N 埋层厚度 T_n	0.5	μm

73

续 表

器件结构参数	NBL PSOI pLDMOS	单位
硅窗口长度 L_W	12	μm
n-top 层厚度 T_{top}	0.5	μm
n-top 层浓度 N_{top}	5×10^{16}	cm^{-3}
P 衬底掺杂浓度 N_{sub}	8×10^{14}	cm^{-3}
P 漂移区掺杂浓度 N_d	待优化	cm^{-3}
N 埋层浓度 N_n	待优化	cm^{-3}

图 3-90 给出了当 N 埋层的厚度为 $0.5~\mu m$,硅窗口长度为 $12~\mu m$ 时,漂移区浓度和 N 埋层浓度对 BV、$R_{on,sp}$ 以及功率优值 FOM 的影响。根据 RESURF 理论,当击穿发生在体内时器件可以达到最大 BV,也就意味着漂移区浓度存在一个最优值。当漂移区浓度过高或者过低的时候,器件击穿就会发生在表面。可以从图 3-90 中知道,器件 BV 确实随漂移区浓度的增加先增大,后减小,存在一个最优值。当漂移区浓度过低时,漏端加的负高压不仅会使漂移区完全耗尽,浓度很高的漏端 P^+ 区域也会受到影响而耗尽一部分,在此处就会产生大量的空间电荷,从而产生较高的电场,BV 较低。当漂移区浓度增加到一定程度时,漂移区则只会在源端部分耗尽,大量的空间电荷集中在源端,电场强度很高,BV 降低,比导通电阻则随漂移区浓度的增加一直降低。还可以从图 3-90 中看出,同一曲线上的最优 BV 会随着 N 埋层浓度的增加先增大,后减小,也存在一个最优值,FOM 也随着 N_n 的增大存在一个最优值。

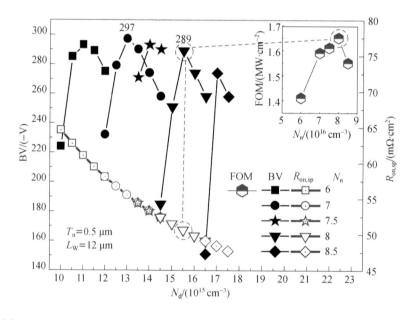

图 3-90　NBL PSOI pLDMOS 结构的 BV、$R_{on,sp}$ 和 FOM 随 N_d 和 N_n 的变化关系

当 T_n 为 $0.5~\mu m$,N_n 为 $7 \times 10^{16}~cm^{-3}$,N_d 为 $13 \times 10^{15}~cm^{-3}$ 时,NBL PSOI pLDMOS 的最大 BV 为 $-297~V$,比导通电阻为 $55.5~m\Omega \cdot cm^2$,且 FOM 是 $1.59~MW \cdot cm^{-2}$。当 T_n 为 $0.5~\mu m$,N_n 为 $8 \times 10^{16}~cm^{-3}$,N_d 为 $15.5 \times 10^{15}~cm^{-3}$ 时,NBL PSOI pLDMOS 的 BV 为

$-289\,V$(比$-297\,V$低)，比导通电阻为$50.6\,m\Omega\cdot cm^2$(比$55.5\,m\Omega\cdot cm^2$低)，此时的FOM值为$1.65\,MW\cdot cm^{-2}$。

图 3-91(a)给出了当硅窗口长度为 12 μm，漂移区浓度为 15.5×$10^{15}\,cm^{-3}$，N 埋层浓度为 8×$10^{16}\,cm^{-3}$时，NBL PSOI pLDMOS 的 BV、$R_{on,sp}$和 FOM 随 T_n 的变化关系。随着 N 埋层厚度的增加，BV 和 FOM 减小，$R_{on,sp}$增大。增加 N 埋层厚度则意味着 P 型漂移区厚度减小，开态时电流流经路径变窄，导通电阻变大，所以 $R_{on,sp}$增大。BV 减小的原因可以从图 3-91(b)中分析。图 3-91(b)表述的是相同硅窗口长度($L_W=12\,\mu m$)下的不同 T_n 在源下纵向电场分布。根据 RESURF 条件，N 埋层浓度和厚度的乘积为定值。相同 N 埋层掺杂浓度下，N 埋层厚度增大，破坏了与 P 型漂移区之间的电荷平衡，N 埋层不能全耗尽，埋层上界面积累的电离施主离子数目变少，最终埋氧层承受的电场降低。图 3-91(b)中的插图表述的是源下的 N-well 与 N 埋层区域内的电场分布放大图。可以从图 3-91(b)中的插图中看出，随着 N 埋层厚度的增加，N-well 内的耗尽层边缘不断展宽，也可以看出 N 埋层承受的电场逐渐增大。而埋氧层电场逐渐减小，电场在纵向方向上的积分减小，这可以解释器件的纵向耐压会随着 N 埋层的厚度的增加而变小。NBL PSOI pLDMOS 结构漂移区长度足够长，漂移区的厚度很小，而器件 BV 是由横纵向耐压最小值决定的。所以 NBL PSOI pLDMOS 结构的 BV 主要由纵向耐压决定。

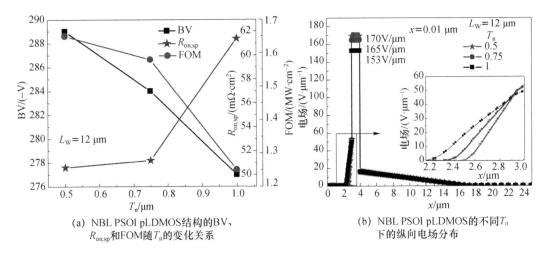

(a) NBL PSOI pLDMOS结构的BV、$R_{on,sp}$和FOM随T_n的变化关系

(b) NBL PSOI pLDMOS的不同T_n下的纵向电场分布

图 3-91　不同参数变化对器件性能的影响

图 3-92(a)描述的是当漂移区浓度为 15.5×$10^{15}\,cm^{-3}$，N 埋层浓度为 8×$10^{16}\,cm^{-3}$，N 埋层厚度为 0.5 μm 时，NBL PSOI pLDMOS 的 BV、$R_{on,sp}$和 FOM 随 L_W 的变化关系。由于漂移区的浓度和导通路径的宽度都没有改变，所以比导通电阻不会随硅窗口的长度变化而变化。而随着硅窗口的长度增大先增大后减小，BV 的变化原因可以从图 3-92(b)中分析。可以从图 3-92(b)中看出，随着硅窗口长度增加，埋氧层所承担的电场逐渐减小，而衬底不断参与耗尽，图 3-92(b)中的插图给出的就是衬底内电场分布的局部放大图。当窗口长度达到 12 μm 时，BV 达到一个最大值。当硅窗口长度大于 12 μm 之后，埋氧层所承担电场下降幅度增大，而衬底中的电场的增加幅度变缓，因此，纵向电场的积分会随着硅窗口长度的增加不断减小，即器件纵向耐压降低。功率优值存在一个最优值。

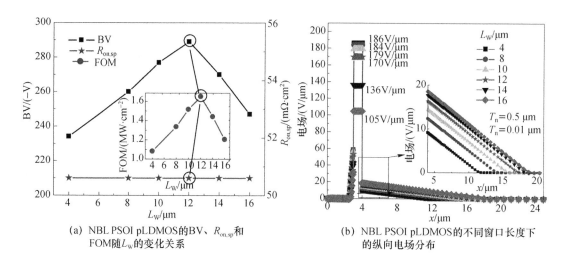

(a) NBL PSOI pLDMOS的BV、$R_{on,sp}$和
FOM随L_W的变化关系

(b) NBL PSOI pLDMOS的不同窗口长度下
的纵向电场分布

图 3-92　器件硅窗口长度变化对器件性能的影响

根据以上对 NBL PSOI pLDMOS 的各个参数对耐压、比导通电阻以及功率优值影响的讨论可知，NBL PSOI pLDMOS 器件的最优参数是在 FOM 最大的情况下选择的，即 N_d 为 15.5×10^{15} cm^{-3}，N_n 为 8×10^{16} cm^{-3}，T_n 为 0.5 μm，L_W 为 12 μm 时。

接下来，我们将讨论常规 SOI pLDMOS、NBL SOI pLDMOS 和 NBL PSOI pLDMOS 三个器件的等势线分布、电场和电势分布、电流密度分布、比导通电阻，以及表面温度分布情况。

图 3-93 给出了常规 SOI pLDMOS、NBL SOI pLDMOS 和 NBL PSOI pLDMOS 器件击穿时的等势线分布情况。我们可以从图 3-93(c) 观察到，NBL PSOI pLDMOS($L_W = 12$ μm，$BV = 289$ V) 的等势线分布最为均匀。而图 3-93(a) 中的常规 SOI pLDMOS 的等势线分布最不均匀。对于 NBL SOI pLDMOS 或者 NBL PSOI pLDMOS 来讲，根据 RESURF 原理，N 埋层的引入可以辅助耗尽漂移区，调制漂移区内的电场分布，最终等势线分布较常规 SOI pLDMOS 的更加均匀。而且，全耗尽的 N 埋层可以为埋氧层提供大量的电离施主离子，以增加埋氧层的电场。所以，与常规 SOI pLDMOS 相比，NBL SOI pLDMOS 或者 NBL PSOI pLDMOS 的 BV 得到提高。与 NBL SOI pLDMOS 相比，由于 NBL PSOI pLDMOS 存在一个硅窗口，N 埋层不但可以和 P 漂移区相互耗尽，还可以通过硅窗口与衬底相互耗尽，即相当于增强的 RESURF 效应，这导致会有大量的等势线通过硅窗口扩散到 P 衬底中，衬底参与耐压，结果就是 NBL PSOI pLDMOS 的 BV 比 NBL SOI pLDMOS 的 BV 更高。

图 3-94 给出的是三个器件表面($y = 0.01$ μm)的横向电场分布情况。可以看出 N 埋层的引入使得 NBL SOI pLDMOS 结构较常规 SOI pLDMOS 结构产生了新的 RESURF 效应，表面电场得到了优化，表面电场最大值从 24 V/μm 增加到 34 V/μm。而由于 NBL PSOI pLDMOS 在 NBL SOI pLDMOS 基础之上在漏端增加了硅窗口，n-top 层、P 型漂移区、N 埋层以及 P 型衬底构成了多 RESURF，相当于增强的 RESURF 结构，因此，表面电场进一步得到优化，器件最低的表面温度从常规结构的 7 V/μm 增加到 15 V/μm，且最大表面电场增加到了 42 V/μm。最终，可以根据图 3-94 得到结论：NBL PSOI pLDMOS 结构由于 N 埋层和硅窗口的存在，大幅度地优化了器件的表面电场。

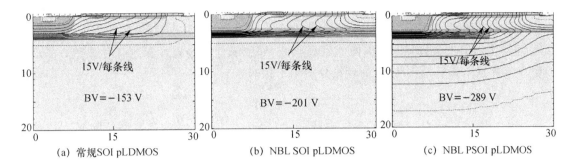

(a) 常规SOI pLDMOS　　　(b) NBL SOI pLDMOS　　　(c) NBL PSOI pLDMOS

图 3-93　三个器件在击穿时的等势线分布情况

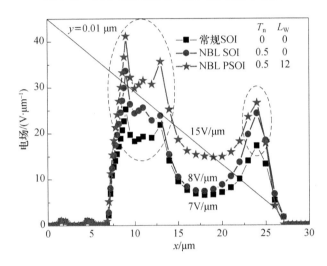

图 3-94　常规 SOI pLDMOS、NBL SOI pLDMOS 和 NBL PSOI pLDMOS 表面
($y=0.01$ μm)的横向电场分布情况

图 3-95(a)给出了三个器件源极下端($x=0.01$ μm)沿 y 方向的纵向电场分布情况。我们可以看出,Con. SOI pLDMOS(即常规 SOI pLDMOS)和 NBL SOI pLDMOS 的衬底基本不参与耐压。Con. SOI pLDMOS 的纵向耐压是由漂移区和埋氧层共同承担的。NBL SOI pLDMOS 的耐压主要由埋氧层承担,原因是埋氧层上界面的全耗尽 N 埋层为埋氧层提供了大量的电离施主离子。根据 ENDIF 理论,可以增加埋氧层所承受的电场,从而提高了器件的纵向耐压。对于 NBL PSOI pLDMOS 来讲,由于硅窗口的存在,衬底参与耗尽并承受耐压,导致器件的主要耐压由埋氧层和衬底共同承担。当 L_W 为 12 μm 时,NBL PSOI pLD-MOS 的埋氧层电场最优值为 170 V/μm,虽然小于 NBL SOI pLDMOS 的电场最优值 184 V/μm,但是纵向电场和纵向距离围成的面积达到最大,也就是 BV 达到最大值。

图 3-95(a)中的插图给出了三个器件在击穿时的 N-well 内纵向电场分布的局部放大图。可以看出,常规器件 N-well 区域是耗尽 P 型漂移区的唯一部分,所以耗尽层宽度很大,电场较大。而对于 NBL SOI pLDMOS 和 NBL PSOI pLDMOS 来讲,由于 N 埋层的引入,P 型漂移区则由 N-well 和 N 埋层共同耗尽,所以 N-well 内的耗尽层宽度表小,主要有埋氧层来承担大部分电场。图 3-95(a)的仿真结果与图 3-89(d)中给出的理论分析结果一致。

图 3-95(b)描述的是器件横向正中心($x=15$ μm)的纵向电场分布情况。Con. SOI pLDMOS

结构只存在一个双 RESURF 结构,原因是它只有一个 n-top 层,没有 N 埋层。对于 NBL SOI pLDMOS 结构,n-top 层、P 漂移区、N 埋层构成了一个三 RESURF 结构。即在漂移区和 N 埋层之间引入了另外一个纵向的电场尖峰,导致纵向电场再次得到优化。图 3-95(b) 的仿真结果与图 3-89(e)中给出的理论分析结果相同。

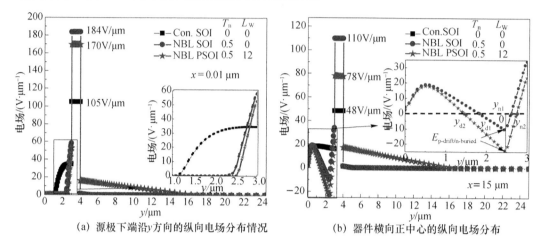

(a) 源极下端沿 y 方向的纵向电场分布情况　　(b) 器件横向正中心的纵向电场分布

图 3-95　击穿状态时的电场分布图

另外,我们可以从图 3-95(b)中的插图中看出,NBL PSOI pLDMOS 结构在漂移区和 N 埋层之间形成的电场峰值要比 NBL SOI pLDMOS 的高一些。如图 3-95(b)中的插图所示,将 N 埋层和 P 漂移区横向交界面在 $x=15\ \mu m$ 处的位置设置成 0 点,根据泊松方程,电场值在 0 点处达到最大。最大的电场值 E_{max} 可以表示为:

$$|E_{max}| = |E_{p\text{-}drift/n\text{-}buried}| = \frac{q}{\varepsilon_S} N_n y_d \tag{3-87}$$

其中,$E_{p\text{-}drift/n\text{-}buried}$ 是 P 漂移区和 N 埋层之间的电场峰值;q 为电荷密度;ε_S 是硅层介电系数;N_n 是 N 区域的掺杂浓度;N_d 是 P 区域的掺杂浓度;x_n 是 N 区域的耗尽区宽度;y_d 是 P 区域的耗尽区宽度;这里的 N_n 代表 N 埋层的掺杂浓度;N_d 代表 P 漂移区的掺杂浓度;x_n 代表 N 埋层的耗尽区宽度;y_d 代表 P 漂移区的耗尽区宽度;N_{d1}、y_{d1}、N_{n1} 和 y_{n1} 分别代表 NBL SOI pLDMOS 结构的 P 型漂移区浓度、P 型漂移区耗尽区宽度、N 埋层浓度和 N 埋层耗尽区宽度。相似地,N_{d2}、y_{d2}、N_{n2} 和 y_{n2} 分别代表 NBL PSOI pLDMOS 结构的 P 型漂移区浓度、P 型漂移区耗尽区宽度、N 埋层浓度和 N 埋层耗尽区宽度。

可以很清楚地从图 3-95(b)中的插图看出,y_{n2} 大于 y_{n1},y_{d2} 大于 y_{d1}。从仿真结果中我们知道,N_{n2} 大于 N_{n1},N_{d2} 大于 N_{d1}。根据式(3-87),电场峰值可以通过区域浓度和耗尽区的宽度的积分得到。所以,很容易看出,NBL PSOI pLDMOS 的电场峰值 $E_{p\text{-}drift/n\text{-}buried2}$ 要比 NBL SOI pLDMOS 的电场峰值 $E_{p\text{-}drift/n\text{-}buried1}$ 高。

根据 3-95(a)中的源极下端沿 y 方向的纵向电场分布已经得到 NBL PSOI pLDMOS 的 BV 由 BOX 层和衬底承担。NBL SOI pLDMOS 没有硅窗口,所以衬底不参与承担 BV。结果导致 NBL SOI pLDMOS 的 BV 要比 NBL PSOI pLDMOS 的 BV 低。对于 Con. SOI pLDMOS 结构,既没有硅窗口也没有 N 埋层,所以衬底不参与耗尽且不存在 ENDIF 效果,导致 Con. SOI pLDMOS 的 BV 最低。电场的积分就是势能,也就是所谓的 BV。器件横向尺寸足够大,就可以单纯考虑器件的纵向耐压。所以,图 3-96 给出了三个器件源极下端的纵向势能分布情况。可以从图 3-96 中直观地看出三个器件的 BV。图中标出的 T_{ox} 则是势能上升最快的一个阶段,这可以说明埋氧层承担了大部分的 BV。

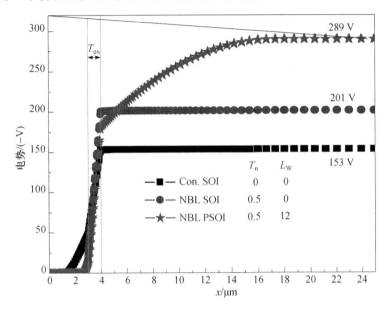

图 3-96 三个器件源极下端的纵向势能分布情况

功率器件在工作时会由于电流的流动而产生热量,产生的热量会造成器件内部的温度升高,就会引起器件性能退化的现象,这种现象就是自热效应(Self Heating Effect)。体硅器件有源区所产生的热量会迅速通过衬底散出,而 SOI 器件则因为二氧化硅的热传导率低而导致热量无法通过衬底散出,就会有不断产生的热量积累在有源区内,这会影响器件性能,也意味着 SOI 器件的自热效应比体硅器件的自热效应严重很多。MOSFET 散热途径有三种,大部分热量是通过衬底散出,其次是通过器件内部的金属连线向外传递,还有少量热量会通过器件上表面的空气散出。由于金属连线所占面积小,所以一般情况不考虑通过金属连线向外传递的散热方式。又因为器件上表面基本都会存在氧化层且芯片是被封装在真空或者负压气体当中,因此也不考虑空气散热。

缓解 SOI 器件自热效应主要还是靠硅窗口来完成。因此,我们讨论了新结构与常规结构的温度特性对比,证明硅窗口可以缓解器件的自热效应。图 3-97 描述的是 5 个器件的温度特性。仿真过程中衬底保持 300 K 的恒定温度,且栅极电压(V_g)为 −15 V,以确保栅极开启。对于 NBL SOI pLDMOS 结构,在漂移区内引入的 N 埋层导致导通时漂移区内电流流经路径的横截面积变窄,同时因为没有硅窗口存在,也就没有有效的散热通道,所以当功率损耗为 1 mW/μm 时,NBL SOI pLDMOS 结构的最大表面温度比 Con. SOI pLDMOS 结构的最大表面温度要略高一些,如图 3-97 所示。而 NBL PSOI pLDMOS 结构的最大表面温度要比 NBL SOI pLDMOS 和 Con. SOI pLDMOS 结构的最大表面温度都要低一些。虽然 NBL PSOI pLDMOS 结构中 N 埋层的引入同样能使导通时的电流流经路径的横截面积减小,但是在漏极下端设计的硅窗口弥补了这一缺陷。硅窗口的存在可以将器件工作时有源区内产生的大部分热量通过衬底散出,也就极大地缓解了器件的自热效应。

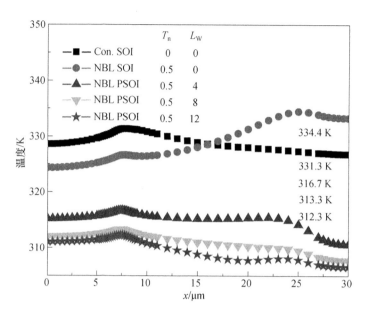

图 3-97　三个器件的表面温度分布情况对比图

$(V_g = -15\,\text{V}, t_{\text{sub}} = 300\,\text{K}, P = 1\,\text{mW}/\mu\text{m})$

同样，可以从图中看出，随着硅窗口长度(L_w)的增加，NBL PSOI pLDMOS 结构的最大表面温度不断降低，直到埋氧层消失，器件完全变成体硅结构为止。但是这里我们只讨论到 BV 最大时的最优窗口长度，即当硅窗口长度等于 12 μm 时，NBL PSOI pLDMOS 结构的最大表面温度为 312.3 K，这远低于 NBL SOI pLDMOS 和 Con. SOI pLDMOS 的。

3. 结论

新型 NBL PSOI pLDMOS 结构中的三 RESURF 结构可以调制漂移区内的电场分布，且硅窗口的存在可以降低器件的表面温度，最终导致 NBL PSOI pLDMOS 结构与 Con. SOI pLDMOS 结构以及 NBL SOI pLDMOS 结构相比，BV 得到提高。同时，N 埋层可以辅助耗尽漂移区，以增加漂移区浓度，从而降低比导通电阻。最终，NBL PSOI pLDMOS 结构在漂移区长度 L_d 为 20 μm 且埋氧层厚度为 1 μm 的条件下获得了 289 V 的 BV。与 Con. SOI pLDMOS 结构和 NBL SOI pLDMOS 结构相比较，NBL PSOI pLDMOS 结构的 BV 分别增加了 88.9% 和 43.8%，且比导通电阻比它们都低，功率优值($\text{FOM} = BV^2/R_{\text{on,sp}}$)为 1.65 MW·cm^{-2}，在功率损耗 $P = 1\,\text{mW}/\mu\text{m}$ 时的最大表面温度为 312.3 K。

3.5　电荷型 SJ 高压 SOI 器件

本节通过在埋层界面引入高浓度电荷，完成横向超结(Superjunction, SJ)高压 SOI 器件的自平衡。高浓度界面负电荷补偿 pLDMOS 中 P 条的电荷不平衡，正电荷补偿 nLDMOS 中 N 条的电荷不平衡，消除衬底辅助耗尽效应(Substrate-assisted Depletion, SAD)。自平衡(Self Balance, SB)是有效地实现电荷平衡(Charge Balance, CB)的方法。同时，高浓度界面电荷能有效地增加埋层电场 E_1 和提高 BV。本节主要有反型电荷型 SOI SJ ENDIF 器件〔包括自平衡中的介质槽(Dielectric Trench, DT)SOI SJ pLDMOS、T 型-双介质埋层(T-Dual Dielectric Buried Layer,T-DBL)SOI SJ nLDMOS]、电离施主型 SOI SJ ENDIF 器件[包括薄硅层(Thin Silicon Layer,TSL)SOI SJ nLDMOS]、反型空穴、电离施主结合型 SOI SJ ENDIF 器件[包括 N^+ 电荷岛(N^+ Island,N^+ I)SOI SJ nLDMOS]。

3.5.1　功率超结器件的发展

超结 MOSFET 的出现打破了功率器件比导通电阻与 BV 2.5 次方的"硅极限",实现了 1.3 次方的关系。SOI SJ LDMOS 超结器件由于纵向电场引起的衬底辅助耗尽效应,使得超结电荷不平衡,BV 降低,阻碍了超结技术在横向功率器件中的应用。所谓超结是指漂移区由单一的 N 条或者 P 条改为由高浓度的 N 条和 P 条交替构成。当外加反向高压时,N 条、P 条相互耗尽,实现漂移区等势线均匀分布。在 nLDMOS 的开态下,高浓度 N 条有电流流过,有低的导通电阻,同理,pLDMOS P 条有电流流过,也会获得同样的低导通电阻。Coe、陈星弼和 Tihanyi 分别申请了美国专利,促使了超结研究的发展,并且为 COOLMOS™ 及相关器件的发展提供了基础。陈星弼教授提出了复合缓冲层(Composite Buffer Layer,CBL)的概念,并解释了其工作原理、电场分布、BV 和比导通电阻的关系。T. Fujihira 在已有的研究基础上提出了超结的概念,对基于超结的功率器件做了原理性的研究,使得超结的概念被沿用至今。西门子公司于 1998 年,在硅上实现了超结的 VDMOS,叫作 COOLMOS™,实现了 600 V 的 BV 和 0.035 $\Omega \cdot cm^2$ 的比导通电阻。

在 SOI SJ LDMOS 中,由于"硅-埋层-硅"的电容结构场致效应(Field Effectaction),或者体硅的超结 N 条和 P 型衬底形成 PN 结引起的纵向电场分量使得 PN 条电荷不平衡,这些统称为衬底辅助耗尽。衬底辅助耗尽效应使得超结 BV 严重降低,为功率器件设计带来很多困难。目前针对解决这一难题的新结构层出不穷,但各种结构都有优缺点。下面列举部分关于 SOI SJ 的典型结构。

(1) 解决衬底电阻率的蓝宝石衬底的超结结构被提出,在 66 μm 的漂移区长度 L_d,2×10^{16} cm^{-3} 的超结浓度情况下,BV 为 520 V,比导通电阻 $R_{on,sp}$ 为 0.82 $\Omega \cdot cm^2$。具有更窄超结宽度的重叠设计的结构在 2×10^{17} cm^{-3} 的超结浓度,10 μm 的 L_d 下,BV 为 170 V。这两种结构由于 SOS 技术的局限性,$R_{on,sp}$ 比常规 LDMOS 的高。

(2) 为消除电容结构的影响的超结结构被提出,用背刻蚀和隔膜的方法去除支撑的硅层,采用埋层 SOI 作为 SJ LDMOS 的衬底,分别在 15.5 μm 和 50 μm 的 L_d 下,得到 317 V 和 900 V 的 BV,但这类器件硅层很薄(背刻蚀 SJ 中为 1.0 μm,隔膜 SJ 中为 0.2 μm),所以 $R_{on,sp}$ 都较高。

(3) 减小 SOI 结构电容效应的超结结构被提出,采用非对称漂移区,且在埋层 t_I 为 4 μm 的条件下,BV 为 700 V,$R_{on,sp}$ 为 0.040 $\Omega \cdot cm^2$,但器件自热效应严重。阶梯掺杂 SOI SJ-LDMOS 器件结构有较高的 BV 和较好的工艺容差,但表面注入对比导通电阻的降低不利。

(4) 为消除自热效应使衬底参与耐压,基于 Partial(部分)SOI 的超结结构被提出。同时,为克服 PN 条的相互扩散,中间加薄 SiO_2(Lateral Device with Striped Trench Electrodes)结构被提出。

近几年提出的 SOI SJ LDMOS 结构有埋氧表面注入重离子-铯 SJ 结构,在 10 μm L_d 和 3×10^{16} cm^{-3} PN 条浓度下得到 220 V 的 BV,具有埋氧层固定电荷的 SJ LDMOS 结构如图 3-98 所示。

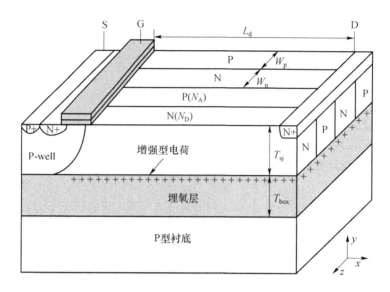

图 3-98 具有埋氧层固定电荷的 SJ LDMOS 结构

具有动态缓冲层的 SOI SJ LDMOS 通过介质槽在埋层界面积累电荷,在 10 μm 漂移区,4×10^{16} cm^{-3} 的超结浓度下,其 BV 为 223 V,如图 3-99 所示。具有动态背栅电压的 SOI SJ LDMOS 引入跟随漏压变化的背栅电压,在 5 μm 漂移区,5×10^{16} cm^{-3} 超结浓度下,BV 为 122 V。

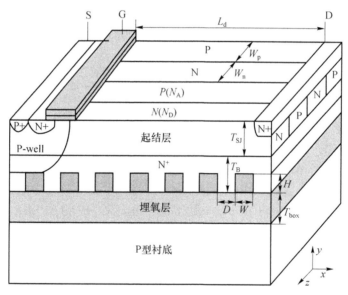

图 3-99 具有动态缓冲层的 SOI SJ LDMOS

基于电荷补偿的 PSOI SJ LDMOS 在保持电荷补偿的同时,在漏端对埋层开窗口,应用 PSOI 器件的散热能力,在 15 μm 的漂移区长度,5×10^{16} cm^{-3} 的超结浓度下,BV 为 280 V,如图 3-100 所示。

还有一些相似的结构被开发,目的都是使得 PN 条电荷平衡,缓解衬底辅助耗尽效应,实现横向超结功率器件的高耐压。

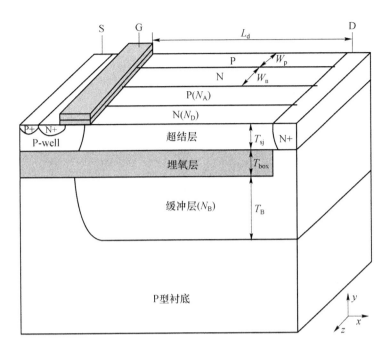

图 3-100 基于电荷补偿的 PSOI SJ LDMOS

横向超结 SOI 器件的发展方向就是解决衬底辅助耗尽效应和纵向耐压问题。在 SJ nLDMOS 结构中,由于超结的 N 条正电荷参与衬底纵向耗尽,破坏了超结 N 条和 P 条的电荷平衡,产生了衬底辅助耗尽效应。本节在超结结构埋层界面引入电荷屏蔽衬底对 N 条和 P 条的影响,保证了电荷平衡,增加了埋层电场,使埋层承受大部分的纵向耐压,提高了器件整体耐压。

3.5.2 SB SOI SJ pLDMOS

1. 器件结构与机理

本节研究的是在 SOI SJLDMOS 器件的缓冲层中加入 N^+I、P^+I、DT 结构(低 K 材料暂不在研究范围内)。通过界面积累电荷增强埋层电场,补偿 PN 条电荷平衡,以及 P(N)-buffer 层〔P(N)型缓冲层〕对超结的辅助补偿,实现纵向耐压的提高。漏压增加,埋层界面电荷增加,漏压降低,界面电荷浓度降低,界面电荷对 PN 条电荷平衡的补偿随外加漏压动态变化是自适应自平衡过程。

图 3-101 是 SB SOI SJ LDMOS 结构示意图和二维截面图,图 3-101(a)和(b)代表的是 SB SOI SJ pLDMOS,图 3-101(c)和(d)代表的是 N^+I SOI nLDMOS。这两者机理不同,前者是通过介质阻挡反型电子,属于电荷型结构中上界面是反型电子的结构,这主要来自其加压方式是衬底和源栅接地;后者是通过库仑力积累反型空穴。这两种方式都可以消除衬底辅助耗尽,优化漂移区电场,完成电荷平衡。图 3-101 中,L_d 为漂移区长度,N_n 和 N_p 分别为超结的 N 条、P 条的浓度,W_n 和 W_p 分别为超结 N 条、P 条的宽度,t_s、t_I 和 t_b 分别为 PN 条、埋氧层和 P-buffer 层的厚度,D、W 和 H 分别是槽的宽度、间距和高度。在反向漏压作用下,P(N)-buffer 层很快耗尽,在介质槽作用下,纵横向都形成 MIS 耐压结构。埋层高

的临界电场优化器件横向耐压,槽内电荷屏蔽纵向电场的影响,漂移区电场分布均匀,形成线性的电势分布。

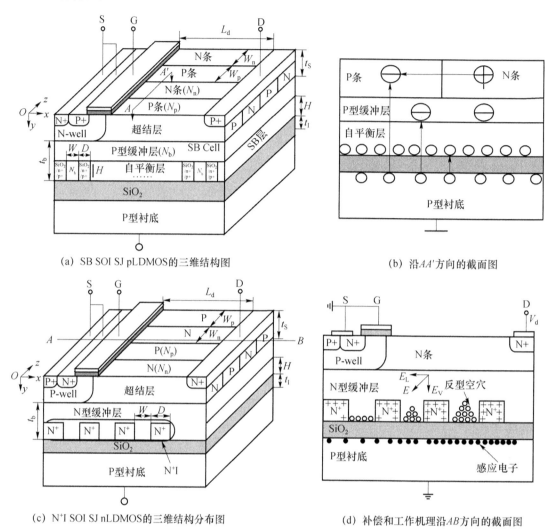

(a) SB SOI SJ pLDMOS的三维结构图

(b) 沿AA'方向的截面图

(c) N$^+$I SOI SJ nLDMOS的三维结构分布图

(d) 补偿和工作机理沿AB方向的截面图

图 3-101　SB SOI SJ LDMOS 结构示意图和二维截面图

三维仿真中的仿真条件如下所述。DT 结构:$L_d = 11\ \mu m$,$t_I = 0.375\ \mu m$,$D = W = 0.5\ \mu m$,$H = 1\ \mu m$,$W_p = W_n = 1\ \mu m$,$N_n = N_p = 4 \times 10^{16}\ cm^{-3}$,$t_S = 1\ \mu m$,$t_b = 1.5\ \mu m$。N$^+$I or P$^+$I 结构:$L_d = 15\ \mu m$,$D = H = 0.5\ \mu m$,$W = 2\ \mu m$,$W_p = W_n = 1\ \mu m$,$N_n = N_p = 4 \times 10^{16}\ cm^{-3}$,$t_S = 1\ \mu m$,$t_b = 1.5\ \mu m$)。

图 3-102 是击穿时,SB SOI SJ pLDMOS(DT 和 P$^+$I 结构)埋层界面电荷浓度分布。动态缓冲层有自适应积累电荷的能力,在 MIS 电容中,电荷密度与纵向耐压成正比,电荷型 ENDIF 器件电位线性增加,电荷密度从源到漏成准连续分布,电荷完成对超结的补偿。超结的电荷平衡和槽内电荷线性积累相互促进。由图可见,介质槽电子在槽两个角积累,而 P$^+$I 槽电子在槽中部积累(P$^+$I SOI SJ 在设计时,一定要加 n-top 层,否则难以耗尽漂移区)。整个分布情况呈现从源到漏线性增加的趋势,优化槽尺寸可以使得器件耐压时埋层上

界面形成浓度从源到漏准线性增加的电荷,充分完成 PN 条的电荷补偿并且增加埋层电场。

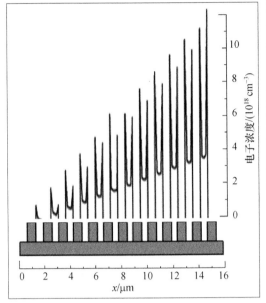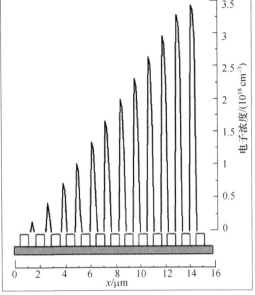

(a) SB单元是DT时电子浓度分布(BV=−237V)　　　(b) SB单元是P⁺I时电子浓度分布(BV=−150V)

图 3-102　DT 和 P⁺ I 时 SB SOJ SJ pLDMOS 埋层界面电荷浓度分布

对于无衬底辅助耗尽作用的超结,为了完全耗尽 PN 条,在 PN 条里的电荷和电场关系可以表示为:$Q_p/2 < \varepsilon_S E_{S,c}/q$;$Q_n/2 < \varepsilon_S E_{S,c}/q$;$Q_p = Q_n = N_n W_n = N_p W_p$。这里 Q_p、Q_n 是电荷值。在 $Q_p = Q_n$ 电荷条件下,PN 条全耗尽时沿 PN 条方向上看去净电荷为 0(这仅仅是在 W_n 和 W_p 非常窄的时候),其 BV 与临界电场 $E_{S,c}$ 和 PN 条长度 L_d 的关系为 $BV = E_{S,c} L_d$。

2. SJ 界面电荷平衡条件

3.1 节已经分析了 ENDIF 界面电荷浓度为从源到漏线性增加,导致埋层界面电势线性增加,电荷平衡的超结耐压可以近似地看成是 PIN 管耐压,因此电荷平衡的横向超结 PN 条靠近埋层一面的电势导线性分布。在理想 ENDIF 条件下可以通过界面电荷对衬底辅助耗尽的屏蔽作用使 PN 条电荷平衡,如图 3-103 所示。

根据以上分析得到击穿时电荷平衡的横向超结漂移区电势 $V(x)$ 为:

$$V(x) = E_d \cdot x = \frac{BV}{L_d} \cdot x \quad 0 \leqslant x \leqslant L_d \tag{3-88}$$

其中,E_d 为常数,表示电荷平衡超结的横向耐压系数。因此埋层界面电荷面密度 $\sigma_{AC}(x)$ 可表示为:

$$\sigma_{AC}(x) = \frac{V(x) \cdot \varepsilon_I}{q \cdot t_I} = \frac{BV \cdot \varepsilon_I}{q L_d \cdot t_I} \cdot x \quad 0 \leqslant x \leqslant L_d \tag{3-89}$$

漏端下方埋层界面电荷面密度为:

$$\sigma_{AC}(L_d) = \frac{BV \cdot \varepsilon_I}{q L_d \cdot t_I} \cdot L_d \tag{3-90}$$

DT SOI SJ LDMOS 结构通过优化结构参数的设计,分析得第 i 个槽中电荷密度为:

$$\sigma_{AC}(i) = \frac{V(x) \cdot \varepsilon_I}{q \cdot t_I} = \frac{BV \cdot \varepsilon_I}{q L_d \cdot t_I} \cdot \frac{L_d}{W + D} i \quad 0 \leqslant i \leqslant \left[\frac{L_d}{W + D} \right] \tag{3-91}$$

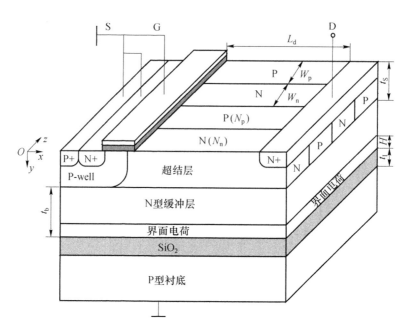

图 3-103　基于 ENDIF 的 SOI SJ LDMOS

其中 n 为槽的总个数,槽横向 SJ 的纵向耐压可以表示为:

$$V_{BV} = 0.5t_b E_S + \frac{\varepsilon_S}{\varepsilon_I}t_I E_S + \frac{qt_I\sigma_{AC}}{\varepsilon_I} \tag{3-92}$$

因此横向超结电荷平衡问题转化为埋层界面电荷分布的优化设计问题。

3. 耐压特性分析

图 3-104(a)和(b)分别是 SB 中 DT SOI SJ pLDMOS 和常规 SOI SJ pLDMOS 等势线分布。由于 buffer(缓冲)型常规结构受衬底辅助耗尽的影响,漏端 P^+ 区域电力线集中,等势线在漏端集中。具有槽型结构的 SJ pLDMOS 由于界面高密度的电荷存在,超结电荷平衡,漂移区等势线分布均匀,纵横向耐压能力增强,获得 -237 V 的 BV。而常规 P-buffer 槽型结构和常规槽型结构的 BV 分别为 -82 V 和 -48 V。

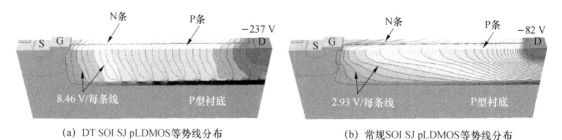

(a) DT SOI SJ pLDMOS等势线分布　　　　(b) 常规SOI SJ pLDMOS等势线分布

图 3-104　等势线分布

下面分析 DT SOI SJ pLDMOS 结构参数对电场、电荷和 BV 的影响。图 3-105 比较了 DT SOI SJ pLDMOS,P-buffer SOI SJ pLDMOS 和常规 SOI SJ pLDMOS 结构在击穿时的表面($y=0.01~\mu m$)和埋层内界面($y=2.6~\mu m$)电场分布。常规 SOI 结构由于纵向电场对超结的负面影响,破坏了 PN 条电荷平衡,电力线在漏端集中,电场在漏端出现尖峰,新结构很好地完成了电荷补偿,表面电场接近理想的矩形分布。

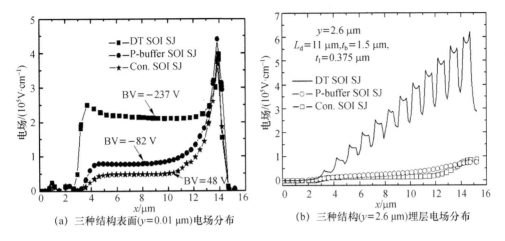

(a) 三种结构表面($y=0.01\ \mu m$)电场分布　(b) 三种结构($y=2.6\ \mu m$)埋层电场分布

图 3-105　三种结构在击穿时表面和埋层内界面电场分布

(三种结构的 BV 分别为$-237\ \mathrm{V}$,$-82\ \mathrm{V}$和$-48\ \mathrm{V}$)

图 3-106 为三种结构击穿时漏下纵向电场和电势分布。DT SOI SJ pLDMOS 结构由于电荷的自适应能力,完成了超结的电荷平衡。界面电荷一方面补偿了超结的电荷,得到好的横向电场和 BV,另一方面开发了埋层的耐压潜力,使得槽型结构电场 E_1 从常规的 98 V/μm 增加到 600 V/μm。相比常规结构的$-48\ \mathrm{V}$,其 BV 提高到$-237\ \mathrm{V}$,这大大提高埋层的耐压能力,埋层承担超过 90% 的 BV($V_1=t_1E_1=-225\ \mathrm{V}$)。

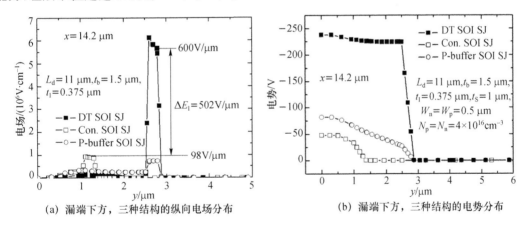

(a) 漏端下方,三种结构的纵向电场分布　(b) 漏端下方,三种结构的电势分布

图 3-106　三种结构击穿时漏下纵向电场和电势分布

定义介质场增强因子 η,表征其自适应电荷对埋层电场的增强能力,η 随自适应电荷 σ_{SAC} 而增加,当 $\sigma_{\mathrm{SAC}}=1.32\times10^{13}\ \mathrm{cm}^{-2}$ 时,E_1 在 $E_{\mathrm{S}}=30\ \mathrm{V}/\mu\mathrm{m}$ 和 15 V/μm 时,η 分别到达 7.68 和 14.85。也就是说,由于自适应电荷的引入,E_1 得到有效增加。同时在栅压为 $-5\ \mathrm{V}$,漂移区长度为 11 μm 时,$R_{\mathrm{on,sp}}=0.013\ 19\ \Omega\cdot\mathrm{cm}^2$,FOM$=4.26\ \mathrm{MW/cm}^2$;栅压为 $-20\ \mathrm{V}$ 时,$R_{\mathrm{on,sp}}=0.012\ 21\ \Omega\cdot\mathrm{cm}^2$,FOM$=4.91\ \mathrm{MW/cm}^2$。

图 3-107(a) 为在 $t_{\mathrm{b}}=1.5\ \mu\mathrm{m}$,DT SOI SJ pLDMOS 和常规 SOI SJ pLDMOS 在不同漂移区长度和 P-buffer(N_{d})浓度下 BV 的比较。随漂移区长度的增加,DT SOI SJ pLDMOS

的 BV 近似线性增加,体现其良好的电荷自适应能力。由于常规 SOI SJ pLDMOS 结构埋层和硅层电场的三倍关系,以及纵向耐压的钳位作用,BV 不随漂移区长度而变。通过查阅文献可以得知,埋层厚度也对 BV 有很大影响,一定的埋层厚度可以使电场达到理论值,过薄则使埋层击穿。图 3-107(b)表述的是 DT SOI SJ pLDMOS 结构的尺寸对 BV 的影响,整体来看,槽越窄,电荷密度越大,电场可以越高,BV 越大,反之则 BV 越小。D 和 H 对 BV 的影响明显,最大的 BV 为 -237 V 出现在 $H=1\ \mu$m 和 $W=D=0.5\ \mu$m 时。

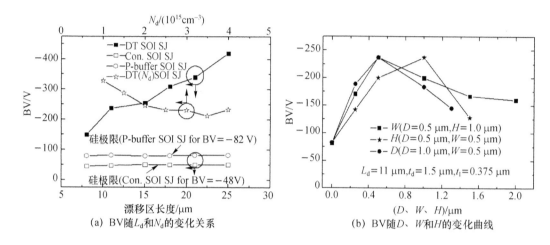

图 3-107　结构参数变化对耐压的影响

3.5.3　T-DBL SOI SJ nLDMOS

本节研究的是在 SOI SJ LDMOS 器件的缓冲层里制作双介质埋层,并在两埋层之间填充多晶硅。第一介质层为一系列 T 型结构,第二埋层较薄,可以有更低的热特性。T-DBL 结构器件耐压时第二埋层上界面积聚浓度阶梯变化的电荷,这些电荷补偿了 PN 条的电荷不平衡,增强了第二介质层电场。

1. 器件结构描述

图 3-108(a)和(b)是 T-DBL SOI SJ nLDMOS 的结构和机理示意图,其中,t_{l1}、t_{l2} 和 t_{po} 分别为第一、第二介质层和多晶层的厚度,W 为两个 T 型结构之间的间距。

2. 耐压原理分析

对于常规的横向 SJ nLDMOS,buffer 层浓度较低,当从电荷的角度考虑 PN 条和埋层纵向耐压,因为衬底辅助耗尽使得 N 条被提早耗尽,因此顶层硅、埋氧层和衬底构成的 MIS 结构纵向耐压可以表示为:

$$V_{BV} = \frac{qN_n}{\varepsilon_S} \cdot \left(\frac{t_S^2}{2} + 3t_S t_I \right) = \frac{Q_{AC}}{\varepsilon_S} \left(\frac{t_S}{2} + 3t_S \right) \tag{3-93}$$

常规结构的衬底加零电位,因此 Q_{AC} 恒为正值,也就是说衬底辅助耗尽只耗尽 N 条。在界面引入 T 型介质结构时,由于两层介质之间的硅层电位不同,致使第一埋层上下两界面的电位差不同,记为 $V(x)$,如图 3-109 所示,T 左右的电位差分别为 V_L 和 V_R,易得

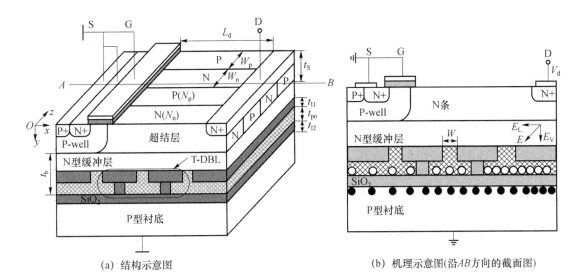

(a) 结构示意图　　　　　　　(b) 机理示意图(沿AB方向的截面图)

图 3-108　T-DBL SOI SJ nLDMOS 结构和机理示意图

$$\begin{cases} V(x) > 0 & x_L \leqslant x < x_1 \\ V(x) = 0 & x = x_1 \\ V(x) < 0 & x_1 < x \leqslant x_R \end{cases} \tag{3-94}$$

其中,x_1 是 $V(x)$ 为 0 的点,即 T 型结构第一埋层上下两埋层电位差为 0 的点。对于每个 T 元胞,x 小于 x_1 时,$V(x)$ 大于 0;x 大于 x_1 时,$V(x)$ 小于 0。基于对 N 型和 P 型漂移区耐压分析可知,在 T 结构第一埋层下界面靠近漏端一侧的高电位耗尽 P 条,靠近源端的低电位耗尽 N 条,在每一个 T 型结构右边第一埋层以及硅层纵向耐压(V_{BV1})可以表示为:

$$V_{BV1} = \frac{qN_p}{\varepsilon_S} \cdot \left(\frac{t_S^2}{2} + 3t_St_1 \right) = \frac{Q_P}{\varepsilon_S} \left(\frac{t_S}{2} + 3t_{I1} \right) \tag{3-95}$$

因此 T 型介质的引入使得超结的 PN 条都参与到纵向耗尽中,使得 PN 条电荷平衡。对于 PN 条浓度以及宽度相等的超结器件来讲,由电荷平衡条件可知,第一埋层纵向电位为 0 的点位于 T 的中点。

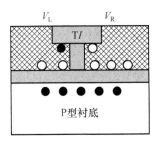

图 3-109　基于电位调节的 T-DBL SOI SJ 耐压单元

对于 PN 条浓度不相等的横向超结,假设 $N_n > N_p$,P 条耗尽以后,剩余的 N 条剩余浓度表示为 ΔQ:

$$\Delta Q = \frac{q(N_n - N_p)}{2} \cdot t_S \qquad (3-96)$$

为保证电荷的平衡，ΔQ 应该全部被纵向耐压 ΔV 耗尽。设纵向耐压为 0 的点 x_0 电位为 V_{x_0}，ΔV 表示为：

$$\Delta V = -V_R - V_L + 2V_{x_0} \qquad (3-97)$$

由 ΔV 耗尽的电荷表示为：

$$\Delta Q = \frac{\varepsilon_I \cdot \Delta V}{t_{I1}} = \frac{\varepsilon_I(-V_R - V_L + 2V_{x_0})}{t_{I1}} \qquad (3-98)$$

根据式（3-97）和式（3-98）可以求解电位平衡时纵向耐压为 0 的点：

$$V_{x_0} = \frac{1}{2}(V_R + V_L) + \frac{q(N_n - N_p)}{4} \cdot \frac{t_s t_{I1}}{\varepsilon_I} \qquad (3-99)$$

假设第一埋层上方的横向电场为常数，可以得到两层埋层之间的介质中点 x_{i_0} 所在的位置：

$$x_{i_0} = x_L + \frac{V_{x_0} - V_L}{V_R - V_L}(x_R - x_L) \qquad (3-100)$$

其中，$\begin{cases} x_L = \dfrac{L_d}{n+2}(i-1) - \dfrac{W}{2}, \\ x_R = \dfrac{L_d}{n+2}i + \dfrac{W}{2}, \end{cases} \begin{cases} V_L = \dfrac{BV}{n+2}(i-1), \\ V_R = \dfrac{BV}{n+2}i, \end{cases}$ $0 < i < n$，n 为 T 型结构的个数。

通过结构参数的优化设计，可以调节介质中点 x_{i_0} 所在的位置，从而调节 T 型结构左右电荷的浓度，实现超结的电荷平衡，使得 PN 条均参与纵向耗尽，减弱体内高电场，提高纵向耐压。

3. 参数优化设计

使用三维仿真软件 ISE 对 T-DBL SOI 结构（即 T-DBL SOI nLDMOS）仿真（仿真条件：$L_d = 15\ \mu m$，$T_{num} = 1 \sim 4$，$t_{I1} = 0.6\ \mu m$，$t_{I2} = 0.2 \sim 1.2\ \mu m$，$t_{po} = 0.2\ \mu m$，$W = 0.2 \sim 1.2\ \mu m$，$W_p = W_n = 1\ \mu m$，$N_n = N_p = 2 \times 10^{16} \sim 1 \times 10^{17}\ cm^{-3}$，$t_S = 1\ \mu m$，$t_b = 2.3\ \mu m$，$t_{sub} = 1\ \mu m$，$N_{sub} = 2.4 \times 10^{14}\ cm^{-3}$）。图 3-110(a) 为击穿时 T-DBL SOI SJ 结构和 Con. SOI SJ 结构的表面电场和纵向电场分布。常规 SOI SJ 结构由于纵向电场对超结电荷耗尽的不利影响，破坏了器件的电荷平衡，使得漏端过早出现电场尖峰，T-DBL SOI SJ 结构引入的界面阶梯变化的空穴进行了电荷补偿，优化了表面电场，横向电场大约为 $20\ V/\mu m$，Con. SOI SJ 结构的大约为 $6\ V/\mu m$。图 3-110(b) 为两者的纵向电场分布。优化的 T-DBL SOI SJ 结构界面阶梯变化的正电荷补偿了超结的电荷，优化了横向电场和 BV，增加了埋层电场，使得第二埋层电场 E_I 从 Con. SOI SJ 的 $70\ V/\mu m$ 增加到 $515\ V/\mu m$，BV 相比 Con. SOI SJ 结构的 124 V 提高到 302 V。

图 3-111(a) 和 (b) 是 T-DBL SOI SJ 和 Con. SOI SJ 结构等势线分布。Con. SOI 结构受纵向电场的影响，电力线集中在漏端，等势线在漏端较密。T-DBL SOI SJ 结构由于埋层界面高浓度阶梯状正电荷的存在，超结电荷平衡，获得均匀的等势线分布，有较强的纵横向耐压能力。在 $L_d = 15\ \mu m$ 时，相比 Con. SOI SJ 结构的 124 V 的 BV，T-DBL SOI SJ 结构有 302 V 的 BV。

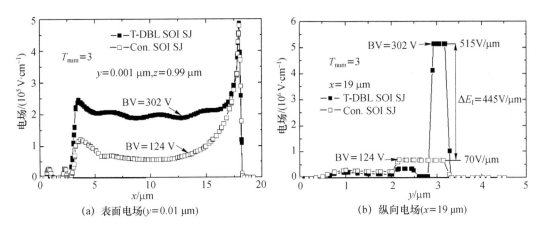

(a) 表面电场($y=0.01\ \mu m$)　　(b) 纵向电场($x=19\ \mu m$)

图 3-110　T-DBL SOI SJ 和 Con. SOI SJ 结构分布

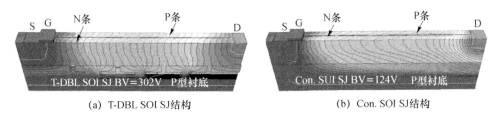

(a) T-DBL SOI SJ结构　　(b) Con. SOI SJ结构

图 3-111　T-DBL SOI SJ 和 Con. SOI SJ 结构等势线分布($L_d=15\ \mu m$)

图 3-112(a)、(b)是 T-DBL SOI SJ 结构第二埋层上下界面的电荷浓度分布。T-DBL SOI SJ 结构存在横向 MIS 和纵向 MIS 耐压,横向 T-DBL SOI SJ 结构上下界面电荷成阶梯分布,其中,上界面反型空穴浓度高达 $2.33\times10^{18}\ cm^{-3}$,下界面感应的电子浓度也相应地高达 $1.45\times10^{18}\ cm^{-3}$,高浓度的界面电荷大大提高了埋层电场。

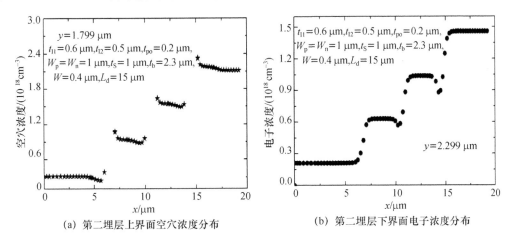

(a) 第二埋层上界面空穴浓度分布　　(b) 第二埋层下界面电子浓度分布

图 3-112　T-DBL SOI SJ 结构第二埋层上下界面的电荷浓度分布

图 3-113 是在 PN 条浓度取不同值时,对应缓冲层的掺杂浓度对 BV 的影响,该结构对缓冲层浓度取值较敏感。图 3-113(a)为 T-DBL SOI SJ 和 Con. SOI SJ 结构固定在最优 PN 条浓度 $4\times10^{16}\ cm^{-3}$ 下,buffer 层掺杂浓度对 BV 的影响。常规 SOI SJ 结构由于存在严

重的衬底辅助耗尽,即使 buffer 层可以补偿电荷的不平衡,但这个作用也是有限的,在 buffer 层掺杂浓度从 $2×10^{14}$ cm^{-3} 到 $30×10^{14}$ cm^{-3} 的变化过程中,BV 最小值为 85 V,最大值为 124 V。T-DBL SOI SJ 结构 T 的左右两边是横向 MOS 耐压,两边电荷浓度不一样,靠近漏端的空隙中电位更高,空穴更多。T-DBL SOI SJ 结构相当于把 SJ 分解成很多个部分分别耗尽,当 t_{11} 的头部长度优化到 3.6 μm 之后,就能耗尽上面的 PN 条。在所有相同尺寸和浓度取值范围下,buffer 层掺杂浓度为 $1.8×10^{15}$ cm^{-3} 时,T-DBL 结构可获得最大 BV 为 302 V,最小值为 218V,T 形之间的空穴可以实现电荷补偿,屏蔽纵向电场的影响。

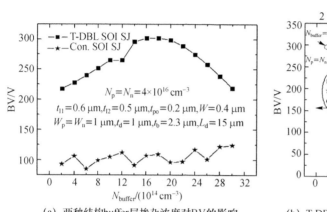
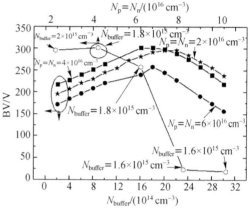

(a) 两种结构 buffer 层掺杂浓度对 BV 的影响   (b) T-DBL SOI PN 条和 buffer 层掺杂浓度对 BV 的影响

图 3-113   在 PN 条浓度取不同值时,对应 buffer 层的掺杂浓度对 BV 的影响

图 3-113(b)是 T-DBL SOI SJ 的 PN 条和 buffer 层掺杂浓度对 BV 的影响。可以通过优化第一埋层 T 型结构的尺寸来调整两层界面的电位值,从而调节第二埋层上界面的电位耗尽 PN 条。当 PN 条浓度为 $2×10^{16}$ cm^{-3} 时,对应的最优 buffer 层掺杂浓度是 $2×10^{15}$ cm^{-3};PN 条浓度为 $4×10^{16}$ cm^{-3} 时,对应的最优 buffer 层掺杂浓度是 $1.8×10^{15}$ cm^{-3};PN 条浓度为 $6×10^{16}$ cm^{-3} 时,对应的最优 buffer 层掺杂浓度是 $1.8×10^{15}$ cm^{-3};PN 条浓度为 $8×10^{16}$ cm^{-3} 时,对应的最优 buffer 层掺杂浓度是 $1.6×10^{15}$ cm^{-3};PN 条浓度为 $10×10^{16}$ cm^{-3} 时,对应的最优 buffer 层掺杂浓度是 $1.6×10^{15}$ cm^{-3}。后两种取值 PN 条浓度太高,难以耗尽,补偿很差。在栅压取 5 V,漂移区长度为 15 μm,BV 为 302 V 时,$R_{on,sp}=0.086\ 5\ \Omega\cdot cm^2$,FOM$=10.54$ MW/cm^2。

图 3-114(a)是第二埋层 t_{12}、T 型结构间距 W 和 BV 的关系。从三维仿真结果可以看出当器件第一埋层的形状确定之后,第二埋层的 BV 固定。在 $L_d=15\ \mu m$,t_{12} 从 0.3 μm 到 1.1 μm 的厚度变化过程中,BV 固定为 302 V,但厚度越薄,电场越高,当电场达到临界击穿电场时,热特性最好。图 3-114(a)中还表明当 W 变化时,W 和 T 型结构长度之和始终固定为 4 μm 时可得到各种最优结果。当 W 小于或等于 0.4 μm,BV 固定,W 值变大以后在两个 T 之间的介质 BV 被硅层 BV 所取代,等势线分布变得稀疏,因此 BV 降低。满足 PN 条一定浓度时,消除衬底辅助耗尽所需要的 T 型结构中间的阶梯分布的电荷斜率是一定的。

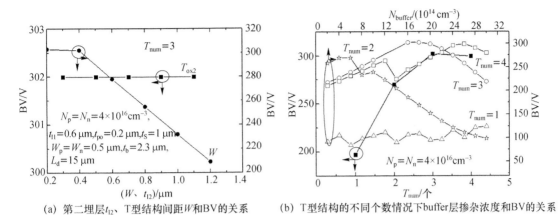

(a) 第二埋层t_{12}、T型结构间距W和BV的关系 　　(b) T型结构的不同个数情况下buffer层掺杂浓度和BV的关系

图 3-114　T-DBL SOI SJ 结构参数与耐压的关系

图 3-114(b)是固定最优 PN 条浓度为 $4×10^{16}$ cm^{-3} 时，T 型结构不同个数情况下 buffer 层掺杂浓度和 BV 的关系。当 T_{num} 取值小于 3 时，一是 PN 条电荷平衡补偿不够，二是电荷只能在两个埋层之间存在，由于硅层和埋层的三倍关系，会在每个 T 型结构头部和 T 型结构变细部分交接处电力线集聚，而使硅层提前击穿，原本的电荷不平衡在这时更突出了。当 T_{num} 个数增大时，由于 T 型结构上面宽的硅层和下面窄的介质耐压完全相同，稀疏的等势线从硅层进入在介质集中，缓解了横向的硅低耐压和埋层高耐压的矛盾。BV 最初随 T_{num} 的增加而增加，T_{num} 值取 1、2 时不能达到很好的电荷平衡，BV 较低，T_{num} 值取 3 可以实现电荷平衡，大于或等于 3 之后 BV 趋于饱和。

3.5.4　TSL SOI SJ nLDMOS

1. 器件结构与工作原理

本节研究的是在 SOI SJ nLDMOS 器件的 buffer 层中纵向使用薄硅层-线性浅结（Linear Shallow Junction，LSJ），横向采用线性变掺杂技术。通过耗尽界面浓度线性变化的杂质，得到大量的正电荷——电离施主离子，对超结的电荷进行补偿，从而实现纵向耐压的提高。设计中界面硅的掺杂浓度不能太高，否则难以耗尽，电荷补偿作用的效果更差。因此器件耐压对埋层上界面掺杂浓度较敏感，选择合适的硅层厚度和薄硅层最高浓度是本结构设计的重点和难点。

图 3-115 是 TSL SOI SJ nLDMOS(本节后文简写为 TSL SOI SJ)结构和浓度掺杂机理示意图，其中图 3-115(b)是沿 AB 方向截面后的浓度分布。

2. 电场与耐压模型分析

采用如图 3-116 所示沿图 3-115 AB 方向截面来分析耐压模型。实验实现时，漏下制作 N-buffer，栅漏采用场板，其中 N_d 为漂移区漏端掺杂浓度，V_d 为漏端电压，t_S 和 t_1 分别为硅层和埋层厚度。线性变掺杂注入及杂质分布如图 3-117 所示。线性变掺杂注入是通过改变注入窗口的大小和间距来实现从源到漏线性变掺杂的漂移区浓度 $N(x)$。

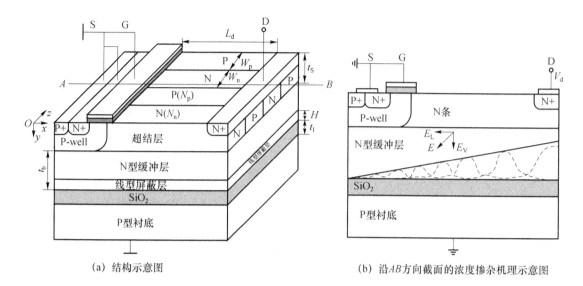

(a) 结构示意图 　　　　　　　　(b) 沿AB方向截面的浓度掺杂机理示意图

图 3-115　TSL SOI SJ 结构和浓度掺杂机理示意图

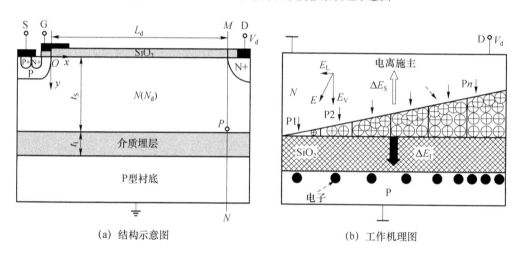

(a) 结构示意图 　　　　　　　　(b) 工作机理图

图 3-116　TSL SOI nLDMOS 结构和工作机理

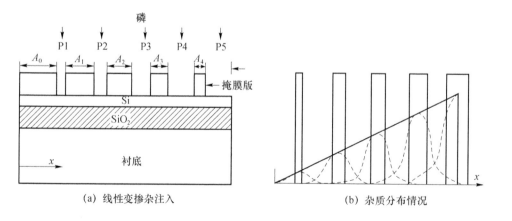

(a) 线性变掺杂注入 　　　　　　　　(b) 杂质分布情况

图 3-117　线性变掺杂注入及杂质分布

对一个已优化好横向耐压的器件,当漏接高压,源栅、衬底接地时,器件 BV 受限于低的纵向耐压 V_{BV}。BV 由漏下(图 3-116 中沿 MN 方向)的纵向电场所决定,尤其是(图 3-116 中 P 点)埋层界面的硅层电场 E_S 和介质电场 E_I。漂移区的二维电势满足 2D 泊松方程:

$$\frac{\partial^2 \phi(x,y)}{\partial x^2} + \frac{\partial^2 \phi(x,y)}{\partial y^2} = \frac{qN(x)}{\varepsilon_S} \quad 0 \leqslant x \leqslant L_d, 0 \leqslant y \leqslant t_S \tag{3-101}$$

对于一个全耗尽的漂移区,顶层硅的纵向电场为:

$$E_y(x,y) = -\frac{\partial \phi(x,y)}{\partial y} = \Psi_1(x) + \Psi_2(x)y \quad 0 \leqslant x \leqslant L_d, 0 \leqslant y \leqslant t_S \tag{3-102}$$

这里的 P 衬底电场忽略不计,因为 SOI 的 V_{BV} 只由顶层硅和介质层所决定。方程(3-102)的边界条件为:

$$\left. \frac{\partial \phi(x,y)}{\partial y} \right|_{y=0} = 0 \tag{3-103a}$$

$$\phi(0,0) = 0, \quad \phi(L_d,0) = V_d \tag{3-103b}$$

$$\frac{\varepsilon_I \phi(x,t_S)}{t_I} = \left. \frac{\partial \phi(x,y)}{\partial y} \varepsilon_S \right|_{y=t_S} \tag{3-103c}$$

方程(3-103c)是基于界面($y = t_S$)电场的电位移连续性。求解带有边界条件的方程(3-102)得

$$\phi(x,y) = -\frac{1}{2}\Psi_2(x)y^2 + \Psi_2(x)t^2 \tag{3-104}$$

其中 $t = (1/2t_S^2 + t_I t_S \varepsilon_S / \varepsilon_I)^{1/2}$ 是 SOI 器件的特征厚度。方程(3-104)可以表示为:

$$\phi(x,y) = -\frac{\phi(x,0)}{2t^2}y^2 + \phi(x,0) \tag{3-105}$$

从方程(3-105)中可以得到漏下(沿 MN 方向)的电势分布:

$$\phi(L_d,y) = -\frac{\phi(L_d,0)}{2t^2}y^2 + \phi(L_d,0) \tag{3-106}$$

由方程(3-106)可解得纵向电场:

$$E_y(L_d,y) = \frac{\phi(L_d,0)}{t^2}y \tag{3-107}$$

下面对漂移区掺杂浓度函数进行理论推导。当硅层厚度较薄的时候(0.1 μm 量级),假设硅层中电场的横向分量为常数,即 $\partial E_x(x,y)/\partial x = 0$,则泊松方程可以化简为:

$$\frac{\partial^2 \phi(x,y)}{\partial y^2} = -\frac{qN(x)}{\varepsilon_S} \quad 0 \leqslant x \leqslant L_d, 0 \leqslant y \leqslant t_S \tag{3-108}$$

在同样的边界条件下求解可得

$$\phi(x,y) = -\frac{1}{2}\frac{qN(x)}{\varepsilon_S}y^2 + \frac{qN(x)}{\varepsilon_S}t^2 \tag{3-109}$$

式(3-109)中令 $y=0$ 可得表面电势和电场如下:

$$\phi(x,0) = \frac{qN(x)}{\varepsilon_S}t^2 \tag{3-110}$$

$$E_x(x,0) = \frac{d\phi(x,0)}{dx} = \frac{qt^2}{\varepsilon_S}\frac{dN(x)}{dx} \tag{3-111}$$

式(3-111)表明薄硅层线性掺杂结构的表面电场和掺杂浓度的斜率成正比,这正是对薄硅层结构进行线性掺杂的原因。

$$E_y(x,y) = -\frac{\partial \phi(x,y)}{\partial y} = \frac{qN(x)}{\varepsilon_S}y \qquad (3\text{-}112)$$

$$E_y(L_d,t_S) = -\frac{\partial \phi(x,y)}{\partial y}\bigg|_{x=L_d,y=t_S} = \frac{qN(L_d)}{\varepsilon_S}t_S \qquad (3\text{-}113)$$

满足 RESURF 条件时器件的击穿点位于漏端下方埋层界面处,击穿时,硅层电场在 P 点为临界击穿电场($E_S = E_{S,c}$),因此界面硅层电场为:

$$E_{S,c} = \frac{qN(L_d)}{\varepsilon_S}t_S \qquad (3\text{-}114)$$

基于方程(3-113),得到顶层硅电场 E_S 从表面($y=0$)到界面($y=t_S$)的线性分布。纵向耐压 V_{BV} 为:

$$V_{BV} = \frac{1}{2}t_S E_{S,c} + t_I E_I \qquad (3\text{-}115)$$

沿 MN 方向,得到 $E_S = yE_{S,c}/t_S$ 和 $E_I = \varepsilon_S E_{S,c}/\varepsilon_I$ 的一维近似。使用有效阈值能量的电离率公式 $\alpha_{eff}(E) = 70.3\exp(-146.8/E)$,可以通过电子倍增获得阈值能量 ε_T。从阈值能量经典雪崩击穿的条件 $\int_0^{t_S} 70.3\exp\left[-\frac{146.8}{E(y)}\right]dy = 1$ 可以推出下面方程:

$$70.3\gamma t_S\left(\frac{e^{-\gamma}}{\gamma} - \int_1^\infty \frac{e^{-u\gamma}}{u}du\right) = 1 \qquad (3\text{-}116)$$

其中 $\gamma = 146.8/E_{S,c}$。方程(3-112)是 $E_{S,c}$ 和硅层厚度 t_S 的关系,在满足 RESURF 条件下 $N_d t_S = \varepsilon_S E_{S,c}/q$ 时,可以得到 $E_{S,c}$ 和漂移区浓度的关系:

$$N_d = \frac{\varepsilon_S}{q}\frac{10\,320.04}{\gamma}\left(e^{-\gamma} - \gamma\int_1^\infty \frac{e^{-u\gamma}}{u}du\right) \qquad (3\text{-}117)$$

通过非线性曲线拟合方程(3-117),得到 $E_{S,c}(\times10^5\text{ V/cm})$ 和 $N_d(\text{cm}^{-3})$ 的关系式:

$$E_{S,c} = 2.19 + 7.1\times10^{-8}N_d^{0.46} \qquad (3\text{-}118)$$

$$N(L_d)t_S = \frac{\varepsilon_S(2.19 + 7.1\times10^{-8}N_d^{0.46})}{q} \qquad (3\text{-}119)$$

式(3-119)是适用于薄硅层线性掺杂器件的 RESURF 条件,基于方程(3-111)和方程(3-119),薄层 SOI 器件的 V_{BV} 可以表示为:

$$V_{BV} = \frac{\varepsilon_S}{2qN_d}(2.19\times10^5 + 7.1\times10^{-3}N_d^{0.46})^2 + t_I(6.57\times10^5 + 2.13\times10^{-2}N_d^{0.46}) \qquad (3\text{-}120)$$

方程(3-120)分析了在特定硅层厚度情况下 $V_{BV}(\text{V})$ 和 $N_d(\text{cm}^{-3})$ 的关系。从式(3-120)中可以得出,线性变掺杂薄硅层结构时,纵向的薄层结构和横向的线性变掺杂结构相辅相成。使用薄硅层必须采用线性变掺杂结构,因为由式(3-119)可知,当浓度 $N(x)$ 随 x 线性变化时,横向电场 $E_x(x,0)$ 恒定可提升漂移区中部的电场,达到较理想的表面电场分布;同时,极薄的硅层才能耗尽漏端的高浓度 N_d,并耗尽电离施主增加的埋层电场,薄硅层还可提高顶层硅临界击穿电场。

方程(3-114)反映了 $E_{S,c}$ 和 N_d 的关系,分析模型和传统结构、实验曲线的比较显示于图 3-118。$E_{S,c}$ 随 N_d 增大而增大,当 N_d 比较小时($N_d < 1\times10^{17}\text{ cm}^{-3}$),几条曲线吻合较好,当 $N_d \geqslant 1\times10^{17}\text{ cm}^{-3}$ 时,从方程(3-120)得到的 $E_{S,c}$ 和实验数据、传统结果差异较大。薄硅层在 N_d 浓度分别为 $1\times10^{17}\text{ cm}^{-3}$ 和 $1\times10^{18}\text{ cm}^{-3}$ 时,$E_{S,c}$ 分别为 68.8 V/μm 和 157.2 V/μm,

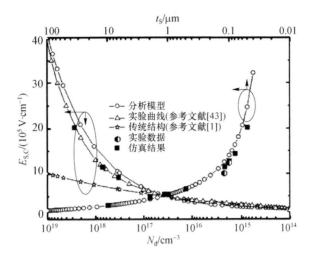

图 3-118 N_d 对 $E_{s,c}$ 的影响（关于分析模型、实验数据和传统结构的比较）

这两个数值都大于传统结构的 $30\ \text{V}/\mu\text{m}$。实验结果和分析模型基本吻合，这可以说明方程 (3-120) 中 N_d 对 $E_{s,c}$ 的影响适合分析薄层漏端的高掺杂浓度。

图 3-119 所示的是漏端最大掺杂浓度 N_d 对 V_{BV} 和电场 E_I 的影响。薄层 SOI 器件漏端浓度 N_d 增加，则 $E_{s,c}$ 增加，E_I 和 V_{BV} 随之提高。当 $t_I = 2\ \mu\text{m}$ 时，N_d 取 $1 \times 10^{17}\ \text{cm}^{-3}$ 和 $1 \times 10^{18}\ \text{cm}^{-3}$ 时，V_{BV} 分别为 428 V 和 951 V。实验结果、仿真结果、分析结果如图 3-119 所示。方程 (3-120) 和图 3-119 表示薄层可以耗尽线性变掺杂的漂移区，带来高的硅层临界击穿电场 $E_{s,c}$ 和高的埋层电场，从而得到高耐压。

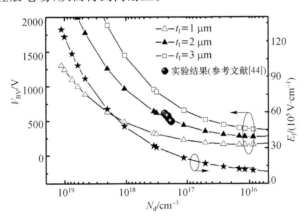

图 3-119 漏端掺杂浓度 N_d 对 V_{BV} 和埋层电场 E_I 的影响

对于一个优化好的器件，方程 (3-118) 表明不同薄层 t_s 的值对应一个最佳的 N_d。方程 (3-118) 和方程 (3-120) 中当硅层电场达到 $E_{s,c}$ 时，t_s 和 N_d 的关系就由 $N_d t_s = \varepsilon_s E_{s,c}/q$ 所固定。如图 3-120 所示，$N_d t_s$ 随 N_d 增加而增加，这不同于传统结构，而且当 N_d 增加时，t_s 必须变得更小。

通过推导和仿真，薄层（TSL）线性变掺杂结构采用薄硅层和变掺杂两种技术，可耗尽高浓度的漏端掺杂，从而提升硅的临界击穿电场，得到高的埋层电场，实现漂移区电场恒定，得到理想的表面电场分布,提高横向耐压。仿真结果和分析结果吻合较好。

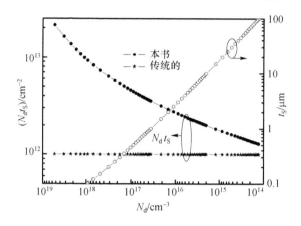

图 3-120　当硅层电场达到 $E_{s,c}$ 时,N_d 对 $N_d t_S$ 和 t_S 的影响

由式(3-120)可知,薄硅层浓度斜率(漏端浓度最大值除以漂移区长度)越大,表面场越大,薄硅层浓度斜率决定了横向电场,薄硅层厚度决定了可耗尽的最大浓度和器件最大耐压。薄硅层最大浓度确定后,漂移区太长或者太短都会使得电荷不平衡,耐压下降。根据 RESURF 条件,一定结深下的薄硅层浓度可全部被衬底辅助耗尽,电力线终止于衬底,这样极薄硅层的临界击穿电场可以提高,埋层电场也相应提高。对于 TSL SOI SJ nLDMOS 结构,上表面只有电场的横向分量,在 SJ 电荷平衡时,横向电场均匀。根据线性掺杂漂移区模型(3-112)可以得到埋层界面电场的横向分量 E_d 的计算公式:

$$E_d = \frac{qH}{\varepsilon_S}\left(\frac{H}{2} + \frac{\varepsilon_S t_I}{\varepsilon_I}\right)\frac{dQ_{TSL}(x)}{dx} \tag{3-121}$$

由式(3-121)和式(3-89)可以得到器件 TSL SOI SJ 的电势 $V(x)$ 为:

$$V(x) = E_d \cdot x = \frac{BV}{L_d} \cdot x = \frac{qH}{\varepsilon_S}\left(\frac{H}{2} + \frac{\varepsilon_S t_I}{\varepsilon_I}\right)\frac{dQ_{TSL}(x)}{dx} \cdot x = \frac{qH}{\varepsilon_S}\left(\frac{H}{2} + \frac{\varepsilon_S t_I}{\varepsilon_I}\right)\frac{BV \cdot \varepsilon_I}{L_d \cdot t_I} \cdot x \tag{3-122}$$

3. 耐压分析与参数优化

ISE 仿真 TSL SOI SJ 结构(仿真条件:$L_d = 9\sim30\ \mu m$,$t_I = 1\ \mu m$,$H = 0.1\ \mu m$,$W_p = W_n = 1\ \mu m$,$N_n = N_p = 4\times10^{16}\ cm^{-3}$,$t_S = 1\ \mu m$,$t_b = 1.5\ \mu m$,$t_{sub} = 1\ \mu m$,$N_{sub} = 2.4\times10^{14}\ cm^{-3}$)。图 3-121(a)是 TSL 结构最大浓度 N_{max} 与 BV 的关系。当 L_d 为 15 μm,PN 条浓度为 $4\times10^{16}\ cm^{-3}$,薄硅层结深确定为 0.1 μm 后,薄硅层可耗尽的 N_{max} 可确定为 $6\times10^{17}\ cm^{-3}$。从图 3-121(a)中可以得出,N_{max} 小于 $6\times10^{17}\ cm^{-3}$ 时,薄硅层全耗尽后施主离子浓度降低,ENDIF 效果减弱;N_{max} 大于 $6\times10^{17}\ cm^{-3}$ 时,薄硅层不能全耗尽,致使 PN 条的电荷平衡被破坏,器件 BV 降低;N_{max} 等于 $6\times10^{17}\ cm^{-3}$ 时,薄硅层全耗尽,BV 最大。BV 随薄硅层最大浓度先增加后降低。当固定 N_{max} 为 $6\times10^{17}\ cm^{-3}$ 时,随 PN 条浓度的增加,BV 下降,这是由薄硅层斜率和 BV 的关系所决定,浓度太高,PN 条相互耗尽困难,仿真中最大可耗尽 PN 条浓度为 $6\times10^{16}\ cm^{-3}$。

图 3-121(b)所示的是漂移区长度与 BV 的关系。本图采用两种方法,分别通过曲线 a 和曲线 b 分析漂移区长度 L_d 与耐压的关系。曲线 a 固定薄硅层 N_{max},改变 L_d。在固定

N_{max} 为 6×10^{17} cm^{-3} 时，L_d 值变化范围是 9～20 μm，当 L_d 为 17 μm 时，耐压最大，L_d 大于或小于 17 μm 时，耐压都会下降。薄硅层浓度斜率太大时薄硅层难耗尽，太小时界面施主离子浓度太低，这都会造成耐压降低。曲线 b 保持薄硅层的浓度斜率不变，增加漂移区长度 L_d 同时等比例增加薄硅层最大浓度，耐压线性增加。因此，SJ 中 PN 条的浓度确定后，薄硅层的浓度斜率是影响器件耐压的主要因素。三维薄硅层/浅结和二维薄硅层/浅结的区别在于：二维时，耐压随漂移区长度变化会出现一个饱和值，出现的原因是耐压受纵向钳位，线性掺杂器件的表面场近似矩形，在横向耐压没有钳位时可尽量缩小漂移区长度，从而得到最佳器件尺寸。三维时，由于 PN 条的存在及其相互耗尽，在 PN 条浓度确定后，薄硅层斜率一定时才能达到最好的电荷补偿效果。

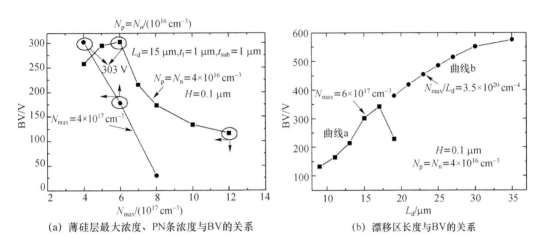

(a) 薄硅层最大浓度、PN条浓度与BV的关系　　(b) 漂移区长度与BV的关系

图 3-121　浓度、长度与 BV 的关系

图 3-122(a)和(b)是 TSL SOI SJ 和 Con. SOI SJ 结构等势线分布。buffer 型常规 SOI 结构由于纵向电场的影响，漏端等势线集中，会出现电场尖峰。TSL SOI SJ 结构在浓度斜率优化最佳的情况下，埋层界面高浓度正电荷的存在促进超结电荷平衡，获得均匀的等势线分布，有较强的纵横向耐压能力。相比 Con. SOI SJ 结构有 104 V 的 BV，TSL SOI SJ 结构有 552 V 的 BV。

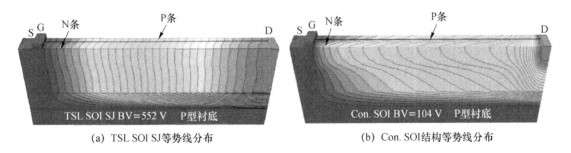

(a) TSL SOI SJ等势线分布　　　　　　(b) Con. SOI结构等势线分布

图 3-122　TSL SOI SJ 和 Con. SOI 结构等势线分布（$L_d = 30$ μm）

图 3-123 所示的是 TSL SOI SJ 电场分布。图 3-123(a)比较了击穿时，TSL SOI SJ 和 Con. SOI SJ 结构的表面电场分布。Con. SOI 结构由于纵向电场对超结的不利影响，破坏了器件的电荷平衡，使得漏端出现电场尖峰，TSL 结构界面高浓度的电离施主的电荷补偿

作用使得表面电场中部提高,优化后的横向电场大约为 20 V/μm,而常规结构的大约为 8 V/μm。图 3-124(b)为漏下,两种结构纵向电场分布。TSL SOI SJ 优化好的界面浓度线性变化的正电荷一方面补偿了超结电荷,优化横向电场和耐压;另一方面增加了 ENDIF 效果,提高了埋层电场,使得电场 E_I 从 Con. SOI SJ 结构的 56 V/μm 增加到 530 V/μm。相比 Con. SOI SJ 结构的 BV 为 104 V,TSL 结构的 BV 提高到 552 V,大大提高了埋层的 BV。

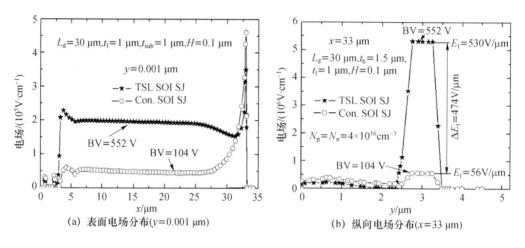

(a) 表面电场分布(y=0.001 μm) (b) 纵向电场分布(x=33 μm)

图 3-123 TSL SOI SJ 电场分布

图 3-124 是 TSL SOI SJ 下界面电子浓度分布。在薄硅层结深为 0.1 μm,漂移区为 30 μm 和 PN 条浓度为 4×10^{16} cm^{-3} 时,薄硅层最大可耗尽的浓度为 1.059×10^{18} cm^{-3},全耗尽高浓度电离施主在埋层下界面 10 nm 处的薄层感应了高浓度的电子,电子浓度饱和值为 1.80×10^{18} cm^{-3}。薄硅层的线性变掺杂在界面耗尽,得到的正电荷体现了强的 ENDIF 效应。在栅压为 5V,漂移区长度为 30 μm,BV 为 552 V 时,$R_{\mathrm{on,sp}} = 0.034\ 03\ \Omega \cdot$ cm^2,FOM $= 8.95$ MW/cm^2。

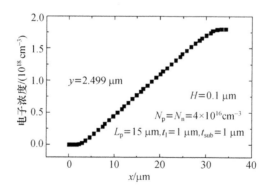

图 3-124 TSL SOI SJ 下界面电子浓度分布

表 3-9 为 TSL SOI SJ 结构与相关横向超结功率器件实验结果(包括 BV、$R_{\mathrm{on,sp}}$、FOM 的对比结果)。

表 3-9　TSL SOI SJ 与相关横向超结功率器件实验结果

器件名称	BV/V	$R_{on,sp}/(\Omega \cdot cm^2)$	FOM/(MW·cm^{-2})
SJ-LDMOS on Al$_2$O$_3$	520	0.820	0.329
SJ-LDMOS on Al$_2$O$_3$	170	0.087	0.332
Unbalanced(不平衡的) SJ-LDMOS	335	0.035 3	3.18
Buffered(缓冲层) SJ-LDMOS	87.5	0.003	2.88
Lateral(横向的) SJ-LDMOS	600	0.087	4.21
SJ-FINFET	68	0.000 18	25.6
PSOI SJ-LDMOS	72.3	0.001 01	5.2
CB SLOP-LDMOS	300	0.031	2.9
	500	0.103 6	2.41
DT SOI SJ *	—237	0.013 19	4.26
T-DBL SOI SJ *	302	0.008 65	10.54
TSL SOI SJ *	552	0.034 03	8.95

4. TSL SOI SJ 实验制备

本节将对 TSL SOI SJ 结构进行实验制备,由于在 SJ 上实现工艺相对复杂,所以本节实验制备薄硅层 SOI LDMOS 结构时,器件先制作在 1.5 μm 的顶层硅 t_S 和 3 μm 的埋氧层上,然后利用 LOCOS(硅局部氧化隔离法)氧化减薄得到 0.1~0.3 μm 的薄层漂移区。线性变掺杂的漂移区先通过设计注入窗口大小和间距,然后高温推结形成。通过提高顶层硅的临界击穿电场和耗尽界面电离施主正电荷浓度实现电荷型 ENDIF,得到高的埋层电场,实现高的 BV。

(1) 结构参数对器件特性的影响

TSL SOI SJ 结构纵向电场和等势线分布如图 3-125 所示,利用器件工艺,联合仿真实验,得到器件击穿时的等势线分布如图 3-125(a)所示,此时器件的 BV 为 656 V,没有场板时的 BV 为 1 050 V。图 3-125(b)所示的是在埋氧层厚度为 3 μm 的情况下,漏端埋层纵向电场随硅层厚度的变化。埋层电场随硅层厚度的减小而增加,一方面耗尽的线性变化的高浓度电离施主增加了埋层电场;另一方面硅层临界击穿电场的提高带来埋层电场的增加。这种薄层横向变掺杂技术使得横向电场充分优化,击穿发生的地方取决于纵向电场强度有多大,将薄层横向变掺杂技与场板结合可耗尽高浓度的漂移区。

图 3-126 所示的是 TSL SOI SJ 器件 BV 和比导通电阻与漂移区注入剂量、漂移区长度 L_d 的关系。该器件在最高 BV 时的比导通电阻为 0.137 $\Omega \cdot cm^2$,相比常规的 SOI 结构,比导通电阻较小。薄硅层线性变掺杂技术的优势体现为高耐压下有低的比导通电阻。漂移区剂量增加的过程中,BV 先增加后降低,过高的注入剂量导致器件的 BV 下降明显。仿真中的其他参数为:t_1 为 3 μm,LOCOS(硅局部氧化隔离)减薄后的 t_S 为 0.15 μm,漏端 buffer 层注入剂量为 8×10^{13} cm^{-2}。一个 L_d 对应一个注入剂量的最优值。

图 3-127 所示的是 BV、比导通电阻、注入剂量与顶层硅厚度 t_S 的关系。图 3-127 显示,BV 随 t_S 的增加而降低,最高值为 798 V,当 t_S 超过 0.5 μm 以后,BV 低于 600 V。比导通电阻的变化是随 t_S 的增加先降后升,这取决于漂移区注入剂量和 t_S 的大小。当硅层的厚度一定时,根据 RESURF 条件,能耗尽的最大浓度就固定了,BV 也就固定了。

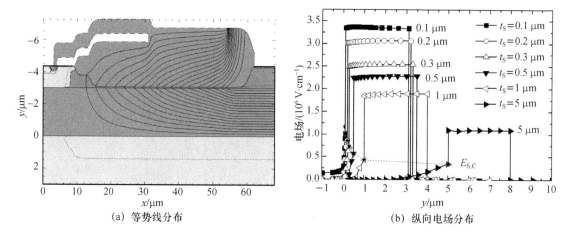

(a) 等势线分布

(b) 纵向电场分布

图 3-125　等势线、纵向电场分布

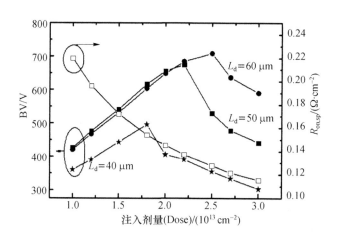

图 3-126　BV、比导通电阻与漂移区注入剂量、漂移区长度的关系

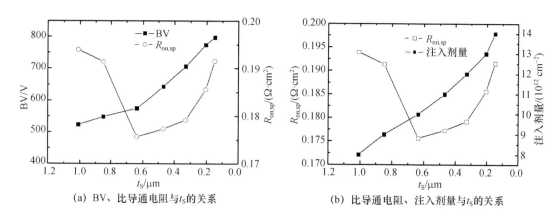

(a) BV、比导通电阻与 t_S 的关系

(b) 比导通电阻、注入剂量与 t_S 的关系

图 3-127　BV、比导通电阻、漂移区注入剂量与顶层硅厚度 t_S 的关系

图 3-128 是不同 t_S 下电流密度和杂质浓度的纵向分布,图中杂质浓度在 y 方向分布不均匀,界面浓度较低,所以电流密度分布也不均匀,越靠近埋层界面电流密度越小。图 3-128 也可以说明图 3-127 中比导通电阻先降后升的原因。由于是通过线性变掺杂注入的方式得到的漂移区,漂移区的浓度与 t_S 或者漂移区的注入剂量都不成比例。

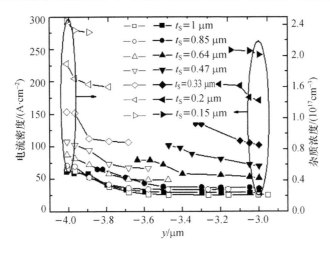

图 3-128　不同 t_S 下电流密度和杂质浓度纵向分布

表 3-10 是顶层硅厚度 t_S 与优化的注入剂量、平均杂质浓度的关系。表中的比例浓度是按 t_S 和注入剂量计算的结果,电荷通过耗尽的浓度来体现,其中平均杂质浓度的值是由仿真得到。从表 3-10 中可以得到,漂移区浓度不随 t_S 和注入剂量成比例变化,其低于理论值,且相对差量在增加。当误差量(指注入剂量的理论值与实际注入值之间的差量)低于注入剂量带来的增量时,比导通电阻降低;当误差量高于注入剂量带来的增量时,比导通电阻增加。仿真中器件没加场板,所有比导通电阻都在 $0.175\ \Omega \cdot cm^2$ 以上。

表 3-10　t_S 与优化的注入剂量、平均杂质浓度的关系

顶层硅厚度/ μm	注入剂量/ ($10^{13}\ cm^{-2}$)	注入剂量增量/ (%)	平均杂质浓度 ($10^{17}\ cm^{-3}$)	比例浓度/ ($10^{17}\ cm^{-3}$)	相对差量/(%)
1.00	0.8		0.27		
0.85	0.9	12.5	0.35	0.37	4.50
0.64	1.0	11.1	0.50	0.54	7.00
0.47	1.1	10.0	0.69	0.80	16.5
0.33	1.2	10.0	1.06	1.25	17.5
0.20	1.3	10.0	1.73	2.23	28.7
0.15	1.4	10.0	2.36	3.20	35.5

图 3-129 所示的是场板(FP)对 BV 和 $R_{on,sp}$ 的影响。没有场板时,BV 达到 798 V,比导通电阻为 $0.19\ \Omega \cdot cm^2$;有场板时,最高 BV 为 656 V,比导通电阻降为 $0.145\ \Omega \cdot cm^2$。场板为地电位,可以辅助耗尽漂移区,提高漂移区浓度,降低比导通电阻。

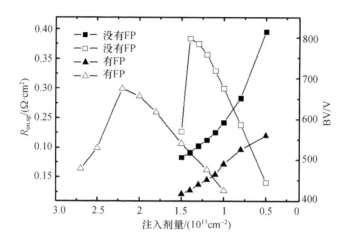

图 3-129　场板对 BV、$R_{on,sp}$ 的影响

图 3-130 所示的是 BV、$R_{on,sp}$ 与漏端 buffer 层剂量的关系。buffer 层剂量大于 6×10^{13} cm^{-2} 后，BV 变小，逐渐稳定；buffer 层剂量过小，BV 会急剧下降。buffer 层剂量对比导通电阻影响变化在 4% 以内。

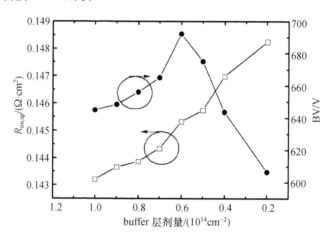

图 3-130　buffer 层剂量与 BV、$R_{on,sp}$ 的关系

（2）TSL SOI SJ nLDMOS 器件制备

① 工艺流程设计

TSL SOI SJ nLDMOS 器件设计的工艺流程如图 3-131 所示。

图 3-132 反映了推结时间和杂质浓度的关系。在漂移区注入剂量为 2×10^{13} cm^{-2} 时，高温推结前 10 个小时之内，平均杂质浓度不断增加，杂质分布不均匀；高温推结 10 个小时后，平均杂质浓度不再增加，分布变的均匀线性化。

② 版图设计

图 3-133 为 TSL SOI SJ nLDMOS 结构版图设计。此设计采用中国电子科技集团公司第五十八研究所的 1 μm 设计规则，共使用 13 张掩模板，采用源栅在跑道形中央，漏在外围的版图布局，如果将源栅和源的位置反过来，则需延长漂移区，否则器件会因为曲率效应提前击穿。

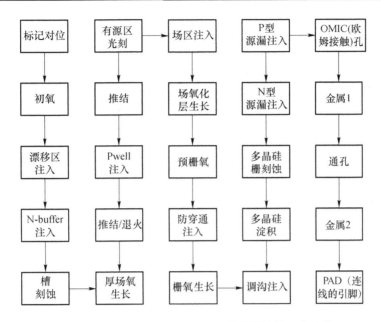

图 3-131　TSL SOI SJ nLDMOS 器件设计的工艺流程

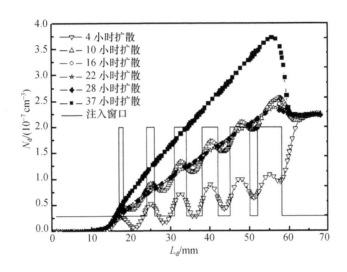

图 3-132　推结时间与杂质浓度的关系

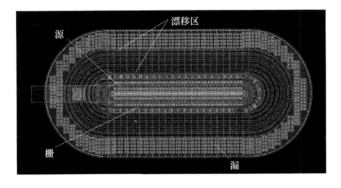

图 3-133　TSL SOI SJ nLDMOS 结构版图设计

（3）实验结果与分析

图 3-134 是 TSL SOI SJ nLDMOS 的剖面 SEM 照片。

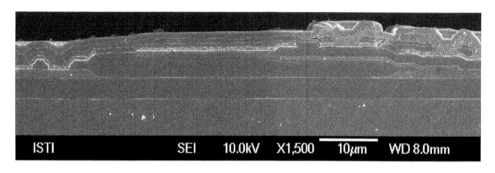

图 3-134　TSL SOI SJ nLDMOS 的剖面 SEM 照片

实验中对 TSL SOI SJ nLDMOS 的关键注入剂量进行拉偏,漂移区有三个不同剂量的拉偏,体区有两次剂量拉偏,实验结果如表 3-11 所示。实验测试器件的最高耐压为 694 V,开态耐压为 560 V。

表 3-11　流片中的拉偏条件和测试结果

编号	P-well/cm^{-2}		NHV/cm^{-2}			最高 BV/V	开态 BV/V
	3×10^{12}	5×10^{12}	1×10^{13}	1.5×10^{13}	2×10^{13}		
1	★			★		694	560
2		★		★		665	600
3	★		★			575	493
4	★				★	332	307

注:表中的"★"代表选定这个值。

图 3-135 是 1 号条件和 3 号条件下的击穿曲线。3 号条件比 1 号条件下的饱和电流低,此时 BV 为 560 V,测试结果显示,BV 达到设计要求。

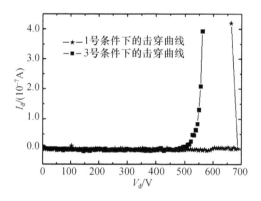

图 3-135　1、3 号条件的击穿曲线

参 考 文 献

[1] Sze S M, Kowk K N. Physics of semiconductor devices[M]. 3th ed. New York: A John Wiley and Sons. Inc. , 2007.

[2] 吴丽娟,胡盛东,张波,等. 薄硅层阶梯埋氧PSOI高压器件新结构[J]. 固体电子学研究与进展,2010,30(3):327-332.

[3] Luo Xiaorong, Li Zhaoji, Zhang Bo, et al. Realization of high voltage (>700V) in new SOI devices with a compound buried layer[J]. IEEE Electron Device Letters, 2008, 29(12): 1395-1397.

[4] Hu Shengdong, Luo Xiaorong, Zhang Bo, et al. Design of compound buried layer SOI high voltage device with double windows[J]. IEEE Electronics Letters, 2010, 46(1): 82-84.

[5] Wang Yuangang, Luo Xiaorong, Ge Rui, et al. Compound buried layer SOI high voltage device with step buried oxide[J]. Chinese Physics B, 2011(7): 399-404.

[6] Wu Lijuan, Hu, Zhang Bo, et al. Novel high-voltage power device based on self-adaptive interface charge[J]. Chinese Physics B, 2011, 20(2): 027101(1-8).

[7] Wu Lijuan, Hu Shengdong, Zhang Bo, et al. A novel complementary N+-charge island SOI high voltage device[J]. Journal of Semiconductors, 2010(11): 47-51.

[8] Wu Lijuan, Hu Shengdong, Zhang Bo, et al. A new SOI high voltage device based on E-SIMOX substrate[J]. Journal of Semiconductors, 2010(4): 46-51.

[9] Wu Lijuan, Hu Shengdong, Zhang Bo, et al. Complementary charge islands structure for a high voltage device of partial-SOI[J]. Journal of Semiconductors, 2011 (1): 36-40.

[10] Luo Xiaorong, Zhang Bo, Li Zhaoji, et al. A Novel 700-V SOI LDMOS with Double-Side Trench[J]. IEEE Electron Device Letters, 2007, 28(5): 422-424.

[11] Wang Wenlian, Zhang Bo, Li Zhaoji, et al. High-voltage SOI SJ-LDMOS with a nondepletion compensation layer[J]. IEEE Electron Device Letters, 2009, 30(1): 69-71.

[12] Colinge J P. The development of CMOS/SIMOX technology[J]. Microelectronic Engineering, 1995, 28(1): 423-430.

[13] Cheng Xinli, Lin Zhilang, Wang Yongjin, et al. A study of Si epitaxial layer growth on SOI wafer prepared by SIMOX[J]. Vacuum, 2004, 75(1): 25-32.

[14] Hu Shengdong, Wu Lijuan, Zhou Jianlin, et al. Improvement on the breakdown voltage forsilicon-on-insulator devices based on epitaxy-separation by implantation oxygen by a partial buried n+-layer[J]. Chinese Physics B, 2012(2): 445-449.

[15] Zhang Wentong, Wu Lijuan, Qiao Ming, et al. Novel high-voltage power lateral MOSFET with adaptive buried electrodes [J]. Chinese Physics B, 2012 (7): 444-449.

[16] Wu Lijuan, Hu Shengdong, Zhang Bo, et al. A 188V 7.2 Ω • mm² P-channel high voltage device formed on an epitaxy-SIMOX substrate[J]. Chinese Physics B, 2011 (8): 327-334.

[17] Parthasarathy V, Khemka V, Zhu R H, et al. A double RESURF LDMOS with drain profile engineering for improved ESD robustness[J]. IEEE Transactions on Electron Devices Letters, 2002, 23(4): 212-214.

[18] Disney D R, Paul A K, et al. A new 800V lateral MOSFET with dual conduction paths[C]//Proceeding of the International Symposium on Power Semiconductor Devices & ICs. Osaka: IEEE, 2001.

[19] 谢处方,饶克谨. 电磁场与电磁波[M].2 版. 北京:高等教育出版社,1987.

[20] 陈星弼,张庆中,陈勇. 微电子器件[M].3 版. 北京:电子工业出版社,2011.

[21] 王靖琳. SOI-LDMOS 器件的自热效应研究[D].南京:东南大学,2010.

[22] Amold E, Letavic T, Merchant S, et al. High-temperature preformance SOI and bulk-silicon RESURF LDMOS transistor[C]//Proceedings of the 8th International Symposium on Power Semiconductor Devices and ICs. Maui: IEEE, 1996.

[23] Cobbold R S C. Temperature effects of MOS transistor[J]. Electron Letter, 1966, 2(6), 190-191.

[24] Coe D J. High voltage semiconductor device: U S 4754310[P]. 1988-06-28.

[25] Chen X B. Semiconductor power devices with alternating conductivity type high voltage breakdown region: US 5216275 [P]. 1993-06-01.

[26] Tihanyi J. Power MOSFET: US 5438215[P]. 1995-08-01.

[27] Ng R, Udrea F, Sheng K, et al. Lateral unbalanced super junction (USJ)/3D-RE-SURF for high breakdown voltage on SOI[C]//Proceeding of the 13th International Symposium on Power Semiconductor Devices & Ics. Osaka: IEEE, 2001.

[28] Nassif-Khalil S G, Salama C A T. Super junction LDMOST in silicon-on-sapphire technology (SJ-LDMOST)[C]//Proceeding of the 14th International Symposium on Power Semiconductor Devices & Ics. Sante Fe: IEEE, 2002.

[29] Chen X B, Mawby P A, Board K, et al. Theory of a novel voltage-sustaining layer for power devices[J]. Microelectronics Journal, 1998, 29(12): 1005-1011.

[30] Fujihira T. Theory of semiconductor superjunction devices[J]. Journal of Applied Physics, 1997, 36(10): 6254-6262.

[31] Deboy G, Marz M, Stengl J P, et al. A new generation of high voltage MOSFETs breaks the limit line of silicon[C]//International Electron Devices Meeting 1998. Technical Digest. San Francisco: IEEE, 1998.

[32] Nassif-Khalil S G, Salama C A T. Super-junction LDMOST on a silicon-on-sapphire substrate[J]. IEEE Transactions Electron Devices, 2003, 50(5): 1385-1391.

[33] Nassif-Khalil S G, Salama C A T. 170V super junction-LDMOST in a 0. 5/spl mu/m commercial CMOS/SOS technology[C]//IEEE 15th International Symposium on Power Semicondutor Devices and ICs, 2003. Proceeding. Cambridge: IEEE, 2003.

[34] Chen Wanjun, Zhang Bo, Li Zhaoji. Optimization of super-junction SOI-LDMOS with a step doping surface-implanted layer[J]. Semiconductor Science and Technology, 2007, 22(5): 464-470.

[35] Chen Y, Buddharaju K D, Liang Y C, et al. Superjunction power LDMOS on partial SOI platform[C]//Proceeding of the 19th International Symposium on Power Semiconductor Devices and IC's Jeju Island: IEEE, 2007.

[36] Kanechika M, Kodama M, Uesugi T, et al. A concept of SOI RESURF lateral devices with striped trench electrodes[J]. IEEE Electron Devices, 2005, 52(6): 1205-1210.

[37] Wang Wenlin, SOI SJ-LDMOS with added fixed charges in buried oxide[C]//International Conference on Microwave and Millimeter Wave Technology. Chengdu: IEEE, 2010.

[38] Wang Wenlin, Zhang Bo, Chen Wanjun, et al. High voltage SOI SJ-LDMOS with dynamic buffer[J]. Electronics Letters, 2009, 45(9): 478-479.

[39] Wang Wenlin, Zhang Bo, Chen Wanjun, et al. High voltage SOI SJ-LDMOS with dynamic back-gate voltage[J]. Electronics Letters, 2009, 45(4): 233-234.

[40] Wang Wenlin, Zhang Bo, Li Zhaoji. High voltage SOI SJ-LDMOS on composite substrate[C]//2009 International Conference on Communications, Circuies and Systems. Milpitas: IEEE, 2009.

[41] 张盛东,韩汝琦,Tommy L,等. 漂移区为线性掺杂的高压薄膜 SOI 器件的研制[J]. 电子学报,2001,2(29):164-167.

[42] Overstraeten R V, Man H D. Measurement of the ionization rates in diffused silicon p-n junctions[J]. Solid-State Electronics, 1970, 13(5): 583-608.

[43] Grove A S. Physics and technology of semiconductor devices[M]. New York: John Wiley and Sons, Inc, 1900.

[44] Zhang S D, Sin J K O, Laim T M L. Numerical modeling of linear doping profiles for high-voltage thin-film SOI devices[J]. IEEE Transactions on Electron Devices, 1999, 46(5): 1036-1041.

[45] Merchant S, Arnold E, Baumgart H. Realization of high breakdown voltage (>700V) in thin SOI devices[C]//Proceeding of the 3rd International Symposium on Power Semiconductor Devices and ICs Baltimore: IEEE, 1991.

[46] Luo J, Cao G, Madathil S N E, et al. A high performance RF LDMOSFET in thin film SOI technology with step drift profile[J]. Solid-State Electronics, 2003, 47(11): 1937-1941.

[47] Tadikonda R, Hardikar S, Narayanan E M S. Realizing high breakdown voltages (>600 V) in partial SOI technology[J]. Solid-State Electronics, 2004, 48(9): 1655-1660.

第4章 VFP耐压层电荷场优化

传统高压功率 MOS 器件存在比导通电阻 $R_{on,sp}$ 与击穿电压 2.5 次方的"硅极限"关系（$R_{on,sp} \propto BV^{2.5}$）。随着器件击穿电压的提高,在高压应用时,器件的比导通电阻会急剧增加。SJ 结构的出现打破了"硅极限",使得器件比导通电阻与击穿电压之间的关系变为 $R_{on,sp} \propto BV^{1.32}$,1.32 次方的指数关系较传统 2.5 次方的指数关系极大地降低了器件的比导通电阻,从而拓展了功率 MOS 器件在更高电压领域的应用范围。对于高压器件,器件的比导通电阻 $R_{on,sp} =$ 导通电阻 $R_{on} \times$ 器件面积 A,因此器件面积的大小对器件的比导通电阻有着至关重要的影响。横向高压器件的导通电阻主要由接触电阻、源漏区电阻、沟道电阻、积累区电阻及漂移区电阻构成。较长的漂移区以及其较低的掺杂浓度,使得漂移区电阻在横向高压器件导通电阻中所占的比重较大。人们提出了多种结构改善横向高压器件的比导通电阻的技术,并已将 SJ 技术应用于横向高压器件中,但 SJ 结构的 PN 条横向放置,导致器件漂移区仍然较长且占据较大的面积,不利于比导通电阻的进一步降低。而随着槽栅技术的逐渐成熟,人们已将横向高压器件的沟道区及积累区由横向变为纵向,以缩小沟道区和积累区导致的器件面积的增加,但迄今为止仍没有将漂移区进行纵向化,结合 Trench 技术和 SJ 技术的优点将长的横向超结漂移区变为纵向,再做横向的表面体引出,即能将 $R_{on,sp}$ 与 BV 的关系折中到 1.32 至 2.5 次方之间,可使得器件比导通电阻大幅降低。因此,如何将占据器件比导通电阻较大比重的漂移区纵向化,对实现超低比导通电阻的横向高压器件具有较为重要的研究意义。

4.1　BDFP-DE LDMOS

4.1.1　引言

本节提出的新结构采用体耗尽场板（BDFP）和漏延伸（DE）的设计,针对 100 V 级横向功率器件短漂移区所致衬底耗尽较弱问题,进行了结构上的改进。一方面,漂移区内引入体耗尽场板,减小了器件尺寸,折叠了漂移区,缩小表面积,增加了漂移区掺杂浓度且优化了体内电场;另一方面,采用 DE 结构,提供低阻通道,降低比导通电阻,打破传统器件比导通电阻与击穿电压之间的"硅极限"关系。而且,新结构可采用单个或多个元胞集成,多个并联元胞可共用同一个终端,使漏极、栅极和源极都在器件表面,这样在易于集成的同时极大地减小版图面积,降低了芯片制作成本。

4.1.2　结构与机理

本节所提出的 BDFP-DE LDMOS 器件结构图如图 4-1 所示。该结构在漂移区中形成体耗尽场板,源电极位于栅电极与漏电极之间。图 4-1(a)是 BDFP-DE LDMOS 的结构示意图,T_{ox}表示介质埋氧化层的厚度,H_g表示栅极长度,L_{ox}表示第二介质层长度,W 表示器件的宽度,L_d 表示器件漂移区的长度。其中图 4-1(a)为器件结构示意图,图 4-1(b)及图 4-1(c)分别为器件关态和开态原理示意图。

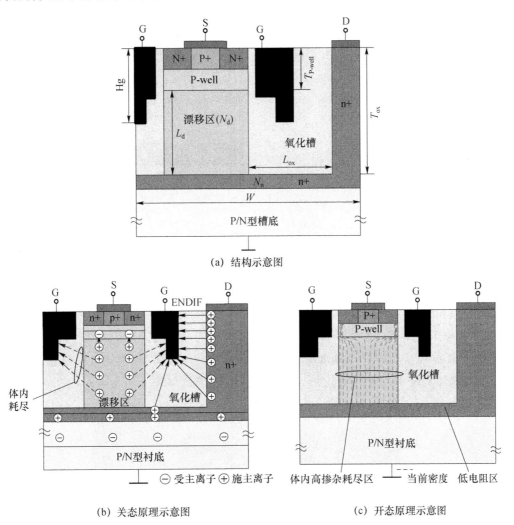

(a) 结构示意图

(b) 关态原理示意图　　　　　　(c) 开态原理示意图

图 4-1　BDFP-DE LDMOS 器件结构图

　　该器件结构的特点在于:①采用体耗尽场板,体场板提供耗尽电离受主和左右耗尽的电离施主,增加漂移区掺杂浓度且优化体内电场,电离受主和电离施主共同作用将有效调制整个有源区电场分布,使电场分布更趋于均匀〔如图 4-1(b)中体场板的箭头所指〕。②提出漏延伸结构作为低阻通道,这样可获得具有超低比导通电阻的 LDMOS。漏延伸结构使得器件在关态时,界面处极薄层硅内的高浓度 N$^+$ 硅将被耗尽,使得该处积累高浓度的不可动电离施主正电荷〔图 4-1(b)所示〕,从而有效提高器件纵向耐压。③器件开态时,载流子直接通过漏区 N$^+$ 和源区 N$^+$ 间的 N 型漂移区运动,较常规结构又进一步降低了载流子在低掺杂区即高阻区的漂移距离,可进一步降低器件在开态时候的导通电阻。

BDFP-DE LDMOS 器件横向电场图如图 4-2 所示。新型场板可实现独立于常规衬底耗尽的新型漂移区体内耗尽机制,增加漂移区掺杂浓度且优化体内电场。漏延伸结构为低阻通道,可获得超低比导通电阻的 LDMOS 新器件。

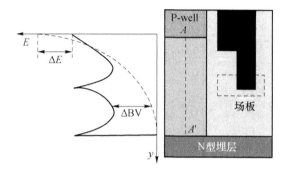

图 4-2 BDFP-DE LDMOS 器件横向电场图

4.1.3   结果与讨论

BDFP-DE LDMOS 击穿时的电势分布如图 4-3 所示。由器件仿真图可以看出,新结构的电势分布较均匀,N 型漂移区中的电势线呈现类似超结结构的电势线分布。新结构优化了器件体内场分布,提高了器件单位长度的纵向耐压,从而缩短了导电路径,进一步降低器件的比导通电阻。新型体耗尽场板 100 V 级超低比导通电阻漏延伸 LDMOS 由常规器件的较长横向硅层耐压变为器件源漏两端纵向硅层 BV,实现了 2.5 μm 左右 100 V 级的耐压极限,而常规器件实现 100 V 需要至少 5.5 μm 以上的漂移区长度。

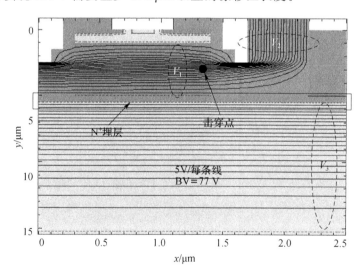

图 4-3 BDFP-DE LDMOS 击穿时的电势分布

BDFP-DE LDMOS 的结构参数对 BV 和比导通电阻的影响如图 4-4 所示。在图 4-4(a)

中，BV 和比导通电阻随 T_{ox} 和 L_d 的增加而增加，当 $T_{ox} > 5\ \mu m$ 时 BV 达到最大。但是当 N_d 增加过大的时候，BV 会降低，而 $R_{on,sp}$ 会增加，原因是浓度过高导致漂移区无法耗尽。在图 4-4(b)中，BV 和 $R_{on,sp}$ 随 L_{ox} 和 H_g 的变化而变化。当 L_{ox} 增加的时候可以得到一个最优的 BV，与此同时，有更长的电流路径使 $R_{on,sp}$ 增加。但当 H_g 增加的时候，$R_{on,sp}$ 会降低，BV 先增加后降低，当 $H_g = 2.5\ \mu m$ 时，可以得到最大的 BV。因此，通过对 BV 和 $R_{on,sp}$ 的折中取值，可以得到折中的 L_{ox} 和 H_g 的值，使得 BV 增大，$R_{on,sp}$ 减小。

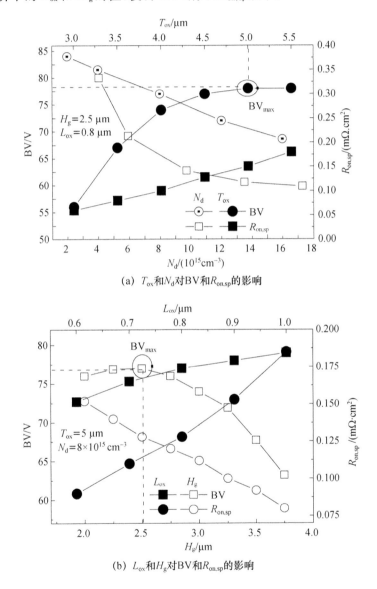

(a) T_{ox} 和 N_d 对 BV 和 $R_{on,sp}$ 的影响

(b) L_{ox} 和 H_g 对 BV 和 $R_{on,sp}$ 的影响

图 4-4　BDFP-DE LDMOS 的结构参数对 BV 和 $R_{on,sp}$ 的影响

　　几种功率器件的 BV、比导通电阻与本节中的体耗尽场板 100 V 级超低比导通电阻漏延伸 LDMOS 的比较如图 4-5 所示。所提出的新型器件具有更优越的功率优值，它打破了"硅极限"，有非常优越的性能，可用于高低功率集成电路中。

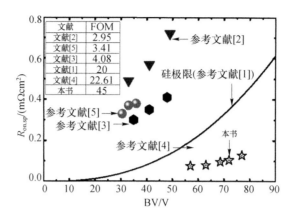

图 4-5　几种功率器件的耐压、比导与硅极限的比较

4.1.4　模型分析

如图 4-6 所示,使用图中坐标系对 BDFP-DE 结构器件进行耐压模型建立。漂移区掺杂浓度为分区掺杂 I、II,漂移区宽度为 W_1 和 W_2,掺杂浓度为 N_{d1}、N_{d2}。P-well 下界面和 N^+ 上界面的电势分别为 V_{QS} 和 V_{DS},体耗尽场板的电势为 V_F,左右体场板距离漂移区分别为 W_{ox1}、W_{ox2}。硅层电势满足如下方程:

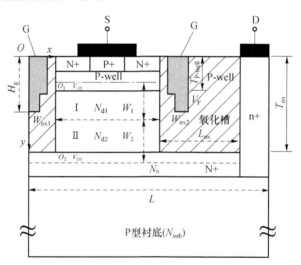

图 4-6　BDFP-DE LDMOS 耐压模型原理图

$$\frac{\partial^2 \phi_i(x,y)}{\partial x^2} + \frac{\partial^2 \phi_i(x,y)}{\partial y^2} = -\frac{qN_i}{\varepsilon_S} \quad i = 1,2 \tag{4-1}$$

$$\left.\frac{\partial \phi_1(x,y)}{\partial x}\right|_{x=0} = 0 \tag{4-2}$$

$$\left.\frac{\partial \phi_2(x,y)}{\partial x}\right|_{x=w_1} = -\frac{\varepsilon_1\left[\phi_2(W_1,y) - V_F\right]}{\varepsilon_S l_1} \tag{4-3}$$

$$\left.\frac{\partial \phi_1(x,y)}{\partial x}\right|_{x=w_1} = \left.\frac{\partial \phi_2(x,y)}{\partial x}\right|_{x=w_1} \tag{4-4}$$

$$\phi_1(W_1,y) = \phi_2(W_1,y) \tag{4-5}$$

$$\phi_1(0,0)=V_{QS}, \phi_1(L,0)=V_{QD} \tag{4-6}$$

其中，$N_1=N_{d1}$，$N_2=N_{d2}$ 是方程(4-2)横向电场的初始值，方程(4-3)是 Si/SiO_2 界面的方程。方程(4-4)和方程(4-5)是区域 1 和 2 的电场和电势的连续性方程。方程(4-6)是源漏电势方程，根据泰勒级数沿 x 方向展开如下：

$$\phi_1(x,y)\cong\phi_1(0,y)+\frac{\partial\phi_1(x,y)}{\partial x}\bigg|_{x=0}\cdot x+\frac{\partial^2\phi_1(x,y)}{\partial x^2}\bigg|_{x=0}\cdot\frac{x^2}{2} \tag{4-7}$$

$$\phi_2(x,y)\cong\phi_2(W_1,y)+\frac{\partial\phi_2(x,y)}{\partial x}\bigg|_{x=t_p-t_S}\cdot(x-W_1)+\frac{\partial^2\phi_2(x,y)}{\partial x^2}\bigg|_{x=W_1}\cdot\frac{(x-W_1)^2}{2} \tag{4-8}$$

结合边界条件方程(4-2)、方程(4-3)、方程(4-4)、方程(4-5)求解方程(4-7)、方程(4-8)、方程(4-1)，运用格林函数求解如下：

$$\frac{\partial^2\phi_1(0,y)}{\partial x^2}+\frac{\phi_1(0,y)}{t^2}=-\frac{qN_e}{\varepsilon_S}-\frac{V_F}{t^2} \tag{4-9}$$

方程(4-9)中 $N_e=N_{d1}+\lambda N_{d2}$，其中 λ 是结因子，方程(4-9)中的 t 是特征厚度。

$$t=(W_1+W_2)\sqrt{\frac{1}{2}+\frac{\varepsilon_S}{\varepsilon_1}\frac{W_{ox2}}{W_1+W_2}} \tag{4-10a}$$

$$\lambda_S=\frac{\dfrac{W_2^2}{2}+\dfrac{\varepsilon_S}{\varepsilon_1}W_{ox2}W_2}{t^2} \tag{4-10b}$$

从方程(4-10)可知，当 t_S 从 0 增加到 t_p 时，λ_S 从 0 到 1。

联立边界条件(4-6)和条件(4-10)，得到 $x=0$ 的电场和电势分布为：

$$\phi_1(0,y)=\left(V_{QD}-\frac{qN_et^2}{\varepsilon_S}-V_F\right)\frac{\sinh(y/t)}{\sinh(L/t)}-\left(\frac{qN_et^2}{\varepsilon_S}+V_F-V_{QS}\right)$$
$$\frac{\sinh[(L-y)/t]}{\sinh(L/t)}+\frac{qN_et^2}{\varepsilon_S}+V_F \tag{4-11}$$

$$E_1(0,y)=\left(V_{QD}-\frac{qN_et^2}{\varepsilon_S}+V_F\right)\frac{\cosh(y/t)}{t\sinh(L/t)}+\left(\frac{qN_et^2}{\varepsilon_S}+V_F-V_{QS}\right)\frac{\cosh[(L-y)/t]}{t\sinh(L/t)} \tag{4-12}$$

在 O_1 和 O_2 点满足 $E_1(0,0)=E_1(0,L)$ 时的 RESURF 条件如下：

$$N_et\leqslant k\frac{\varepsilon_S}{q}E_C\tanh(L/2t) \tag{4-13}$$

其中，E_C 是器件 y 方向的临界电场，k 是体场板因子。

4.1.5　工艺分析

BDFP-DE LDMOS 的主要工艺步骤为：

(1) 选取掺杂浓度为 1×10^{15} cm^{-3} 的体硅材料，其硅层厚度为 10.5 μm；

(2) 注入形成 N^+ 埋层；

(3) 外延生长一个 5 μm 的外延层；

(4) 涂胶，曝光，显影，为体场板做准备；

(5) 刻蚀 Si 形成双槽，去胶；

(6) 热氧化生长栅氧(为了保证栅氧的质量，先生长的氧化层要去掉，然后再重新生长栅氧)；

（7）涂胶,反刻机械平坦化；

（8）涂胶,曝光,显影；

（9）刻蚀氧形成体场板槽；

（10）涂胶,曝光,显影；

（11）刻蚀氧形成场板槽；

（12）淀积多晶硅形成体场板；

（13）涂胶,曝光,显影；

（14）刻蚀掉多余的多晶硅,剩下的就是栅极的区域,然后去胶。

（15）注入 N$^+$,形成右边的侧面延伸漏。在此之后,进行离子注入,形成 P-well 区、p-body 区、N$^+$ 源区。

BDFP-DE LDMOS 部分工艺步骤如图 4-7 所示,其他工艺流程与常规 CMOS 工艺兼容。

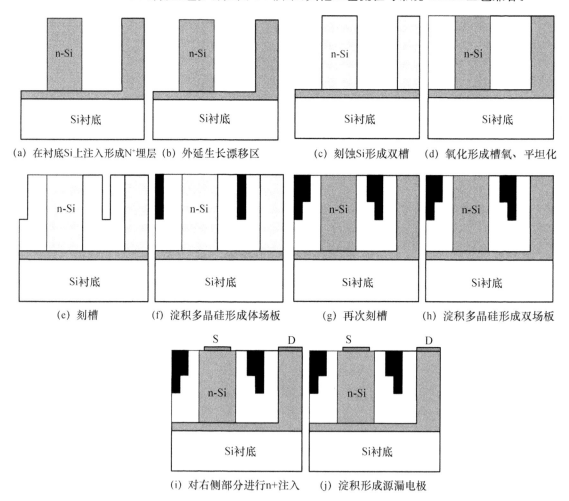

(a) 在衬底Si上注入形成N$^+$埋层　(b) 外延生长漂移区　(c) 刻蚀Si形成双槽　(d) 氧化形成槽氧、平坦化

(e) 刻槽　(f) 淀积多晶硅形成体场板　(g) 再次刻槽　(h) 淀积多晶硅形成双场板

(i) 对右侧部分进行n+注入　(j) 淀积形成源漏电极

图 4-7　BDFP-DE LDMOS 部分工艺流程

该结构的关键技术在于 BDFP-DE LDMOS 漂移区体耗尽场板势场分布的建模以及相关结构参数与器件电学性能的定量化分析。在工艺流片中,由于涉及一种新型的半导体功率器件,有诸多工艺分析,如槽型场氧、体场板的制备、高温过程对 N$^+$ 界面漏端的影响等问

题,需要在实际流片中加以关注。

4.1.6　结论

本节提出了 BDFP-DE LDMOS 结构。该结构能将漂移区向下折叠弯曲,降低器件的比导通电阻,增加器件的横向耐压,缩短器件的横向尺寸,降低器件的制造成本。同时,采用体耗尽场板,增加漂移区掺杂浓度且优化体内电场;提出将漏延伸结构作为低阻通道,获得了超低比导通电阻。

4.2　VFP SOI LDMOS

4.2.1　引言

本节基于"横向高压器件纵向化"的概念,在横向高压器件漂移区中的介质槽中引入纵向场板(Vertical Field Plate,VFP)及纵向准 SJ 结构,使得横向高压器件耐压由源漏两端纵向硅层共同承担,而非传统结构中由较长的漂移区来承担器件耐压,这可实现耐压方式的结构改变,从而实现体电场分布的最优化。纵向场板辅助耗尽漂移区优化了体电场的分布;介质槽的引入极大缩短了横向漂移区的长度;纵向 SJ 结构不仅增强了介质槽电场,也极大地降低了器件的比导通电阻。新器件结构使得器件的比导通电阻极大降低,突破了传统高压器件中存在的比导通电阻和击穿电压的"硅极限"关系。

4.2.2　结构与机理

本节所提出的基于"横向高压器件纵向化"概念的 VFP SOI LDMOS 高压器件的结构如图 4-8 所示。在漂移区进行槽刻蚀,槽内制作纵向场板,靠近漏端一侧进行 N 型注入,形成 N 条。栅电极位于源电极与漏电极之间,图 4-8 中给出了一个包括纵向场板、N 条和介质槽的元胞结构单元。t_S 和 t_{ox} 分别表示 SOI 层和埋氧层的厚度,t_T 表示介质槽深度。L_1、L_2 和 L_3 分别表示纵向场板距离介质槽左边的距离、纵向场板距离介质槽底部的距离和纵向场板距离介质槽右边的距离。

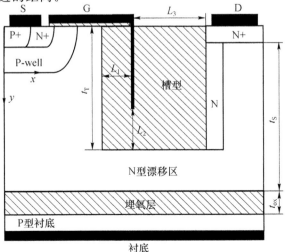

图 4-8　VFP SOI LDMOS 高压器件的结构

VFP SOI LDMOS 纵向耐压原理如图 4-9 所示,纵向场板制作于漂移区体内,纵向场板能完全辅助耗尽漂移区。高浓度掺杂 N 条在漂移区体内引入一个新的电场尖峰,能够使漏端下方的体电场得到增强。当器件漏端接高电位,源端和衬底接低电位时,埋氧层上界面电势被源极下方纵向准超结构钳位。埋氧层上界面积累大量空穴,下界面积累大量电子,使得埋氧层电场增强,其厚度可以比普通 SOI 横向高压器件更薄,从而减弱 SOI 器件的自热效应。结合槽、场板以及超结技术(N 条),源漏端的距离减小了,同时最优化的漂移区掺杂浓度提高了。新结构的比导通电阻大大减小。因此,在 VFP SOI LDMOS 结构中实现了高的击穿电压和低的比导通电阻。

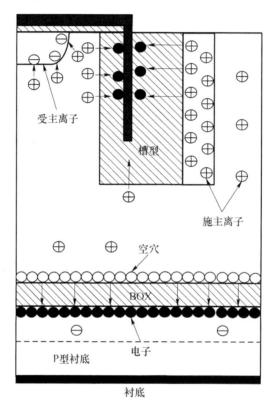

图 4-9　VFP SOI LDMOS 纵向耐压原理

4.2.3　结果与讨论

图 4-10 是 VFP SOI LDMOS 结构与 Con. SOI LDMOS 结构的等势线分布。VFP SOI LDMOS 结构的等势线和漏端纵向 SJ 的等势线相似,两者的作用均是增强介质槽的电场。介质槽和四周的硅层承受了相同的电压,介质槽的体电场得到提高。VFP SOI LDMOS 结构的电流路径缩短,漂移区长度减小。常规 SOI LDMOS 结构体内的等势线分布非常稀疏。

图 4-11(a)是 VFP SOI LDMOS 和 Con. SOI LDMOS 表面($y=0.01\ \mu m$)和体内($y=5\ \mu m$)电场分布。仿真结果显示,VFP SOI LDMOS 结构的表面电场从常规结构的 5×10^5 V/μm 增加到 9×10^5 V/μm。新结构增加的表面电场大约是 4×10^5 V/μm。高浓度掺杂 N 条能够减小表面电场,防止器件提前击穿,同时,在 C 点和 D 点引入新的电场尖峰,可减小漂移

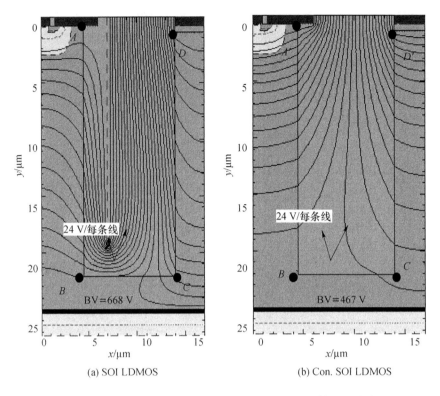

(a) SOI LDMOS　　　　　(b) Con. SOI LDMOS

图 4-10　VFP SOI LDMOS 和 Con. SOI LDMOS 等势线分布

区长度,降低比导通电阻。图 4-11(b)是 VFP SOI LDMOS 沿着 $ABCD$ 点和 Con. SOI LD-MOS 沿着 $A'B'C'D'$ 点的界面电场分布。VFP SOI LDMOS 结构的纵向场板通过薄的场氧能够完全辅助耗尽漂移区。仿真时,该结构在 B 点和 C 点处引入两个新的电场尖峰,漏端下方具有三个漂移区掺杂区域。VFP SOI LDMOS 结构从 Con. SOI LDMOS 结构的 467 V增加到 668 V。

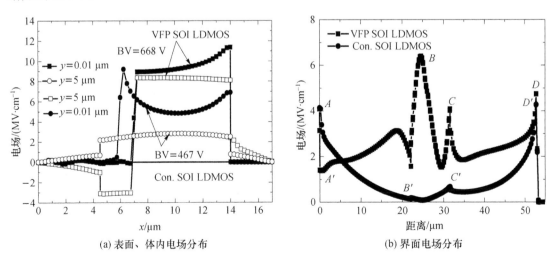

(a) 表面、体内电场分布　　　　　(b) 界面电场分布

图 4-11　VFP SOI LDMOS 和 Con. SOI LDMOS 的表面、体内和界面电场分布

VFP SOI LDMOS 结构的 BV 和比导通电阻随漂移区掺杂浓度 N_d 的函数关系如图 4-12(a)所示。VFP SOI LDMOS 结构的 BV 随着 N_d 的增加先增加后减小。VFP SOI LDMOS 结构在漂移区浓度为 $3×10^{15}$ cm^{-3}，N 条浓度为 $1.6×10^{16}$ cm^{-3} 时，获得 668 V 的最大 BV，此时比导通电阻仅只有 44.7 mΩ·cm^2。图 4-12(b)是 VFP SOI LDMOS 和几种功率器件的 BV、比导通电阻以及 FOM 的比较，本节提出的新结构打破了"硅极限"，实现了 BV 与比导通电阻良好的折中。

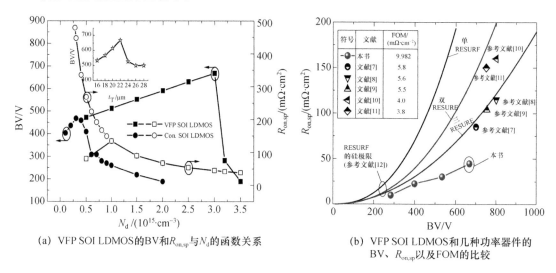

(a) VFP SOI LDMOS的BV和$R_{on,sp}$与N_d的函数关系　　(b) VFP SOI LDMOS和几种功率器件的BV、$R_{on,sp}$以及FOM的比较

图 4-12　几种结构在 BV 和比导通电阻之间的比较

4.2.4　结论

本节提出了 VFP SOI LDMOS 结构。该结构重掺杂的 N 柱和 VFP 耗尽器件的整个区域，显著提高了掺杂浓度并优化了体电场。这种新颖的 VFP SOI LDMOS 器件显示出 BV(＝668 V)和 $R_{on,sp}$(＝44.7 mΩ·cm^2)的卓越性能。

参 考 文 献

[1] Fujihira T，Miyasaka Y. Simulated superior performances of semiconductor super-junction devices[C]//International Symposium on Power Semiconductor Devices and ICS. Kyoto：IEEE，1998.

[2] Tsai C Y，Efland T，Pendharkar S，et al. 16—60V rated LDMOS show advanced performance in a 0.72 /spl mu/m evolution BiCMOS power technology[C]//IEEE International Electron Devices Meeting. Washington：IEEE，1997.

[3] Uesugi T，Kodama M，Kawaji S，et al. New 3-D lateral power MOSFETs with ultra low on-resistance[C]//The 10th International Symposium on Power Semiconductor Devices and ICs. Kyoto：IEEE，1998.

[4] Hu Shengdong，Zhang Ling，Chen Wensuo，et al. A 50—60V class ultralow specific on-resistance trench power MOSFET [J]. Chinese Physics Letters，2012，29

(12): 128502.

[5] Duan Baoxing, Zhang Bo, Li Zhaoji. A new SOI-LDMOS with folded silicon for very low on-resistance[J]. Chinese Journal of Semiconductors, 2006, 27(10): 1814-1817.

[6] Wang Zhigang, Zhang Bo, Fu Qiang, et al. An l-shaped trench SOI-LDMOS with vertical and lateral dielectric field enhancement[J]. IEEE Electron Device Letters, 2012, 33(5): 703-705.

[7] Kim S, Kim J, Prosack H. Novel lateral 700 V DMOS for integration: Ultra-low 85 mΩ·cm² on-resistance, 750V LFCC[C]//International Symposium on Power Semiconductor Devices and ICS. Bruges: IEEE, 2012.

[8] Mao Kun, Qiao Ming, Jiang Lingli, et al. A 0.35μm 700V BCD technology with self-isolated and non-isolated ultra-low specific on-resistance DB-nLDMOS[C]//International Symposium on Power Semiconductor Devices & IC's. Kanazawa: IEEE, 2013.

[9] Teranishi H, Kitamura A, Watanabe Y, et al. A high density, low on-resistance 700V class trench offset drain LDMOSFET (TOD-LDMOS)[C]//IEEE International Electron Devices Meeting. Washington: IEEE, 2003.

[10] Disney D R, Paul A K, Darwish M, et al. A new 800V lateral MOSFET with dual conduction paths[C]//Proceedings of the 13th International Symposium on Power Semiconductor Devices & ICs. Osaka: IEEE, 2001.

[11] Lee S H, Jeon C K, Moon J W, et al. 700V lateral DMOS with new source finger-tip design[C]//2008 20th International: Power Semiconductor Devices and IC's. Orlando: IEEE, 2008.

[12] Iqbal M H, Udrea F, Napoli E. On the static performance of the RESURF LD-MOSFETS for power ICs[C]//2009 21st International Symposium on Power Semiconductor Devices & IC's. Barcelona: IEEE, 2009.

第 5 章　HK 耐压层极化电荷场优化

高 K 介质是指相对介电常数大于 SiO_2(介电常数 $K=3.9$)的绝缘介电材料,且高 K 介质的临界击穿电场大于 $30\ V/\mu m$。为了解决耐压层中电荷平衡问题,提高器件的耐压等,在功率 MOS 器件中利用高 K 介质,这样可以增加漂移区的浓度,关态下介质极化电荷与漂移区电离电荷保持自平衡,不引入额外高电场峰值且优化器件场分布,在一定程度上可以替代超结结构或结合超结结构使用,从而有效地优化器件结构。变 K 技术的本质是通过改变材料的介电系数来改善器件的性能,随材料介电系数的改变其性能变化总结为以下两条:①材料的辅助耗尽能力与其介电系数成正比;②材料的耐压能力与其介电系数成反比。也就是说,材料的 K 值越高,其辅助耗尽能力越强,耐压能力则越弱。通过对体硅和 SOI 器件结构的研究,可发现高 K 介质对器件电场分布、漂移区浓度的增加等方面具有明显的优势。

5.1　体硅高 K

5.1.1　HKLR LDMOS

1. 简介

本节提出了一种具有低比导通电阻的新型高 K 高压体硅 LDMOS 结构(HKLR LDMOS)。该结构的特点是在体硅内引入高 K 介质和高浓度掺杂 N^+ 层,以降低漂移区的表面电场。高 K 介质槽能够通过辅助耗尽漂移区提高漂移区掺杂浓度 N_d,重构电场分布。高 K 介质槽下界面的高浓度掺杂 N^+ 层作为低阻通道可以降低比导通电阻 $R_{on,sp}$。

2. 结构与机理

HKLR LDMOS 器件的结构与机理如图 5-1 所示。K 为高 K 介质的介电常数,N_d 和 N_{n+} 分别是漂移区和界面高浓度掺杂 N^+ 层的浓度,L_d 是漂移区长度,t_k、t_g、t_n、t_s 和 t_{sub} 分别是高 K 介质槽、槽栅、界面高浓度掺杂 N^+ 层、顶层硅以及衬底厚度。

如图 5-1(a)所示,该结构是在单 RESURF 漂移区体内制作高 K 介质和界面高浓度掺杂 N^+ 层的。高 K 介质、高浓度掺杂 N^+ 层和体硅衬底形成 HKLR LDMOS 结构的耐压层。高 K 介质辅助耗尽 N^+ 层和漂移区,高浓度掺杂 N^+ 层提供了低阻通道,以降低比导通电阻。HKLR LDMOS 结构可以重构电场分布,增强了 RESURF 效应。HKLR LDMOS 结构的电场分布由于高 K 介质槽的存在得到了优化,增强的 RESURF 效应同时实现了高的击穿电压和低的比导通电阻。图 5-1(b)是 HKLR LDMOS 结构的工作机理,该高 K 介质和低比导通电阻结构使电力线转向水平。界面高浓度掺杂 N^+ 层缩短了电离积分路径,将额外的电场转向漂移区内部,从而增加了体电场。在关断状态,HKLR LDMOS 结构可以维持高的耐压,在导通状态,HKLR LDMOS 结构的硅层可以得到低比导通电阻。HKLR LD-MOS 的结构参数如表 5-1 所示。

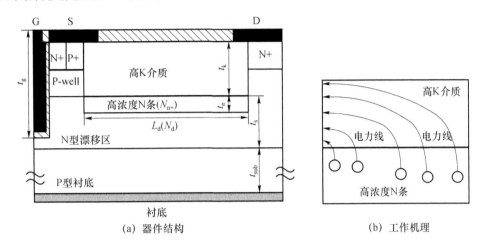

(a) 器件结构   (b) 工作机理

图 5-1 HKLR LDMOS 器件的结构与机理

表 5-1 HKLR LDMOS 的结构参数

结构参数	值
漂移区长度 $L_d/\mu m$	$10\sim120$
高 K 介质厚度 $t_k/\mu m$	$2\sim5$
界面高浓度掺杂 N^+ 层厚度 $t_n/\mu m$	0.5
顶层硅厚度 $t_S/\mu m$	$1\sim10$
衬底厚度 $t_{sub}/\mu m$	80
漂移区浓度 N_d/cm^{-3}	待优化
衬底浓度 N_{sub}/cm^{-3}	$1\times10^{14}\sim8\times10^{14}$
界面高浓度掺杂 N^+ 层浓度 N_{n+}/cm^{-3}	$1\times10^{16}\sim5\times10^{16}$
介电系数 K	$10\sim1\,400$

3. 结果与讨论

图 5-2 给出的是在击穿时,HKLR LDMOS 结构和 Con. LDMOS 结构的等势线分布。Con. LDMOS 结构是具有纵向槽栅器件尺寸为 40 μm 的单 RESURF 结构。HKLR LDMOS 结构的等势线密集,如图 5-2(a)所示,而 Con. LDMOS 结构体内具有非常稀疏的等势线分布,如图 5-2(b)所示。HKLR LDMOS 结构的 BV 从 Con. LDMOS 结构的 447 V 增加到了 534 V。高 K 介质槽辅助耗尽界面高浓度掺杂 N^+ 层和 N 型漂移区,从而减小了比导通电阻。高 K 介质槽调制了体电场,增强了纵向电场,从而提高了击穿电压。在高浓度掺杂 N^+ 层和 N 型漂移区中,高浓度掺杂的 N^+ 层形成了低阻电流通道,在导通时降低了比导通电阻,低浓度的 N 型漂移区在关断时改善了击穿电压。高 K 介质槽和低阻通道实现了高击穿电压和低比导通电阻。相比于常规单 RESURF LDMOS 结构,HKLR LDMOS 结构具有优良的性能。

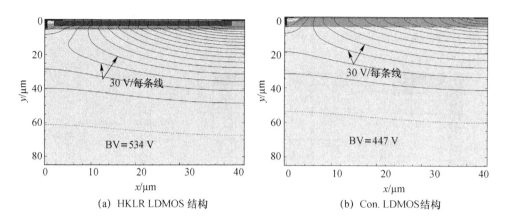

(a) HKLR LDMOS 结构　　　　　　(b) Con. LDMOS结构

图 5-2　击穿时,HKLR LDMOS 和 Con. LDMOS 结构的等势线分布

　　图 5-3 给出的分别是 HKLR LDMOS 结构、HK LDMOS 结构(没有高浓度掺杂 N^+ 层)以及 Con. LDMOS 结构的功率优值 FOM 与漂移区浓度 N_d 的函数关系。可以看出,随着漂移区浓度 N_d 的增加,HKLR LDMOS 结构的功率优值 FOM 先增加,然后达到饱和。HKLR LDMOS 结构在高浓度掺杂 N^+ 层浓度 N_{n+} 为 $1×10^{16}$ cm^{-3},漂移区浓度 N_d 为 $4.5×10^{15}$ cm^{-3} 时,可实现最大功率优值为 4.039 MW·cm^{-2},此时比导通电阻为 70.6 mΩ·cm^2。HK LDMOS 结构的功率优值随漂移区浓度 N_d 的增加先增加,之后漂移区不能被完全耗尽。HK LDMOS 结构在漂移区浓度 N_d 为 $6.5×10^{15}$ cm^{-3} 时,最大功率优值为 3.191 MW·cm^{-2},此时的比导通电阻为 90.7 mΩ·cm^2。当 Con. LDMOS 结构的浓度 N_d 超过 $1.6×10^{15}$ cm^{-3} 时,漂移区不能被完全耗尽。Con. LDMOS 结构的功率优值被较窄的漂移区浓度变化范围所限制。Con. LDMOS 结构的漂移区浓度为 $1.3×10^{15}$ cm^{-3} 时,最大功率优值是 1.319 MW·cm^{-2},此时的比导通电阻是 151.4 mΩ·cm^2。因此,HKLR LDMOS 结构的工艺容差特性比 Con. LDMOS 结构的工艺容差特性更优越。

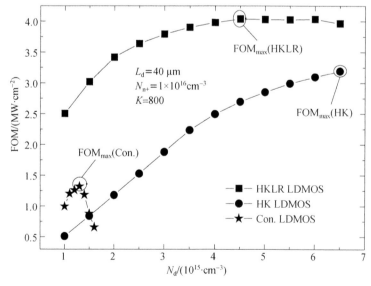

图 5-3　HKLR LDMOS 结构、HK LDMOS 结构和 Con. LDMOS 结构的
功率优值与漂移区浓度 N_d 的函数关系

图 5-4 是 HKLR LDMOS 结构和 Con. LDMOS 结构的表面电场、纵向电场以及电势分布。图 5-4(a)给出的是这两个结构沿表面($y=0.01\ \mu m$)的水平电场分布。通过图 5-4(a)可以看出,HKLR LDMOS 调制了漂移区电场分布,漂移区中间部分表面电场得到提升,从而使得 HKLR LDMOS 结构具有均匀的横向电场。一般来说,对于 Con. LDMOS 结构在关断状态时的漏极下方电场是相对较低的,因此能够通过控制 K 值使 HKLR LDMOS 结构的源漏端电场峰值被控制在低于临界电场的范围内,从而避免了器件提前击穿。而且高 K 介质槽的辅助耗尽作用会导致漂移区具有更高的掺杂浓度,在最大击穿电压下 HKLR LDMOS 结构的漂移区最优化浓度 N_d 比 Con. LDMOS 结构的大。仿真结果显示,HKLR LDMOS 结构漂移区中间的表面电场约从常规 LDMOS 结构的 0.75×10^5 V/cm 增加到 1.75×10^5 V/cm。HKLR LDMOS 结构增加的横向电场大约是 1×10^5 V/cm。图 5-4(b)给出的是击穿情况下的漏端下方电场和电势分布。从图 5-4(b)中可看出,HKLR LDMOS 结构的纵向电场约从常规结构的 2×10^5 V/cm 增加到了 3×10^5 V/cm。HKLR LDMOS 结构具有 534 V 的 BV,比常规结构的 447 V 更高。

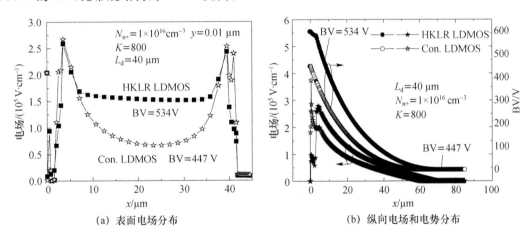

(a) 表面电场分布　　　　　　　(b) 纵向电场和电势分布

图 5-4　HKLR LDMOS 结构和 Con. LDMOS 结构的表面电场、纵向电场和电势分布

HKLR LDMOS 结构和 Con. LDMOS 结构的 BV 和比导通电阻随漂移区浓度 N_d 的关系如图 5-5(a)所示。随着漂移区浓度 N_d 的增加,HKLR LDMOS 结构的 BV 开始缓慢减小,然后当 N_d 超过 $6.5\times1\,015$ cm^{-3} 时,漂移区不能被完全耗尽。在 $N_{n+}=1\times10^{16}$ cm^{-3},$N_d=4.5\times10^{15}$ cm^{-3} 时,获得 534 V 的 BV,比导通电阻为 70.6 mΩ·cm^2。HKLR LDMOS 结构的比导通电阻随着 N_d 的增加先快速减小,然后当 N_d 超过 $6.5\times1\,016$ cm^{-3} 时,漂移区不能被完全耗尽。然而,Con. LDMOS 结构的 N_d 超过 1.6×10^{15} cm^{-3} 时便不能完全耗尽,因此,常规单 RESURF LDMOS 结构的耐压和比导通电阻都被限制在狭窄的 N_d 变化范围之内。常规结构的 BV 为 447 V,比导通电阻为 151.4 mΩ·cm^2。HKLR LDMOS 结构和 Con. LDMOS 结构最大的功率优值分别是 4.039 MW·cm^{-2} 和 1.319 MW·cm^{-2}。图 5-5(b)给出的是 BV 和比导通电阻随漂移区长度 L_d 的的变化。随着漂移区长度增加,HKLR LDMOS 结构的 BV 和比导通电阻增加,同时常规 LDMOS 结构的 BV 和比导通电阻也会随着漂移区长度增加而增加。然而,HKLR LDMOS 结构的 BV 随漂移区长度增加的速率比 Con. LDMOS 结构更快,比导通电阻随漂移区长度增加的速率比 Con. LDMOS 结构更慢。所以 HKLR LDMOS

的工艺容差特性要比常规单 RESURF 器件更加优越。

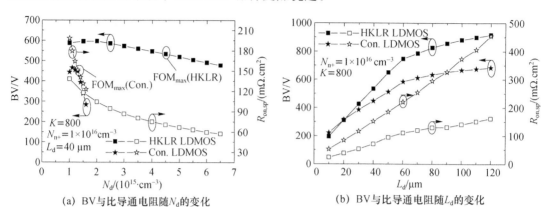

(a) BV 与比导通电阻随 N_d 的变化   (b) BV 与比导通电阻随 L_d 的变化

图 5-5   BV 和比导通电阻与 N_d 和 L_d 的关系

图 5-6 给出的是 HKLR LDMOS 结构的 BV 和比导通电阻与介电系数 K 和 N^+ 层浓度 N_{n+} 的函数关系。图 5-6(a)显示了 K 值对 BV 和比导通电阻的影响。随着 K 值增加,几乎所有的高浓度掺杂 N^+ 层都能被高 K 介质槽耗尽,所以 HKLR LDMOS 结构具有最优化电场。结果显示,HKLR LDMOS 在 K 值超过 200 时获得恒定的 BV,这表示大于 200 的 K 值是器件的最优区域。图 5-6(b)显示,随着高浓度掺杂 N^+ 层浓度 N_{n+} 的增加,HKLR LD-MOS 结构的 BV 和比导通电阻都减小,当 N^+ 层浓度超过 5×10^{16} cm^{-3} 时漂移区不能完全耗尽,N^+ 层浓度具有从 1×10^{16} cm^{-3} 到 5×10^{16} cm^{-3} 较大的浓度变化范围。HKLR LD-MOS 结构在各种结构参数和浓度下都表现出极好的工艺容差特性。

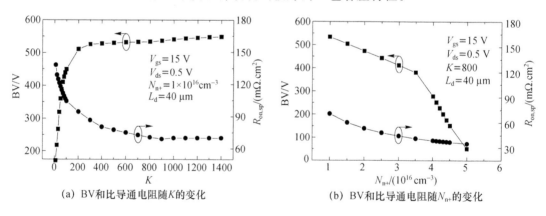

(a) BV 和比导通电阻随 K 的变化   (b) BV 和比导通电阻随 N_{n+} 的变化

图 5-6   HKLR LDMOS 结构的 BV 和比导通电阻与 K 以及 N_{n+} 的函数关系

HKLR LDMOS 结构的 BV 与顶层硅厚度 t_S 和高 K 介质槽厚度 t_k 的关系如图 5-7(a)所示。当高 K 介质槽厚度 t_k 增加时,随着顶层硅厚度 t_S 的增加,HKLR LDMOS 结构的耐压开始迅速减小,然后缓慢增加。所以高 K 介质槽适用于宽而浅的器件结构,同时器件中的槽栅结构对比导通电阻有很大影响。图 5-7(b)显示的是 BV 和比导通电阻与槽栅结构的深度 t_g 的关系。槽栅和 N 型漂移区形成一个 MIS 电容结构。随着槽栅结构深度的增加,器件的 BV 减小,原因是在关断状态下漂移区内的电场容易在槽栅的氧化层尖角处集中。同时在导通状态下,由于 MIS 电容结构的存在,电子会在槽栅氧化层和漂移区之间积累,这会提高漂移区浓度,从而提供低阻通道,实现低的比导通电阻。综合考虑 BV、比导通电阻和功率优值三个因素,槽栅结构的深度 t_g 应选择在 5 μm。

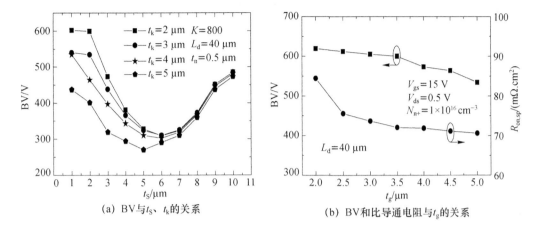

(a) BV与t_S、t_k的关系　　　　　(b) BV和比导通电阻与t_g的关系

图 5-7　HKLR 结构的 BV 关于 t_S、t_k、t_g 的变化

将高 K 介质槽引入漂移区中的 HKLR LDMOS 结构能够提高漂移区掺杂浓度 N_d,降低比导通电阻。通过 TCAD 工具仿真数据显示,相比于常规的单 RESURF LDMOS 结构,提出的新结构能够使 BV 增加 19.5%,比导通电阻降低 53.4%,功率优值增加 3 倍。

4. 结论

本节提出了 HKLR LDMOS 结构器件,该器件存在高 K 介质槽、薄高浓度掺杂 N 条和槽栅结构。基于极化电荷自适应平衡机制,器件关态时,被高 K 介质槽束缚的极化电荷与漂移区内的电离电荷达到电荷自适应平衡,优化电场分布,提高体电场,辅助耗尽漂移区,提高漂移区浓度。器件开态时,高浓度掺杂 N 条提供了电流的低阻通道,降低了器件的比导通电阻。槽栅结构与漂移区形成的电容结构能够辅助耗尽漂移区且提供电流低阻通道。通过 Medici 软件仿真,HKLR LDMOS 结构获得了 534 V 的 BV,$R_{on,sp}$ 为 70.6 m$\Omega \cdot$ cm^2,FOM 为 4.039 MW $\cdot$ cm^{-2}。相比于元胞尺寸相等的常规结构,HKLR LDMOS 的 BV 提高了 19.5%,比导通电阻降低了 53.4%。

5.1.2 VFP HK LDMOS

1. 简介

本节提出了一种具有低比导通电阻的纵向场板高 K LDMOS 器件(VFP HK LDMOS),在 Con. LDMOS 器件中引入高 K 槽,并在高 K 槽下界面和内部引入高浓度 N 条和栅极纵向场板。与传统结构进行仿真对比可发现,VFP HK LDMOS 结构在漂移区长度为 40 μm 的条件下,器件的 BV 为 629.1 V,在栅极电位为 15 V 的条件下,器件的比导通电阻是 38.4 m$\Omega \cdot$ cm^2,此时器件的功率优值是 10.31 MW $\cdot$ cm^{-2}。

2. 结构与机理

VFP HK LDMOS 器件通过在常规 LDMOS 器件结构内引入高 K 介质槽来提高器件漂移区的掺杂浓度,从而降低了器件的比导通电阻;高浓度掺杂的 N$^+$ 层提供电子的低阻通道,进一步降低了器件的比导通电阻;引入平行栅为器件提供了另外一条电流沟道以及在高

K 槽内引入纵向的栅极场板,在开态时可以在靠近场板的位置形成电子积累层,再次降低器件的比导通电阻。

如图 5-8(a)所示,其中 t_p、t_k、t_n、t_S、t_{sub} 分别指的是栅极场板长度、高 K 槽的深度、高浓度 N 条的深度、高 K 槽底部到衬底顶部的距离以及衬底的深度,L_p、L_d 分别指的是纵向场板与高 K 槽左侧的距离及高浓度 N 条的长度。图 5-8(b)为关态时的耐压原理图。高 K 介质为器件提供极化电荷,辅助耗尽漂移区并使得器件漂移区和极化电荷之间保持电荷平衡,从而得到均匀的表面电场,而纵向场板可调制体内电场,避免发生提前击穿。

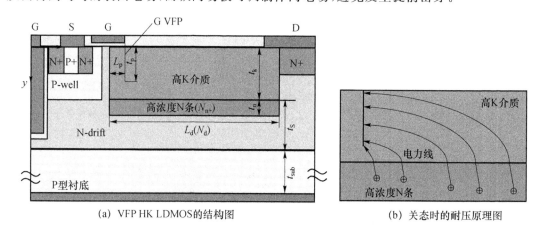

(a) VFP HK LDMOS的结构图 (b) 关态时的耐压原理图

图 5-8 VFP HK LDMOS 的结构图与耐压原理图

图 5-9 为 VFP HK LDMOS 器件的开态原理图。图 5-9(a)是器件的电流路径图,电流线的分布多从高 K 槽下界面的 N⁺ 条通过,槽栅结构引入了部分电流通路。双沟道结构使得电流线分为两个部分,增大了导通电流浓度,降低了器件的比导通电阻。如图 5-9(b)所示,在开态时纵向场板使高 K 槽周围产生了电子的积累层,从而进一步降低器件的比导通电阻。

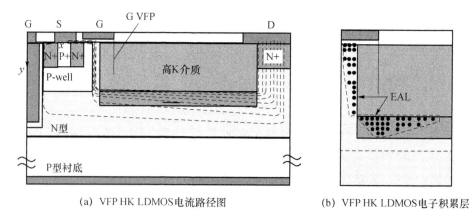

(a) VFP HK LDMOS电流路径图 (b) VFP HK LDMOS电子积累层

图 5-9 VFP HK LDMOS 器件的开态原理图

3. 结果与讨论

图 5-10 为 Con. LDMOS 器件与 VFP HK LDMOS 击穿状态下的等势线分布图。如图 5-10(b)所示,Con. LDMOS 器件等势线在漂移区中间分布比较稀疏而在两端则相对集

中。VFP HK LDMOS 结构的等势线分布如图 5-10(a)所示,其等势线分布均匀且密集,则会有相对较高且均匀的表面电场。VFP HK LDMOS 的 BV 从 Con.结构的 388.8 V 增加到 622.9 V。高 K 介质为器件提供极化电荷辅助耗尽漂移区,并使得器件漂移区和极化电荷之间保持电荷平衡,从而得到均匀的表面电场。纵向场板可调制体内电场,避免器件发生提前击穿,从而有效地增加了器件的击穿电压,实现了高耐压。

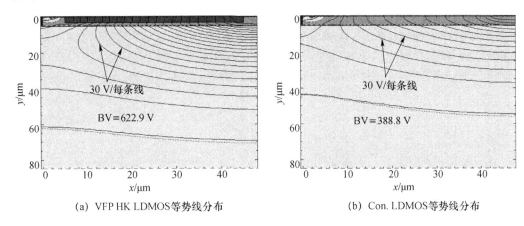

(a) VFP HK LDMOS等势线分布　　　　　(b) Con. LDMOS等势线分布

图 5-10　等势线分布图(VFP HK LDMOS、Con. LDMOS)

图 5-11 展示的是 VFP HK LDMOS 与 Con. LDMOS 的表面电场、纵向电场与纵向电势的分布图。图 5-11(a)给出了两种结构沿表面的水平电场分布($y=0.01$ mm)。从图 5-11(a)中可以看出,VFP HK LDMOS 拥有较高的且均匀的表面电场。Con. 结构的表面电场线与横轴围成的面积大小明显低于 VFP HK LDMOS 结构所围成的表面电场的面积。VFP HK LDMOS 可以通过控制 K 值以及纵向场板的长度来避免源极到漏极之间的电场峰值出现过早击穿的现象。此外,高 K 介质的辅助耗尽效应导致漂移区的杂质掺杂更高,而 VFP HK LDMOS 的最优掺杂浓度 N_d 大于常规 LDMOS 的。Con. LDMOS 和 VFP HK LD-MOS 的纵向电场与电势的分布图如图 5-11(b)所示,在最优条件下($L_d=40$ mm, $N_{n+}=1\times10^{16}$ cm^{-3}, $K=800$),VFP HK LDMOS 有更高的电场峰值、更大的衬底耗尽距离,在纵向的电势分布中,VFP HK LDMOS 的 BV 比常规结构增加了 61.8%。

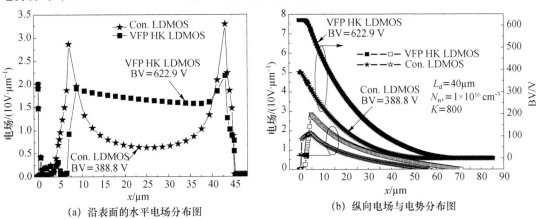

(a) 沿表面的水平电场分布图　　　　　(b) 纵向电场与电势分布图

图 5-11　Con. LDMOS 与 VFP HK LDMOS 表面电场、纵向电场与纵向电势分布图

图 5-12(a)为 Con. LDMOS、HKLR LDMOS、DT HK LDMOS、VFP HK LDMOS 的仿真对比图。由于 HKLR LDMOS 具有强辅助耗尽效应的高 K 介质，以及高掺杂的 N 条共同提供了低阻通道，使得开态时漏极电流大幅度地增加，即 ΔI_1 产生。ΔI_2 的产生相当于在 HKLR LDMOS 结构中引入平行栅，为电流提供了另一条通路，降低了比导通电阻，增加了漏极电流。ΔI_3 的产生是因为栅极纵向场板的引入，在开态时纵向场板使高 K 槽周围产生了电子的积累层，从而进一步降低了器件的比导通电阻。图 5-12(b)为在最优状态下四种器件结构所对应的漂移区浓度、比导通电阻、功率优值对比图。从图中可以看出，在最优状态时随着平行栅和栅极纵向场板的引入，漏极的开态电流在不断增加，而 VFP HK LDMOS 结构则有着最大的漂移区浓度、最小的比导通电阻与最大的功率优值。

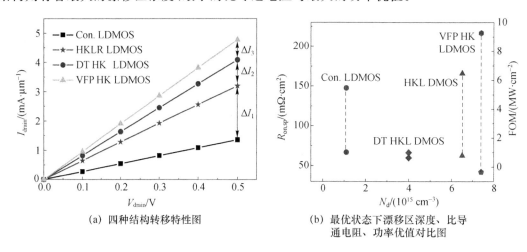

(a) 四种结构转移特性图

(b) 最优状态下漂移区深度、比导通电阻、功率优值对比图

图 5-12 四种器件结构的仿真对比图

图 5-13 为高器件结构 K 槽下界面与左侧电子浓度分布图。从图 5-13 中可以看出，高 K 介质的 K 值与场板的引入是电子积累的主要因素。K 值越大，VFP HK LDMOS 高 K 槽下界面与左侧的电子浓度也就越大。DT HK LDMOS 的电子浓度分布和 VFP HK LDMOS 之间的差别是有无纵向场板，体现了栅极纵向场板具有超强的电子积累作用。

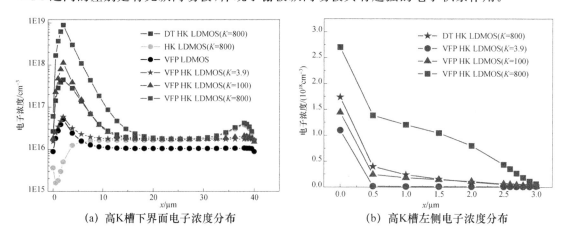

(a) 高K槽下界面电子浓度分布

(b) 高K槽左侧电子浓度分布

图 5-13 高 K 槽下界面与左侧电子浓度分布图

图 5-14 为 VFP HK LDMOS 的纵向场板长度对于电子浓度分布的影响。图 5-14 分别给出了场板的长度 t_p 对高 K 槽下界面及左界面电子浓度分布的影响，纵向场板越长，电子浓度越大。VFP HK LDMOS 器件在关态时由于高 K 槽使电力线发生水平的转向，电力线最终都指向栅极、纵向场板以及部分平行栅。当栅极场板较短时，指向平行栅的电力线数目较多，器件源极一侧的电场尖峰较高，器件的 BV 也较高，但此时器件的比导通电阻也略有提高。随着场板长度 t_p 的增加，耐压会逐渐增大，当电荷达到平衡时，表面电场会分布均匀。若此时继续增加场板长度，指向平行栅的电力线数目较少，器件源极一侧的电场尖峰较低，则 BV 也会较低，所以，随着栅极场板长度的增加，BV 会呈现一个先升高后降低的过程。

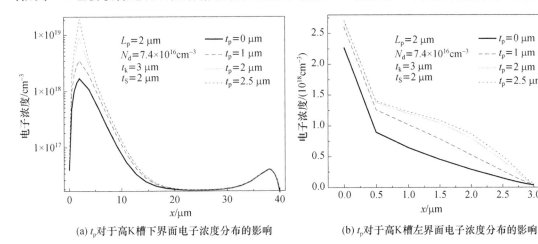

(a) t_p 对于高 K 槽下界面电子浓度分布的影响　　(b) t_p 对于高 K 槽左界面电子浓度分布的影响

图 5-14　纵向场板长度对于电子浓度分布的影响

图 5-15 为栅极纵向场板到高 K 槽左侧的距离 L_p 对于电子浓度分布的影响。纵向场板使高 K 槽下界面和左侧面产生电子积累层，由两者电子浓度的叠加来提供低阻通道。从图 5-15(a) 可以看出，最大浓度峰值随着纵向场板到高 K 槽左侧的距离 L_p 的增加而向右侧移动，此时高浓度电子分布所围成的面积也越大。在图 5-15(b) 中，当 L_p 增加时，场板距离高 K 槽左侧越来越远，电子积累情况越差，电子浓度持续降低。

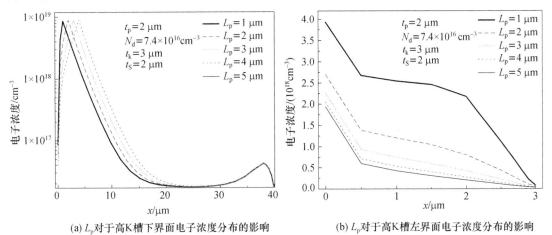

(a) L_p 对于高 K 槽下界面电子浓度分布的影响　　(b) L_p 对于高 K 槽左界面电子浓度分布的影响

图 5-15　L_p 对电子浓度分布的影响

图 5-16 为漂移区浓度与 K 值对于器件的 BV 和比导通电阻的影响。图 5-16(a)中 VFP HK LDMOS 结构随着漂移区浓度 N_d 的增加，其 BV 先持续增加，然后缓慢减小，在漂移区浓度为 7.4×10^{15} cm^{-3} 时取得最优值。而 Con. LDMOS 结构当浓度 N_d 大于 1.1×10^{15} cm^{-3} 时，漂移区不能完全耗尽。图 5-16(b)显示了 K 值对于 VFP HK LDMOS 的 BV 和比导通电阻的影响。随着 K 值的增加，器件的耐压先增加，当 K 值达到 800 后达到饱和，而由于随着 K 值的增大，电子积累的效果变好，器件的比导通电阻一直降低。

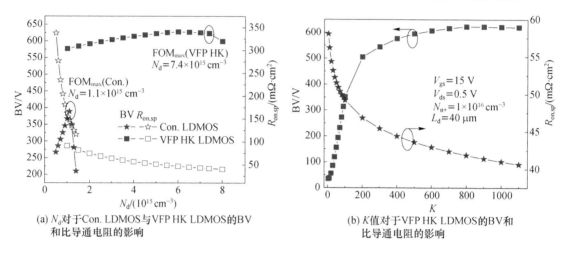

(a) N_d 对于 Con. LDMOS 与 VFP HK LDMOS 的 BV 和比导通电阻的影响

(b) K 值对于 VFP HK LDMOS 的 BV 和比导通电阻的影响

图 5-16　漂移区浓度与 K 值对于器件的 BV 和比导通电阻的影响

图 5-17 则是纵向场板的长度 t_p 和距离高 K 槽左侧的距离 L_p 对于 VFP HK LDMOS 的 BV 和比导通电阻的影响。从图 5-17 中可以得出，当纵向场板长度增加时器件的 BV 先增加后减小，而器件的比导通电阻则一直降低，这是由于纵向场板的长度越长，电子积累层的浓度越大，比导通电阻越低。当纵向场板距离高 K 槽左侧越远时，器件的 BV 先增加后减小，而比导通电阻则一直是减小，这表明随着场板距离高 K 槽左侧 L_p 越远，电子积累浓度越低，则下界面电子积累的增加量要远大于高 K 槽左侧电子积累的减少量。

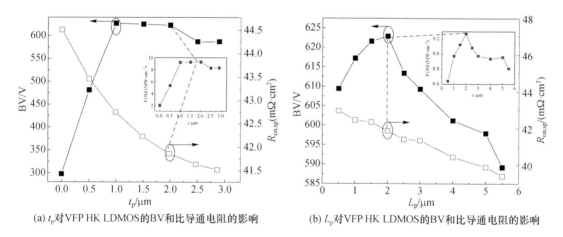

(a) t_p 对 VFP HK LDMOS 的 BV 和比导通电阻的影响

(b) L_p 对 VFP HK LDMOS 的 BV 和比导通电阻的影响

图 5-17　t_p 和 L_p 对于 VFP HK LDMOS 的 BV 和比导通电阻的影响

表 5-2 展示的是 VFP HK LDMOS、HKLR LDMOS、DT HK LDMOS 以及 Con.

LDMOS器件结构电学特性的对比。从表 5-2 中可以看出,VFP HK LDMOS 器件结构在 $K=800$,$N_d=7.5\times15\ \mathrm{cm}^{-3}$ 时取得最大的功率优值 $\mathrm{FOM}(=\mathrm{BV}^2/R_{\mathrm{on,sp}})=10.31\ \mathrm{MW}\cdot\mathrm{cm}^{-2}$,这实现了 BV 与比导通电阻之间良好的折中。

表 5-2　器件结构的 BV、$R_{\mathrm{on,sp}}$、FOM

器件结构	N_d/cm^{-3}	BV/V	$R_{\mathrm{on,sp}}/(\mathrm{m}\Omega\cdot\mathrm{cm}^2)$ $V_{gs}=15\ \mathrm{V}$	$\mathrm{FOM}/(\mathrm{MW}\cdot\mathrm{cm}^{-2})$
VFP HK LDMOS($K=800$)	7.5×10^{15}	629.1	38.4	10.31
HKLR LDMOS($K=800$)	3.5×10^{15}	649	82.8	5.09
DT HK LDMOS($L_p=2K=800$)	2×10^{15}	162.4	86.4	0.31
Con. LDMOS	1.1×10^{15}	388.9	147.5	1.02

图 5-18 为 VFP LDMOS、VFP HK LDMOS、HK LR LDMOS、PT HK LDMOS、Con. LDMOS 几种不同结构之间的"硅极限"对比。VFP HK LDMOS 结构打破了硅极限,获得了更好的 BV 和比导通电阻之间的折中。

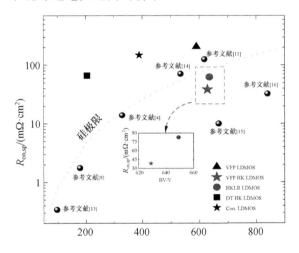

图 5-18　不同结构之间的"硅极限"对比

4. 结论

本节提出一种 VFP HK LDMOS 器件结构,该结构较好地实现了 BV 和比导通电阻的折中。该结构在高 K 槽下界面引入高浓度 N 条,在内部引入栅极纵向场板,开态时在靠近场板的位置形成电子积累层,降低了器件的比导通电阻。引入平行栅可为器件提供了另外一条电流通路,进而再次降低器件的比导通电阻。关态时由于高 K 槽使电力线发生水平的转向,电力线最终都指向栅极纵向场板以及部分平行栅,这极大地增加了器件的击穿电压。仿真结果显示,VFP HK LDMOS 器件的 BV 为 629.1 V,比导通电阻为 38.4 m$\Omega\cdot\mathrm{cm}^2$,功率优值为 10.31 MW·cm^{-2}。较 Con. LDMOS 器件,VFP HK LDMOS 的 BV 和功率优值分别增加了 61.8% 和 910%。较 HKLR LDMOS 器件,VFP HK LDMOS 器件的比导通电阻降低了 53.6%,功率优值增加了 102.6%。

5.2 SOI 高 K

5.2.1 HKHN SOI LDMOS

1. 简介

在 5.1 节基础之上,考虑到自平衡极化电荷对临近硅层具有更强的电场屏蔽作用,本节提出将高 K 介质新材料和界面高掺杂半导体视为低阻高 K 复合导电层,以降低功率半导体器件的比导通电阻。关态时高 K 介质自平衡极化电荷与界面高掺杂半导体保持电荷平衡,对外电性不显著,可优化器件电场,开态时高掺杂半导体可实现低阻通路,因此提出的 HKHN SOI LDMOS 结构可分别实现 N 型与 P 型复合低阻耐压层。

2. 结构与机理

HKHN SOI LDMOS 结构如图 5-19 所示,其中,K 是高 K 介质的介电系数;N_d 和 N^+ 分别是漂移区和界面高浓度 N 条浓度;L_d 是漂移区长度,t_S 和 t_{ox} 是硅层和埋氧层厚度。如图 5-19 所示,在体硅漂移区和高 K 平行的界面制作 N^+ 高浓度层,构成了低阻高 K 复合导电层新结构。高 K 完全耗尽界面高浓度 N 条,获得了高的优化漂移区浓度。优化的 N^+ 高浓度层提供的低阻通道,能降低 $R_{on,sp}$。而且,优化的漂移区浓度也能有效降低比导通电阻。同时,高 K 介质能增强体电场,提高 BV。

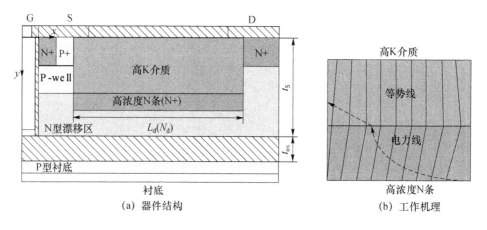

(a) 器件结构　　　　(b) 工作机理

图 5-19　HKHN SOI 结构与工作机理

3. 结果与讨论

如图 5-20(a)所示,HKHN SOI 结构关态下介质极化电荷与高浓度 N 条和漂移区保持自适应电荷,不引入额外高电场峰值且优化器件场分布。图 5-20(a)中 HKHN SOI LD-MOS 因为极化电荷、电离电荷总量多,等势线很密集,而 Con. LDMOS 结构无极化电荷,在体内有比较分散的等势线分布。HKHN SOI LDMOS 的 BV 从 Con. LDMOS 结构的 453 V 增长到 552 V。图 5-20(a)中表示了 HKHN LDMOS 与 Con. LDMOS 的表面电场分布($y=0.01~\mu m$)。仿真结果显示,HKHN SOI LDMOS 因为极化电荷和电离电荷平衡,优化了场分布,所以表面电场从 Con. LDMOS 结构的 3.5×10^5 V/cm 提升到 4.5×10^5 V/cm,HKHN SOI LDMOS 结构额外的横向电场大致为 1×10^5 V/cm。图 5-20(b)是 HKHN SOI

LDMOS 结构和 Con. LDMOS 结构在漏下的纵向电场和电势分布。本书提出了新的功率半导体电荷平衡机制,极化电荷和电离电荷满足自平衡条件,随着高 K 介质的 K 值的增加也极大地提高了漂移区浓度,界面高浓度的施主离子提高了埋氧层的电场。HKHN SOI LDMOS 的埋氧层的纵向电场从 Con. LDMOS 的 8.48×10^5 V/cm 提升到新结构的 12.14×10^5 V/cm。

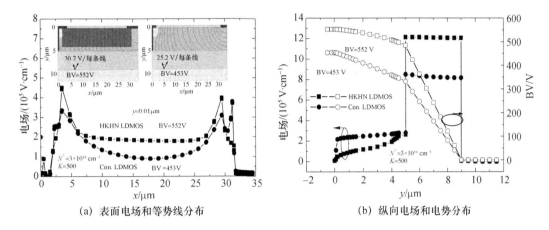

(a) 表面电场和等势线分布　　　　(b) 纵向电场和电势分布

图 5-20　HKHN SOI LDMOS 结构和 Con. SOI LDMOS 结构的表面、纵向电场和等势线分布

图 5-21 讨论的是 BV 和 $R_{on,sp}$ 与漂移区浓度 N_d 的变化关系。HKHN SOI LDMOS 的 BV 随漂移区浓度先增加,然后趋于饱和。在极化电荷和漂移区施主电离电荷自平衡的情况下,电场最优,BV 达到最大,其值为 552 V。同时,漂移区优化浓度在自平衡情况下最大,比导通电阻最低,仅仅只有 29.46 mΩ·cm²,此时的 N_d 是 4×10^{15} cm⁻³ 且 N⁺ 条浓度是 3×10^{16} cm⁻³。HKHN SOI LDMOS 的 $R_{on,sp}$ 随 N_d 的增加先快速降低,然后饱和。当 Con. SOI LDMOS 的漂移区掺杂浓度 N_d 超过 4×10^{15} cm⁻³ 后漂移区无法耗尽。因此,Con. SOI LDMOS 的 BV 和 $R_{on,sp}$ 由于没有极化电荷的存在,被漂移区浓度 N_d 限制在一个很小的范围。Con. SOI LDMOS 最大的 BV 为 453 V,$R_{on,sp}$ 为 44.49 mΩ·cm²。HKHN SOI LDMOS 结构的工艺容差远远优于 Con. LDMOS 结构。

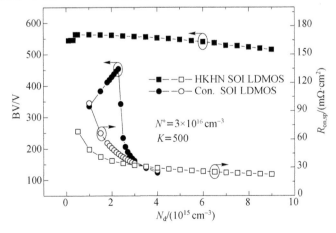

图 5-21　HKHN SOI LDMOS 结构与 Con. SOI LDMOS 结构的
比导通电阻和 BV 随漂移区浓度的变化关系

图 5-22(a)描述了 HKHN SOI LDMOS 的 BV 和 $R_{\mathrm{on,sp}}$ 与 K 的关系。图 5-22(a)中 BV
随 K 的增加而增加。K 增加,极化电荷增加,电离电荷增加,体内场得到优化。$R_{\mathrm{on,sp}}$ 随 K
的增加而减小,K 值从 3.9 变化到 500,超过 500 后,极化电荷和电离电荷平衡且饱和,$R_{\mathrm{on,sp}}$
饱和。图 5-22(b)显示,BV 和 $R_{\mathrm{on,sp}}$ 随 N^+ 值增加而降低,N^+ 值的范围是 1×10^{16} cm^{-3} 到
5.5×10^{16} cm^{-3},当其值超过 5.5×10^{16} cm^{-3} 后 N^+ 不能耗尽。由于 HKHN SOI LDMOS 有
高 K 介质的存在,其高 K 介质可以完全耗尽 N 条和漂移区,所以优化的 N 条浓度可以达到
10^{16} cm^{-3} 数量级,HKHN SOI LDMOS 结构的高 K 介质大大优化场分布,N 条有效地降低
比导通电阻。图 5-22(b)中的插图是 BV 随 L_{d} 的变化关系,BV 随着 L_{d} 的增大先增加,直
到 L_{d} 超过 40 μm 后,BV 达到饱和。HKHN SOI LDMOS 结构由于存在极化电荷的自平
衡,在结构参数和漂移区以及 N 条等浓度方面都有更优良的工艺容差特性。

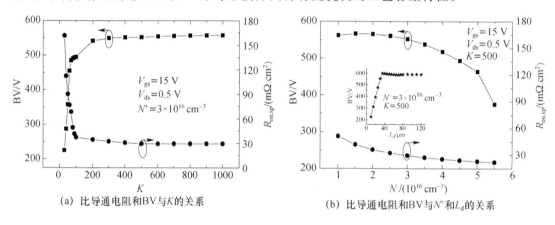

图 5-22　HKHN SOI LDMOS 结构的比导通电阻和 BV 与 K、N^+ 和 L_{d} 的关系

4. 结论

HKHN SOI LDMOS 结构是在 5.1.1 节的结构中加入了 SOI 埋氧层,两者对比之下,
本节的所提出的结构并没有什么优势。但与 Con. LDMOS 结构相比,该结构在关态下介质
极化电荷与高浓度 N 条和漂移区保持自适应电荷,不仅引入额外高电场峰值,还优化了器
件场分布。与未加入高 K 材料的 Con. LDMOS 结构相比,HKHN SOI LDMOS 结构的
BV 增加了 22%,$R_{\mathrm{on,sp}}$ 也会随 K 的增加而减小,当极化电荷和电离电荷平衡且饱和时,$R_{\mathrm{on,sp}}$
饱和。HKHN SOI LDMOS 结构的比导通电阻比 Con. LDMOS 结构的降低了 34%。

5.2.2　VK DT SJ LDMOS

1. 简介

我们通常通过改变材料的介电系数来改善材料自身对器件性能的限制。其中需要注意
的是,材料自身耐压的能力与材料的介电系数成反比,其辅助耗尽漂移区的能力与介电系数
成正比。所以在使用变 K 技术时往往需要在 BV 与比导通电阻之间有所取舍。本节的 VK
DT SJ LDMOS 器件在两个深为 D_{t},宽为 W_{t} 的变 K 深槽中只填充了厚度为 D_1 的低 K 材
料,其余仍使用 SiO$_2$ 材料,如此可缓解由低 K 材料引入所带来的器件比导通电阻增大的影
响。双槽内侧引入一个深为 D_{p},宽为 W_{p} 的 P 柱,并利用 SJ 技术可起到调节器件体内电场
的作用,在进一步提高器件 BV 的同时降低器件的比导通电阻。双栅的设计则可以为电流
提供两条导通的沟道,降低器件的比导通电阻。

2. 结构及机理

图 5-23 所示为 VK DT SJ LDMOS 器件的结构图以及耐压原理图。如图 5-23（a）所示，该结构具有非常显著的三个特点：其一为带有部分变 K 材料的双槽；其二为双槽内侧具有 SJ 结构；其三为应用了双栅双沟道设计。图 5-23（b）所示的 VK DT SJ LDMOS 耐压原理图。

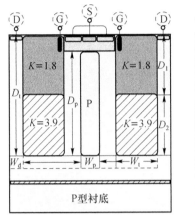 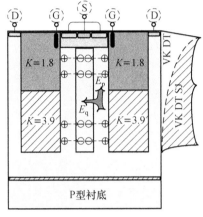

(a) VK DT SJ LDMOS结构图　　(b) VK DT SJ LDMOS耐压原理图

图 5-23　VK DT SJ LDMOS 的结构图和耐压原理图

本节提出了一种带有双导电沟道的高压低比导通电阻 VK DT SJ LDMOS 结构。该器件在结构上设计了填充变介电系数材料的双槽（VK DT），以提高器件的 BV，又设计 P 阱下方的纵向超结（SJ）结构，可进一步提高器件的 BV，同时还可极大降低器件的比导通电阻，而双槽双栅结构又可提供两条电流导通沟道，可降低器件的比导通电阻。

3. 结果与讨论

利用二维仿真模拟软件 Medici 对图 5-24 所示的 Con. DT LDMOS、VK DT LDMOS、DT SJ LDMOS 以及 VK DT SJ LDMOS 四种结构进行仿真比较。由图 5-24 中的（a）（b）（c）（d）四种结构的等电位分布图比较可知，VK DT SJ LDMOS 结构可以将 Con. DT LDMOS、VK DT LDMOS、DT SJ LDMOS 三种结构未能充分利用的漂移区充分利用，使得等势线分布得更深更均匀。

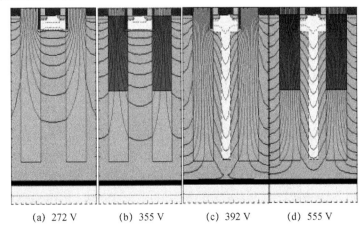

(a) 272 V　　　(b) 355 V　　　(c) 392 V　　　(d) 555 V

图 5-24　Con. DT LDMOS、VK DT LDMOS、DT SJ LDMOS 以及
VK DT SJ LDMOS 的等电位分布图（每条等势线为 20 V）

如图 5-25(a)所示,VK DT SJ LDMOS 结构的 BV(=55 V)较之 Con. DT LDMOS、VK DT LDMOS 和 DT SJ LDMOS 这三种结构有着巨大的优势,同时图 5-25(b)所示的功率优值 FOM 中 DT SJ LDMOS、VK DT SJ LDMOS 两种结构因具有 SJ 结构使得其功率因子远远大于另外两者,其中以 VK DT SJ LDMOS 的功率优值 FOM(=23.8 MW·cm²)为最优。

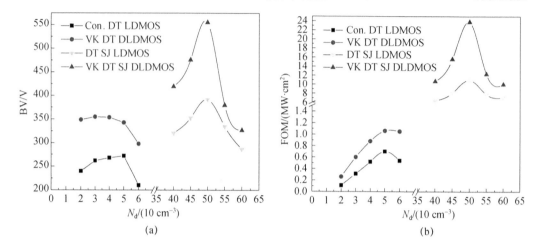

图 5-25 四种结构的 BV 和功率优值的对比图

如图 5-26 所示为随 P 柱宽度 W_p 变化,VK DT SJ LDMOS 的 BV 与比导通电阻的变化图,图左侧纵坐标轴为 BV,右侧纵坐标轴为比导通电阻,通过比较可得出,VK DT SJ LDMOS 器件的功率优值随着 P 柱宽度的增长呈现出先增后减的趋势,并在 P 柱为 2 μm 宽时最优。

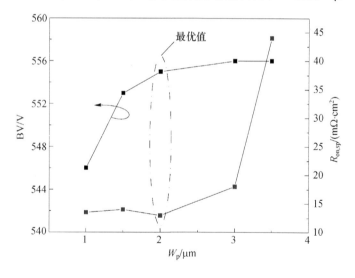

图 5-26 随 P 柱宽度 W_p 变化,VK DT SJ LDMOS 的 BV 与比导通电阻变化图

图 5-27 所示为在 P 柱宽为 2 μm 条件下,不同 P 柱浓度 N_d 时 VK DT SJ LDMOS 的 BV,在不同 P 柱浓度下 VK DT SJ LDMOS 的击穿电压呈现先增后减的趋势。在 P 柱浓度为 2.25×10¹⁶ cm⁻²,漂移区浓度为 5×10¹⁵ cm⁻² 时,VK DT SJ LDMOS 器件的 BV 达到最高的 555 V。如图 5-29 所示,在 P 柱浓度为 2.75×10¹⁶ cm⁻² 时,过高的浓度会使 P 柱不能完全耗尽,导致器件提前击穿。图 5-28 是当 P 柱宽度 W_p=2 μm,浓度为 2.25×10¹⁶ cm⁻²

时,VK DT SJ LDMOS 的 BV、比导通电阻以及功率因子与漂移区浓度之间的关系图。图 5-28(a)展示了当 VK DT SJ LDMOS 漂移区浓度优化为 5×10^{15} cm^{-2} 时,器件可得到最高 555V 的 BV 以及最低 12.97 m$\Omega \cdot$ cm^2 的比导通电阻。图 5-28(b)所示的是优化后的 VK DT SJ LDMOS 的最优的功率优值为 23.8 WM $\cdot$ cm^2。

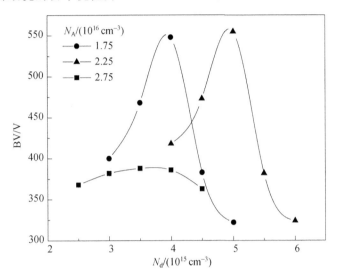

图 5-27 在 P 柱宽为 2 μm 条件下不同 P 柱浓度 N_d 时 VK DT SJ LDMOS 的 BV

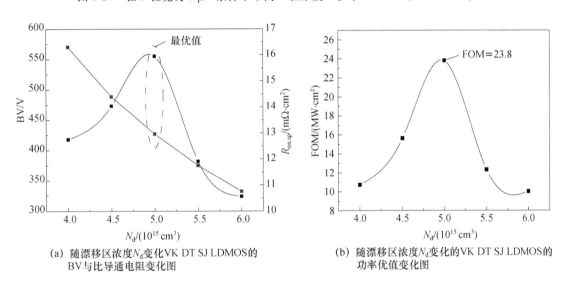

(a) 随漂移区浓度 N_d 变化 VK DT SJ LDMOS 的 BV 与比导通电阻变化图

(b) 随漂移区浓度 N_d 变化的 VK DT SJ LDMOS 的 功率优值变化图

图 5-28 在 P 柱宽 $W_p = 2$ μm 浓度为 2.25×10^{16} cm^{-2} 的条件下 VK DT SJ LDMOS 的 BV、比导通电阻以及功率优值与漂移区浓度 N_d 之间的关系图

图 5-29 所示为 VK DT SJ LDMOS 的 BV、比导通电阻与槽宽 W_t 以及槽深 D_t 的关系图。其中图 5-29(a)展示了随着槽宽 W_t 和槽深的增大,VK DT SJ LDMOS 的 BV 会随之变高,但如图 5-29(b)所示,VK DT SJ LDMOS 的比导通电阻也会随着槽宽 W_t 和槽深 D_t 的增大而增大,综合两图选择槽宽 $W_t = 4$ μm,槽深 $D_t = 15.5$ μm 较为合适。

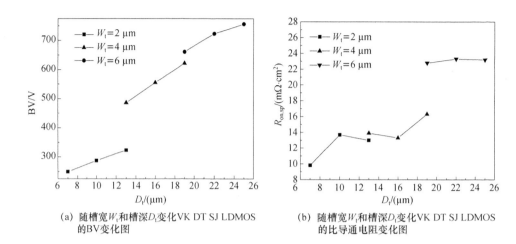

(a) 随槽宽W_t和槽深D_t变化VK DT SJ LDMOS
的BV变化图

(b) 随槽宽W_t和槽深D_t变化VK DT SJ LDMOS
的比导通电阻变化图

图 5-29 VK DT SJ LDMOS 的 BV、比导通电阻与槽宽 W_t 以及槽深 D_t 的关系图

图 5-30(a)所示为槽宽 $W_t = 4\ \mu$m 时，VK DT SJ LDMOS 的 BV 变化图，在低 K 槽厚度为 10 μm 时，VK DT SJ LDMOS 可得到最高为 568 V 的 BV，这要高于 8 μm 时的

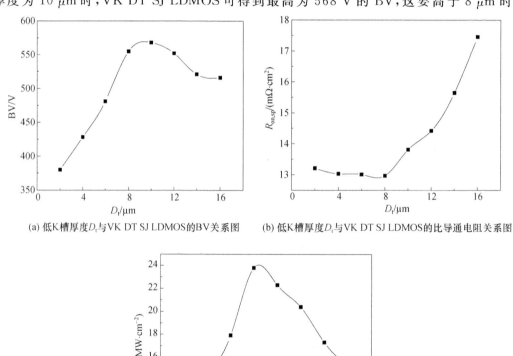

(a) 低K槽厚度D_t与VK DT SJ LDMOS的BV关系图

(b) 低K槽厚度D_t与VK DT SJ LDMOS的比导通电阻关系图

(c) 低K槽厚度D_t与VK DT SJ LDMOS的功率优值的关系图

图 5-30 在槽宽 $W_t = 4\mu$m，槽深 $D_t = 15.5\mu$m 条件下 VK DT SJ LDMOS 的 BV、
比导通电阻以及功率优值与低 K 槽厚度 D_t 之间的关系

555 V 以及 12 μm 时的 552 V。如图 5-30(b) 所示，随着 D_t 的增大，VK DT SJ LDMOS 的比导通电阻呈现先减后增的趋势，并在低 K 槽厚度为 8 μm 时为最低，此时 $R_{on,sp}=$ 12.97 m$\Omega \cdot$ cm^2。如图 5-30(c) 所示，VK DT SJ LDMOS 在低 K 槽厚度为 8 μm 时可得到最优的功率优值。

图 5-31 所示为漏宽 W_d 与 VK DT SJ LDMOS 的 BV、比导通电阻的关系图，从图 5-32 中的 VK DT SJ LDMOS 耐压曲线和比导通电阻曲线走势可以很明显地看出，在漏宽 $W_d=$ 2 μm 的时候器件得到最优的性能。

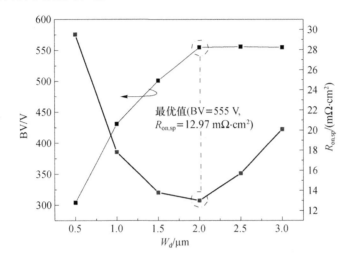

图 5-31 漏宽 W_d 与 VK DT SJ LDMOS 的 BV、比导通电阻的关系图

4. 结论

本节提出了一种带有双导电沟道的 VK DT SJ LDMOS 器件。双导电沟道可提供两条电流路径，大幅降低器件的比导通电阻，同时变 K 技术的加入可极大地提高器件耐压能力，而 SJ 技术的引入起到了调制体电场的作用，可进一步提升了器件的 BV，同时可大幅提高漂移区浓度，降低比导通电阻。Medici 仿真数据分析表明，17 μm 长度的器件可得到高达 555 V 的 BV 以及 13 m$\Omega \cdot$ cm^2 的低比导通电阻。VK DT SJ LDMOS 的击穿电压较之 Con. LDMOS 结构提升 104%，比导通电阻较 Con. LDMOS 结构降低 87.9%。

5.3 二维势场分布模型

二维势场分布模型从物理层面讨论高 K 介质极化电荷自平衡机制。我们可以分区求解介质中的拉普拉斯方程和半导体材料中的二维泊松方程，以获得介质新材料 SOI 高压器件结构的二维电势和电场分布。二维势场分布模型中自平衡极化电荷的影响完全由介电系数调制因子表征。根据最优化体内场条件，获得器件势场模型和结构参数的优化关系，可指导器件设计。

基于极化电荷自平衡概念，设计出的高 K 介质槽型 LDMOS 器件结构示意图如图 5-32 所示。图 5-32 中 W_T 和 D_T 分别代表高 K 介质槽的宽度和深度；t_S 和 t_{ox} 分别表示高浓度 SOI 层和埋氧层的厚度；K、ε_{ox} 和 ε_S 分别是高 K 介质、SiO$_2$ 和体硅的介电系数；N_d 是体硅漂移区的掺杂浓度。

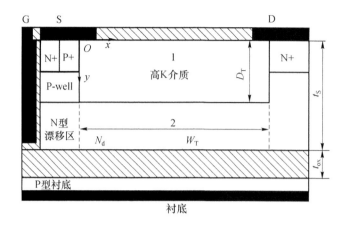

图 5-32　高 K 介质槽型 LDMOS 器件结构示意图

假设器件在较高的反向电压作用下,其优化的 K 值使得高 K 介质完全耗尽漂移区,优化的 N_d 最大。高 K 介质槽型 LDMOS 结构分两个区(1 区和 2 区,高 K 介质槽区中的电势函数 $\varphi_1(x,y)$ 满足二维拉普拉斯方程:

$$\frac{\partial^2 \varphi_1(x,y)}{\partial x^2} + \frac{\partial^2 \varphi_1(x,y)}{\partial y^2} = 0 \tag{5-1}$$

漂移区中的电势函数 $\varphi_2(x,y)$ 满足二维泊松方程:

$$\frac{\partial^2 \varphi_2(x,y)}{\partial x^2} + \frac{\partial^2 \varphi_2(x,y)}{\partial y^2} = -\frac{qN_d}{\varepsilon_S} \tag{5-2}$$

根据 1 区、2 区中高 K 介质槽表面垂直电场分量为零以及高 K 介质与 Si 界面电场的连续性,可得:

$$\frac{\partial \varphi_1(x,y)}{\partial y}\bigg|_{y=0} = 0 \tag{5-3}$$

$$\frac{\partial \varphi_2(x,y)}{\partial y}\bigg|_{y=t_S} = -\frac{\varepsilon_S}{K}\frac{\varphi_2(x,t_S)}{D_T} \tag{5-4}$$

高 K 介质槽底部和 Si 漂移区界面处应满足电场和电势的连续性:

$$\varphi_2(x,D_T) = \varphi_1(x,D_T), \quad \frac{\partial \varphi_2(x,D_T)}{\partial y} = \frac{K}{\varepsilon_S}\frac{\partial \varphi_1(x,D_T)}{\partial y} \tag{5-5}$$

假设:

$$\varphi_1(0,0) = 0, \quad \varphi_1(W_T,0) = V_d \tag{5-6}$$

分别将 $\varphi_1(x,y)$ 和 $\varphi_2(x,y)$ 在 y 方向做泰勒展开:

$$\varphi_1(x,y) = \varphi_1(x,0) + \frac{\partial \varphi_1(x,0)}{\partial y}y + \frac{\partial^2 \varphi_1(x,0)}{\partial y^2}\frac{y^2}{2} \tag{5-7}$$

$$\varphi_2(x,y) = \varphi_2(x,D_T) + \frac{\partial \varphi_2(x,D_T)}{\partial y}(y-D_T) + \frac{\partial^2 \varphi_2(x,D_T)}{\partial y^2}\frac{(y-D_T)^2}{2} \tag{5-8}$$

将式(5-7)和式(5-8)在边界条件式(5-3)~式(5-5)下代入式(5-1)和式(5-2),得到介质槽表面电势的微分方程:

$$\frac{\partial^2 \varphi_1(x,0)}{\partial x^2} - \frac{\varphi_1(x,0)}{T_k^2} = \frac{-q\gamma_k N_d}{\varepsilon_S} \tag{5-9}$$

其中，T_k 代表高 K 介质槽 LDMOS 的介电系数调制因子，其表达式为：

$$T_k = \sqrt{0.5(t_S - D_T)^2 + 0.5D_T^2 + \frac{K}{\varepsilon_{ox}}t_{ox}D_T + \frac{\varepsilon_S}{\varepsilon_{ox}}t_{ox}(t_S - D_T) + \frac{K}{\varepsilon_S}(t_S - D_T)D_T} \tag{5-10}$$

从式(5-10)可以看出，介电系数调制因子 T_k 随槽区相对介电系数 K 的增加而单调增加。增加的 K 值带来大量的极化电荷，漂移区提供相应的电离电荷与之平衡，完成自平衡，这样优化了体电场，增加了 BV。γ_k 表示高 K 介质槽系数：

$$\gamma_k = \frac{0.5(t_S - D_T)^2 + \frac{\varepsilon_S}{\varepsilon_{ox}}t_{ox}(t_S - D_T)}{T_k^2} \tag{5-11}$$

通过使用泰勒级数法与格林函数法化简并求解表面势方程(5-9)，得到高 K 结构的表面电势函数 $\varphi_1(x,0)$ 和表面电场函数 $E_1(x,0)$：

$$\varphi_1(x,0) = \frac{q\gamma_k N_d T_k^2}{\varepsilon_S} + \left[V_d - \frac{q\gamma_k N_d T_k^2}{\varepsilon_S}\right]\frac{\sinh(x/T_k)}{\sinh(W_T/T_k)} - \frac{q\gamma_k N_d T_k^2}{\varepsilon_S}\frac{\sinh[(W_T - x)/T_k]}{\sinh(W_T/T_k)},$$
$$0 \leqslant x \leqslant W_T \tag{5-12}$$

$$E_1(x,0) = \left[V_d - \frac{q\gamma_k N_d T_k^2}{\varepsilon_S}\right]\frac{\cosh(x/T_k)}{T_k\sinh(W_T/T_k)} + \frac{q\gamma_k N_d T_k^2}{\varepsilon_S}\frac{\cosh[(W_T - x)/T_k]}{T_k\sinh(W_T/T_k)},$$
$$0 \leqslant x \leqslant W_T \tag{5-13}$$

其中，V_d 代表外加电压。特别地，当介质槽深 $D_T = 0$ 时，介电系数调制因子 $T_k = \sqrt{0.5t_S^2 + \frac{\varepsilon_S t_{ox} t_S}{\varepsilon_{ox}}} = t_k$，此时，$\gamma_k = 1$，方程(5-12)和方程(5-13)即为 SB-$Q_p$ SOI LDMOS 器件的表面电场和表面电势函数，此刻介质槽宽 W_d 的涵义即为 SB-Q_p SOI LDMOS 器件的漂移区长度。

从方程(5-12)和方程(5-13)中可知，当设计介电常数足够高的高 K 介质时，其介电系数调制因子 T_k 足够大，使得高 K 的极化电荷完全匹配漂移的电离电荷 N_d，器件可实现其极化电荷自平衡，此时表面电势 $\varphi_1(x,0)$ 最大和表面电场 $E_1(x,0)$ 最优，BV 最大，比导通电阻最低。

利用器件最优表面电场条件 $E_1(0,0) = E_1(W_T,0) \leqslant E'_{1M} \leqslant \varepsilon_S E_C/K$，可得到适用于高 K 介质的槽型 LDMOS RESURF 条件：

$$\frac{N_d \gamma_k T_k}{\tanh(0.5W_T/T_k)} \leqslant \frac{E'_{1M}\varepsilon_S}{q} \leqslant \left(\frac{\varepsilon_S}{K}\right)\frac{E_C \varepsilon_S}{q} \tag{5-14}$$

式(5-14)最右边的最大电场为常规 LDMOS RESURF 条件下不等式右边临界电场 E_C 的 ε_S/K 倍，这说明若采用高 K 介质槽，则槽中最大表面电场将会降低，需采用更宽的介质槽才能保持 BV 不变。

5.4　实验方案

低阻高 K 复合导电层由于自平衡在工艺上具备很大的优势：一方面，BV 随漂移区浓度的变化不敏感,使得工艺容差增大;另一方面,由于其槽型区域通常设计得宽而浅,使得填充槽区变得更加容易,所以高 K 介质槽型 LDMOS 具备较好的应用前景。本节提到的高 K 介质可选用钛酸锶(表示为 $SrTiO_3$ 或 STO)。根据制备方法与结晶度不同,K 在130～300 内变化。钛酸锶热导率为 12 W/(m・K),大大高于二氧化硅的热导率 14 W/(m・K),因此钛酸锶可改善功率器件的散热问题,而且钛酸锶的晶格匹配好,STO/Si 界面态好,取 $K=200$ 时,有较好的器件性能,因此高 K 介质制备难度折中。

高 K 介质槽 SOI LDMOS 功率器件的主要工艺步骤为:注入高浓度 N 条,刻蚀高 K 介质槽,填充高 K 介质槽,刻蚀高 K,形成体区 P-well,注入源漏区,形成槽栅,引出源、漏、栅接触和金属。高 K 介质槽 SOI LDMOS 的主要工艺流程如图 5-33 所示。

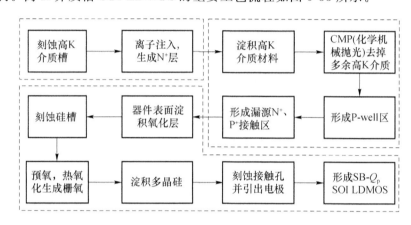

图 5-33　高 K 介质槽 SOI LDMOS 的主要工艺流程

将高 K 槽区作为 N 条注入区,并采用离子注入形成高浓度 N 条,这样的工艺称为界面高浓度 N 条的低阻高 K 复合导电层自对准工艺。

高 K 介质槽 SOI LDMOS 的工艺步骤如图 5-34 所示,刻蚀硅槽如图 5-34(a)所示,注入形成高浓度 N 条如图 5-34(b),随后通过低压化学气相淀积(Low Pressure Chemical Vapor Deposition,LPCVD)将高 K 介质填满硅槽,由于槽的深度为 4 μm,在填充高 K 介质后会在介质槽的边缘形成 1.5～2 μm 厚的台阶,如图 5-34(c)所示,采用化学机械抛光(Chemical Mechanical Polishing,CMP)来平坦化高的台阶,如图 5-34(d)所示,漂移区的高 K 介质槽形成以后,接下来在器件表面淀积一层光刻胶,并刻蚀出有源区,采用离子注入形成槽型 SOI LDMOS 的 P-well 体区,如图 5-34(e)所示。之后形成 P^+ 体接触区以及源/漏 N^+ 区,如图 5-34(f)所示。在 P-well 区以及源漏区形成之后,接下来通过 LPCVD 淀积 SiO_2,增密后形成场氧化区。接下来进行槽栅的制作,形成槽栅的主要步骤为:首先刻蚀硅槽,接着进行预氧和漂氧化层,减小槽侧壁的刻蚀损伤,同时也减小界面缺陷,之后热氧化形成栅氧,栅氧厚度控制在 100nm 左右,如图 5-34(g)所示。栅氧形成后,接下来淀积多晶硅如图 5-34(h)所示。在完成槽栅的制作之后,刻蚀接触孔,最后是第一层金属、通孔、第二层金属的形成,淀积钝化层。整个工艺完成后形成的高 K 介质槽 SOI LDMOS 结构图如图 5-35 所示。

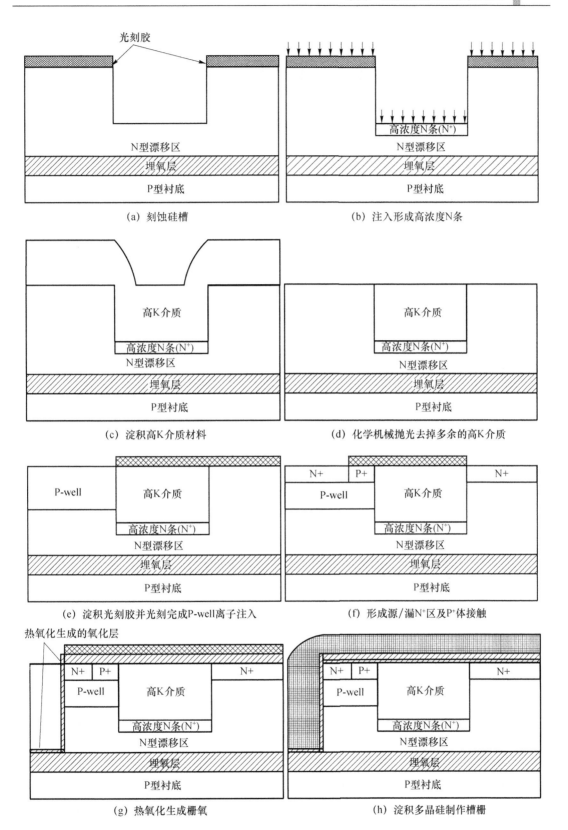

(a) 刻蚀硅槽

(b) 注入形成高浓度N条

(c) 淀积高K介质材料

(d) 化学机械抛光去掉多余的高K介质

(e) 淀积光刻胶并光刻完成P-well离子注入

(f) 形成源/漏N⁺区及P⁺体接触

(g) 热氧化生成栅氧

(h) 淀积多晶硅制作槽栅

图 5-34 高 K 介质槽 SOI LDMOS 的工艺步骤

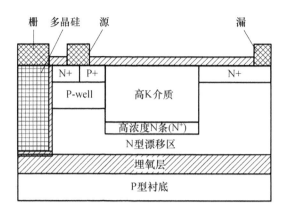

图 5-35 最终形成的高 K 介质槽 SOI LDMOS 结构图

参 考 文 献

[1] Jing Peng, Huang Mingmin, Cheng Junji, et al. A new low speific on-resistance HK-LDMOS with N-poly dlode[J]. Superiattices and Microstructures, 2016(101): 180-190.

[2] Li Junhong, Li Ping, Huo Weirong, et al. Analysos and fabricion of an LDMOS with high-permittivity dielectric[J]. IEEE Electron Device Letters, 2011, 32(9): 1266-1268.

[3] Luo Xiaorong, Jiang Y H, Zhou K, et al. Ultralow specific on-resistance superjunction vertical DMOS with high-k, dielectric pillar[J]. IEEE Electron Device Letters, 2012, 33(7): 1042-1044.

[4] Chen Xingbi, Huang Mingmin. A vertical Power MOSFET with an interdigitated drift region using high-k insulator[J]. IEEE Transactions on Electron Devices, 2012, 59(9): 2430-2437.

[5] Guo Yufeng, Yao Jiafei, Zhang Bo, et al. Variation of lateral width technique in SOI high-voltage lateral double-diffused metal-oxide-semiconductor transistors using high-k dielectric[J]. IEEE Electron Device Letters, 2015, 36(3): 262-264.

[6] Luo Xiaorong, Lv Mengshan, Chao Yin, et al. Ultralow On-resistance SOI LDMOS with three separated gates and high- K, dielectric[J]. IEEE Transactions on Electron Devices, 2016, 63(9): 3804-3807.

[7] Wu Lijuan, Zhang Zhongjie, Song Yue, et al. Novel high with low specific on-resistance high voltage lateral double-diffused MOSFET [J]. Chinese Physics B, 2017, 26(2): 382-386.

[8] Chen X. Super-junction voltage sustaining layer with alternating semiconductor and high-K dielectric regions: US7230310[P]. 2007-06-12.

[9] Wu Lijuan, Zhang Wentong, Shi Qin, et al. Trench SOI LDMOS with vertical field plate[J]. Electronics Letters, 2014, 50(25): 1982-1984.

[10] Xia C, Cheng X, Wang Z, et al. Improvement of SOI trench LDMOS performance with double vertical metal field plate[J]. IEEE Transactions on Electron Devices, 2014, 61(10): 3477-3482.

[11] Chen X. Semiconductor power devices with alternating conductivity type high-voltage breakdown regions: US 5216275A[P]. 1993-06-01.

[12] Chen X B, Sin J K O. Optimization of the specific on-resistance of the COOLMOS TM[J]. IEEE Trans Electron Devices, 2001, 48(2): 344-348.

第6章 CCL SJ 耐压层电荷场优化

横向双扩散金属氧化物半导体由于与标准 CMOS 工艺具有兼容性,因而广泛应用于功率集成电路(Power Integrated Circuits,PIC)和高压集成电路中(High Voltage Integrated Circuits,HVIC)。但是常规的 LDMOS 结构具有高比导通电阻和低击穿电压。为打破比导通电阻和击穿电压之间的 2.5 次方的关系,超结技术被提出。超结技术是指单一掺杂的漂移区由相互交替的高浓度掺杂的 P 条和 N 条代替。然而,横向超结器件存在衬底辅助耗尽效应(SAD),使得器件超结层电荷平衡被打破,器件的击穿电压急剧降低。因此,消除衬底辅助耗尽效应,使得器件的超结层的电荷达到平衡是横向超结器件研究的主要研究方向。屏蔽衬底辅助耗尽效应的方法有很多,主要可以分为以下几类:①去除衬底电位的影响,可采用蓝宝石衬底或者直接刻蚀去除衬底;②在超结层和衬底之间加入电荷补偿层(CCL),并对电荷补偿层进行优化;③将 CCL 和超结层结合到一起,再通过改变 CCL 浓度分布与形状的方法,实现超结层的电荷平衡。本书将通过第二和第三种方法对横向超结存在的电荷不平衡问题进行优化。

6.1 SBP SJ LDMOS

6.1.1 引言

本节提出一种优化 CCL 的低比导通电阻超结横向双扩散金属氧化物半导体结构。分段埋层(Segmented Buried P-Layer,SBP)SJ LDMOS 器件结构在 CCL 和衬底之间引入分段 P 埋层,该结构从源到漏长度渐变的埋层可以起到优化 CCL 内的电荷分布的作用,在源端减少 CCL 对于超结层的电荷补偿,而在漏极一侧增加对超结层的电荷补偿,以达到实现超结层电荷平衡的目的。在 CCL 长度为 35.5 μm 的条件下,和 Con. SJ LDMOS 结构相比,SBP SJ LDMOS 器件的 BV 达到了 680.5 V,增加了 41.7%。另外,P 埋层可以辅助耗尽 CCL,增加了 CCL 的掺杂浓度,降低了器件的比导通电阻。在栅极电压为 15 V 的情况下,器件的比导通电阻为 42.8 $m\Omega \cdot cm^2$,降低了 20.5%,功率优值达到了 10.8 $MW \cdot cm^{-2}$,增加了 152.8%。本节提出的新的引入分段埋层的超结 LDMOS 器件结构实现了 BV 和比导通电阻之间良好的折中。

6.1.2 器件结构与机理

SBP SJ LDMOS 器件结构如图 6-1(a)所示,L_d、L_1、L_p、L_2 分别指的是 CCL 长度、第一埋层长度、埋层间距、第二埋层长度;t_b、t_d、t_{sj}、t_{sub} 分别指的是埋层厚度、CCL 厚度、超结层厚度和衬底厚度;W_n、W_p 分别指的是超结层 N 条和 P 条宽度;N_n 和 N_p 分别指的是超结层 N

条、P 条的掺杂浓度;N_b 和 N_{sub} 分别指的是埋层和衬底的浓度。

　　SBP SJ LDMOS 和 Con. SJ LDMOS 相比,多了在 CCL 和衬底交界处添加的分段埋层,并且分段埋层在源极一侧较长,而在漏极一侧较短,所以辅助耗尽 CCL 的水平在源极一侧较强,而在漏极一侧较弱,因此分段埋层可以起到优化 CCL 中电荷分布的作用。如图 6-1(b)所示,将器件的 CCL 按照 CCL 的长度分为三个区域:A 区、B 区和 C 区。从图 6-1(b)中可以看出 A 区中平均电子浓度是最小的,B 区中的平均电子浓度居中,而 C 区的平均电子浓度最大,这也就导致了 CCL 对于超结层 N 条的电荷补偿能力从源到漏逐渐增加。漏端的补偿电荷数目最多,而源极一侧的补偿电荷数目最少,这进一步优化了超结层的表面电场分布。

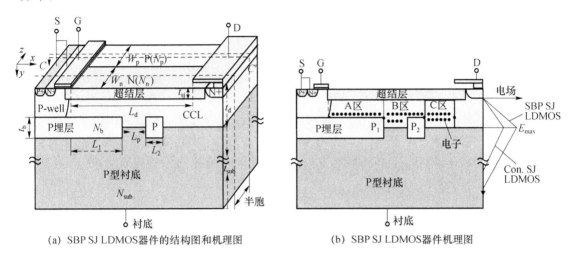

(a) SBP SJ LDMOS 器件的结构图和机理图　　　　(b) SBP SJ LDMOS器件机理图

图 6-1　SBP SJ LDMOS 器件的结构图和机理图

　　当 SBP SJ LDMOS 器件在关态时,每一个 P 埋层都会和电荷补偿层形成反偏的 PN 结,起到辅助耗尽 CCL 的作用,会导致 CCL 浓度的增加,降低器件的比导通电阻。同时增加的 CCL 浓度会增加 CCL 和衬底之间所形成的 PN 结数量,同时使得衬底参与耗尽的范围越大,提高器件的纵向耐压。在仿真时使用如图 6-1(a)所示的半胞结构,器件仿真结构参数如表 6-1 所示。

表 6-1　器件仿真结构参数

结构参数	值
CCL 长度 $L_d/\mu\text{m}$	35.5
第一埋层长度 $L_1/\mu\text{m}$	待优化
第二埋层长度 $L_2/\mu\text{m}$	待优化
埋层之间的间距 $L_p/(\mu\text{m})$	待优化
CCL 厚度 $t_d/\mu\text{m}$	5
P 埋层厚度 $t_b/\mu\text{m}$	待优化
超结层厚度 $t_{sj}/\mu\text{m}$	1~3
衬底厚度 $t_{sub}/\mu\text{m}$	150

结构参数	值
超结层宽度 $W_p = W_n / \mu m$	1
CCL 浓度 N_d / cm^{-3}	待优化
超结层浓度 $N_n = N_p = N_{sj} / cm^{-3}$	$4 \times 10^{16} \sim 5 \times 10^{16}$
衬底浓度 N_{sub} / cm^{-3}	3×10^{13}
埋层浓度 N_b / cm^{-3}	待优化

6.1.3 结果与讨论

图 6-2 显示的是在击穿时,SBP SJ LDMOS 结构和 Con. SJ LDMOS 结构的等势线分布。从图 6-2 中可以看出,Con. SJ LDMOS 器件的等势线分布在器件中间位置时较为稀疏,两侧的等势线分布较为密集,而 SBP SJ LDMOS 的等势线和常规 SJ LDMOS 结构的等势线相比分布得更加均匀且密集。所以,SBP SJ LDMOS 器件的 BV 为 680.5V,而 Con. SJ LDMOS 器件的 BV 只有 480.2V。P 埋层可以辅助耗尽 CCL,所以 SBP SJ LDMOS 器件结构的 CCL 浓度大于常规 SJ LDMOS 器件结构的 CCL 浓度,这可降低器件的比导通电阻。在开态状态下,SBP SJ LDMOS 相比与 Con. SJ LDMOS 器件,比导通电阻从 53.9 mΩ·cm² 降低到了 42.8 mΩ·cm²。

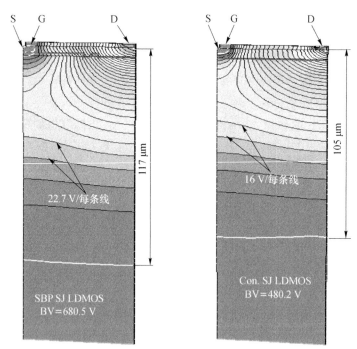

(a) SBP SJ LDMOS 结构等势线分布　　(b) Con. SJ LDMOS结构等势线分布

图 6-2　击穿时 SBP SJ LDMOS 和 Con. SJ LDMOS 结构的等势线

图 6-3 是 SBP SJ LDMOS、Con. SJ LDMOS 以及 SJ LDMOS 器件的 P 条中心沿 CC′位置处(如图 6-1(a)所示)的表面电场图。从图 6-3 中可以看出,SBP SJ LDMOS 的表面电场

分布相对均匀,CCL 中间部分表面电场得到提升,SBP SJ LDMOS 所得到的器件的 BV 最大为 680.5 V,而且 P 埋层的辅助耗尽作用会导致 CCL 具有更高的杂质掺杂,在最大击穿电压下 SBP SJ LDMOS 结构的 CCL 最优化浓度 N_d 比 Con. SJ LDMOS 结构的更大。通过 2013 版本的Sentaurus 仿真结果显示,SBP SJ LDMOS 结构 CCL 中间的表面电场相比于 Con. SJ LDMOS 结构的 12 V/μm 增加到 20 V/μm,增加了 8 V/μm,相比于 SJ LDMOS,其电场从 8 V/μm 增加到 20 V/μm,增加的横向电场是 12 V/μm。

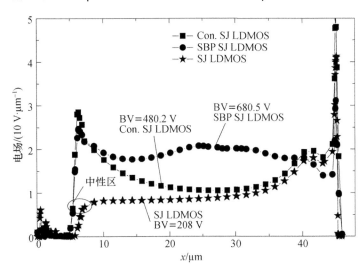

图 6-3　SBP SJ LDMOS、Con. SJ LDMOS 以及
SJ LDMOS 器件的 P 条中心沿 CC$'$ 位置处的表面电场图

图 6-4(a)给出的是 SBP SJ LDMOS 和 Con. SJ LDMOS 在击穿情况下漏端下方的电场分布。通过图 6-4(a)中看出,SBP SJ LDMOS 结构的纵向电场和 Con. SJ LDMOS 结构的电场相比,其 CCL 和衬底形成的 PN 结处的电场强度从 17.7 V/μm 增加到 26 V/μm。并且 SBP SJ LDMOS 结构的衬底耗尽的距离达到了117 μm,而 Con. SJ LDMOS 结构的衬底耗尽距离只有 105 μm。图 6-4(b)所示的是在关态状态下 SBP SJ LDMOS 和 Con. SJ LD-MOS 以及 SJ LDMOS 三种结构漏极电压和漏极电流的关系。从图 6-4(b)中可以看出,SJ LDMOS 的 BV 为 208 V,常规 SJ LDMOS 器件结构的 BV 为 480.2 V,SBP SJ LDMOS 的 BV 为 680.5 V,相比于 SJ LDMOS 结构来说,SBP SJ LDMOS 的 BV 增加了 143.6%,相比于 Con. SJ LDMOS 器件结构,其耐压增加了 27.9%。

SBP SJ LDMOS 和 Con. SJ LDMOS 结构的 BV 和比导通电阻与 CCL 浓度 N_d 的函数关系如图 6-5(a)所示。从图 6-5(a)中可以看出,Con. SJ LDMOS 结构的功率优值取得最大值时 CCL 的浓度为 1.7×10^{15} cm^{-3}。此时 Con. SJ LDMOS 结构的 BV 为 480.2 V,比导通电阻为 53.9 m$\Omega \cdot$ cm^2,功率优值达到了 4.3 MW $\cdot$ cm^{-2}。而 SBP SJ LDMOS 结构则在 CCL 浓度为 4.1×10^{15} cm^{-3} 时达到最大值。此时 SBP SJ LDMOS 结构的 BV 为 680.5 V,比导通电阻为 42.8 m$\Omega \cdot$ cm^2,功率优值达到了 10.8 MW $\cdot$ cm^{-2}。

图 6-5(b)为不同超结层厚度和浓度情况下 SBP SJ LDMOS 器件 BV、比导通电阻和 CCL 浓度 N_d 的关系,从图 6-5(b)中可以看出,随着超结层的厚度和浓度的增加,当器件的 BV 取得最优值时,CCL 浓度也随之增加。当 SBP SJ LDMOS 器件的超结层厚度为 3 μm,浓度为 $N_{sj} =$

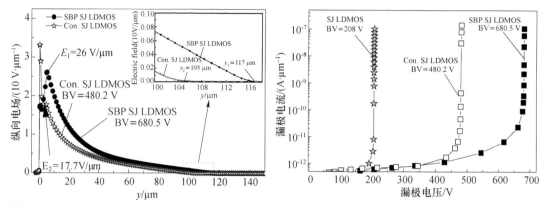

(a) SBP SJ LDMOS、Con. SJ LDMOS在击穿情况下漏端下方的 电场分布

(b) 关态下三种结构的漏极电压和电流的关系

图 6-4　关态下,仿真结果对比

5×10^{16} cm^{-3},CCL 浓度为 6×10^{15} cm^{-3} 时,其 BV 取得最大值。此时器件的 BV 为 670.4 V,比导通电阻为 23.23 mΩ·cm^2,功率优值达到了 19.34 MW·cm^{-2}。

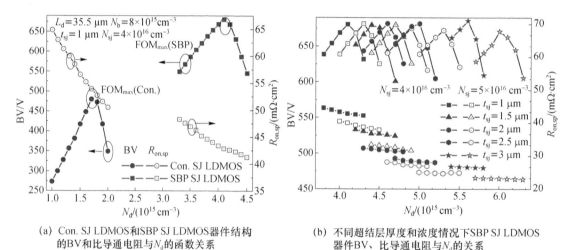

(a) Con. SJ LDMOS和SBP SJ LDMOS器件结构 的BV和比导通电阻与N_d的函数关系

(b) 不同超结层厚度和浓度情况下SBP SJ LDMOS 器件BV、比导通电阻与N_d的关系

图 6-5　漂移区浓度、超结层厚度以及对器件性能的影响

　　Con. SJ LDMOS 和 SBP SJ LDMOS 结构在 CCL 内的电子浓度分布与电流密度分布如图 6-6 所示。从图 6-6 中可以看出,SBP SJ LDMOS 结构的 CCL 内部的电子浓度达到了 4.1×10^{15} cm^{-3},这远高于 Con. SJ LDMOS 结构的 1.7×10^{15} cm^{-3}。而 SBP SJ LDMOS 结构在 CCL 内的电流密度也比 Con. SJ LDMOS 结构 CCL 内的电流密度要大得多。因此,可以证明 SBP SJ LDMOS 有比 Con. SJ LDMOS 结构更低的比导通电阻。

　　图 6-7 给出的是 SBP SJ LDMOS 结构的 BV 和比导通电阻与埋层浓度 N_b、埋层厚度 t_b 的函数关系。从图 6-7 中可以看出,随着埋层浓度、厚度的增加,器件的 BV 先增加后减小,当埋层浓度、厚度过低时,埋层辅助耗尽 CCL 并优化补偿电荷分布的效果会很弱,不能够达到屏蔽衬底辅助耗尽效应的作用,此时器件超结层 PN 条之间的电荷并不平衡,器件的 BV 将会降低。当埋层浓度、厚度过高时埋层并不能被完全耗尽,这导致器件的 BV 较低。从

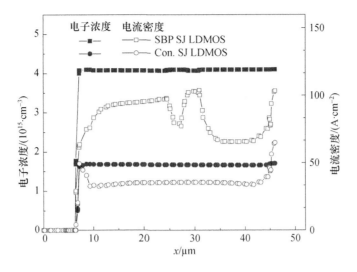

图 6-6　Con. SJ LDMOS 和 SBP SJ LDMOS 器件
CCL 内的电子浓度分布和电流密度分布

图 6-7 中可以看出,器件的比导通电阻随着器件埋层浓度的增加而逐渐增加,这是因为在开态时埋层和 CCL 之间所形成的 PN 结的空间耗尽区随着 P 埋层浓度的增加而展宽,导致电流的流通路径面积减小,从而导致器件的比导通电阻增加。

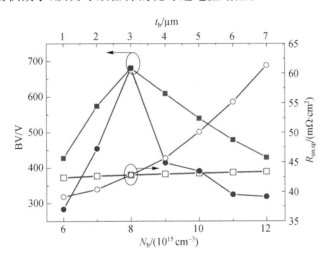

图 6-7　SBP SJ LDMOS 结构的 BV 与比导通电阻与
埋层浓度 N_b、埋层厚度 t_b 的函数关系

从图 6-8 中可以看出,随着埋层间距与埋层长度的增加,器件的 BV 先增加后降低,器件的比导通电阻则一直增加。这是由于在开态时 P 埋层为浮空埋层,P 埋层之中的电位是 0 电位,越靠近漏极 P 埋层和 CCL 之间形成的 PN 结,两端的电位差越大,则耗尽区越宽。所以,埋层之间的间距越大,器件的比导通电阻越大。

表 6-2 展示的是 Con. SJ LDMOS 以及 SBP SJ LDMOS 结构的 BV、$R_{on,sp}$、FOM。SBP SJ LDMOS 结构在 $t_{sj}=3\ \mu m$,$N_{sj}=5\times10^{16}\ cm^{-3}$ 时取得功率优值 FOM 的最大值,并得到 BV 和比导通电阻之间良好的折中。

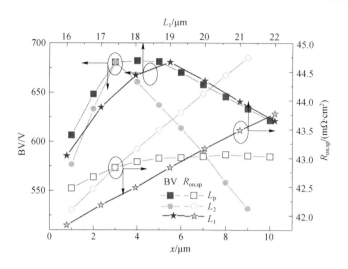

图 6-8　L_p、L_1 和 L_2 对器件的 BV 和比导通电的影响

表 6-2　两种器件的 BV、$R_{on,sp}$、FOM

器件结构	BV/V	$R_{on,sp}/(m\Omega \cdot cm^2)$ $V_{gs}=15$ V	FOM/ $(MW \cdot cm^{-2})$
SBP SJ LDMOS $(t_{sj}=1\ \mu m, N_{sj}=4\times10^{16}\,cm^{-3})$	680.5	42.8	10.8
SBP SJ LDMOS $(t_{sj}=3\ \mu m, N_{sj}=5\times10^{16}\,cm^{-3})$	670.4	23.23	19.34
Con. SJ LDMOS	480.2	53.9	4.3

　　从图 6-9 中可以看出，SBP SJ LDMOS 结构打破了"硅极限"，实现了耐压和比导之间更好的折中。SBP SJ LDMOS 结构在与 BV 基本相同的几个结构进行对比时，可以有更低的比导通电阻。

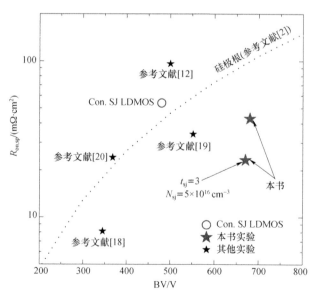

图 6-9　SBP SJ LDMOS 器件与其他不同结构的 LDMOS 器件的对比

6.1.4　总结

本节提出的 SBP SJ LDMOS 新结构较好地屏蔽了衬底辅助耗尽效应。分段埋层优化了 CCL 中补偿电荷的分布,实现从源到漏补偿电荷逐渐增加的分布,屏蔽了衬底辅助耗尽效应,实现了超结层的电荷平衡,得到了较高的 BV。并且 P 埋层也辅助耗尽了 CCL,使得 CCL 的浓度大大增加,进而降低了器件的比导通电阻。通过 Sentaurus 仿真数据显示,与 Con. SJ LDMOS 结构相比,SBP SJ LDMOS 结构的 BV 达到了 680.5 V,增加了 41.7%,在栅极电压为 15 V 的情况下器件的比导通电阻为 42.8 m$\Omega \cdot$ cm^2,降低了 20.6%,功率优值达到了 10.8 MW $\cdot$ cm^{-2},增加了 151.2%。

6.2　SBOX SJ LDMOS

6.2.1　引言

本节提出一种具有阶梯埋氧的超结横向双扩散金属氧化物半导体器件(SBOX SJ LDMOS)结构,该器件结构的特点是根据 ENDIF 原理在 SJ LDMOS 中设计了阶梯状的埋氧。阶梯埋氧将 CCL 按照深度划分为三个部分并按照从源到漏逐渐增加,优化了 CCL 内的电荷分布,屏蔽了衬底辅助耗尽效应(SAD),从而使得超结层达到了电荷平衡,增加了器件的横向耐压。另外,阶梯状的埋氧层也起到了固定空穴的作用,使得埋层上界面空穴浓度大大增加,从而使得埋层电场得到了增加,提高了器件的纵向耐压,实现了 BV 与比导通电阻的折中。在 CCL 长度为 14 μm 的条件下,和常规 SOI SJ LDMOS 结构相比,SBOX SJ LDMOS 结构的 BV 由 207.1 V 增加到 296.9 V,功率优值由 4.5 m$\Omega \cdot$ cm^2 增加到 9.9 m$\Omega \cdot$ cm^2。

6.2.2　器件结构与机理

SBOX SJ LDMOS 结构如图 6-10(a)所示。图 6-10(a)中,L_d、L_1、L_2、L_3 分别指的是 CCL 长度、第一、第二、第三层阶梯长度;t_1、t_2、t_S 分别指的是第一、第二、第三层阶梯厚度;t_{si} 指的是超结层厚度;W_n、W_p 分别指的是超结层 N 条和 P 条宽度;N_d、N_n、N_p 分别为 CCL 的掺在浓度、超结层 N 条和 P 条的掺杂浓度。

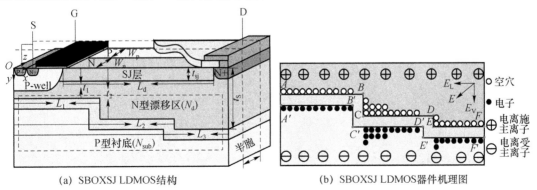

(a) SBOXSJ LDMOS结构　　　　(b) SBOXSJ LDMOS器件机理图

图 6-10　SBOX SJ LDMOS 的结构与器件机理图

较 Con. SOI SJ LDMOS 器件结构相比,SBOX SJ LDMOS 器件结构的特点是具有阶梯形的埋氧层。器件机理图如图 6-10(b)所示,根据阶梯深度将 CCL 分为从源到漏逐渐增加的三部分,优化 CCL 电荷分布,屏蔽衬底辅助耗尽效应,实现超结结构的电荷平衡。另外,在水平电场 E_L 和纵向电场 E_V 的作用下,阶梯状的埋氧层也起到了阻挡空穴被水平电场扫走的作用,使得埋层上界面空穴浓度大大增加,基于 ENDIF 原理可知,增加埋层电场可提高器件的纵向耐压。SBOX SJ LDMOS 器件的仿真结构参数如表 6-3 所示。

表 6-3   SBOX SJ LDMOS 器件的仿真结构参数

结构参数	值
CCL 长度 $L_d/\mu m$	14
第一层阶梯长度 $L_1/\mu m$	待优化
第二层阶梯长度 $L_2/\mu m$	待优化
第三层阶梯长度 $L_3/\mu m$	待优化
第一层阶梯厚度 $t_1/\mu m$	待优化
第二层阶梯厚度 $t_2/\mu m$	待优化
CCL 厚度 $t_S/\mu m$	7
超结层厚度 $t_{sj}/\mu m$	1～2.5
超结层宽度,$W_p = W_n/\mu m$	1
CCL 浓度 N_d/cm^{-3}	待优化
超结层浓度 $N_n = N_p = N_{sj}/cm^{-3}$	$4 \times 10^{16} \sim 5 \times 10^{16}$
衬底浓度 N_{sub}/cm^{-3}	3×10^{14}

6.2.3   结果与讨论

图 6-11 显示的是在击穿状态下,SBOX SJ LDMOS 和 Con. SOI SJ LDMOS 器件结构的等势线图。从图 6-11 中可以看出,SBOX SJ LDMOS 器件结构的等势线在中间区域分布密集,而 Con. SOI SJ LDMOS 器件结构的等势线在器件结构的中间区域分布得比较稀疏,这是由于阶梯埋氧层结构屏蔽衬底辅助耗尽效应,从而使超结层 PN 条之间满足电荷平衡的条件。

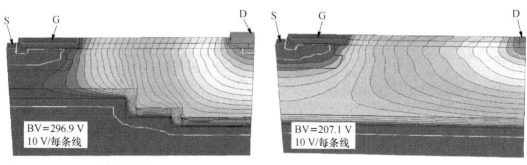

(a) SBOX SJ LDMOS   (b) Con. SOI SJ LDMOS

图 6-11   击穿状态下,器件等势线图

图 6-12(a)显示的是 SBOX SJ LDMOS 和 Con. SOI SJ LDMOS 器件的表面电场($y=$ 0.001 μm)。由于 SBOX SJ LDMOS 引入阶梯埋氧来屏蔽衬底辅助耗尽效应,增加了器件的 BV。通过 Sentaurus2013 仿真结果显示,SBOX SJ LDMOS 结构 CCL 中间的表面电场相比于 Con. SOI SJ LDMOS 结构的 10 V/μm 增加到 20 V/μm。图 6-12(b)显示的是在击穿状态下,SBOX SJ LDMOS 和 Con. SOI SJ LDMOS 的纵向电场。SBOX SJ LDMOS 由于阶梯埋氧的引入,在埋层拐角处固定了空穴,基于 ENDIF 原理可知,这可增强器件纵向电场。从图 6-12(b)中可以看出,SBOX SJ LDMOS 器件的埋层电场可以达到 162.2 V/μm,而 Con. SOI SJ LDMOS 的埋层电场为 76.5 V/μm。

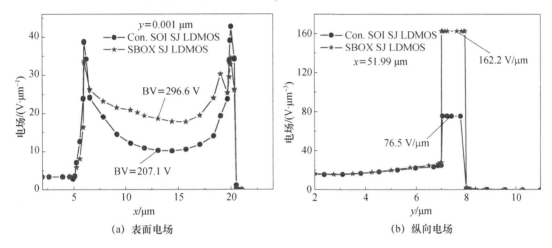

(a) 表面电场　　　　　　　　　(b) 纵向电场

图 6-12　关态下,SBOX SJ LDMOS 和 Con. SOI SJ LDMOS 器件电场对比图

图 6-13 显示的是击穿时 SBOX SJ LDMOS 和 Con. SOI SJ LDMOS 器件的漏极电压和电流之间的关系。阶梯埋氧不仅可以屏蔽辅助耗尽效应,也可以固定埋层上界面空穴。从仿真数据可以看出,Con. SOI SJ LDMOS 器件的 BV 为 207.1 V,SBOX SJ LDMOS 器件的 BV 为 296.9 V,相比于 Con. SOI SJ LDMOS 器件,SBOX SJ LDMOS 器件的 BV 提高了 43.3%。

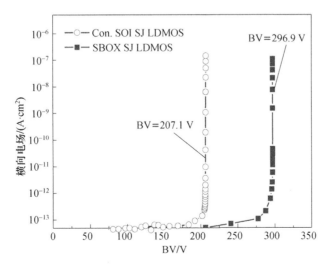

图 6-13　击穿时 SBOX SJ LDMOS 和 Con. SOI SJ LDMOS
器件的漏极电压和电流之间的关系

图 6-14(a)显示的是 SBOX SJ LDMOS 埋氧层上界面空穴浓度分布图,图 6-14(b)显示的是 Con. SOI SJ LDMOS 埋氧层上界面空穴浓度分布图,图 6-14(c)显示的是 SBOX SJ LDMOS 埋氧层下界面电子浓度分布图,图 6-14(d)显示的是 Con. SOI SJ LDMOS 埋氧层下界面电子浓度分布图。在 CCL 内存在从漏到源横向的电场以及从表面到衬底纵向的电场,在两电场的作用下阶梯形状埋氧层可以阻挡空穴被横向电场抽走,增强了埋氧层上界面的空穴浓度。积累的空穴发出的电力线终止于埋层下界面积累的电子,增强了埋层下界面电子浓度。从图 6-14 中可以看出,SBOX SJ LDMOS 器件埋层上界面空穴浓度和埋层下界面电子浓度分别可达 19 量级和 18 量级。

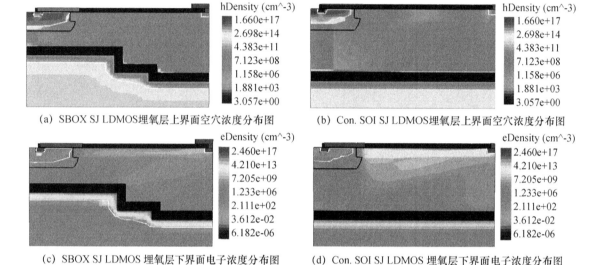

(a) SBOX SJ LDMOS埋氧层上界面空穴浓度分布图   (b) Con. SOI SJ LDMOS埋氧层上界面空穴浓度分布图

(c) SBOX SJ LDMOS 埋氧层下界面电子浓度分布图   (d) Con. SOI SJ LDMOS 埋氧层下界面电子浓度分布图

图 6-14　埋氧层上界面空穴浓度分布图及埋氧层下界面电子浓度分布图

图 6-15(a)显示的是 SBOX SJ LDMOS 和 Con. SOI SJ LDMOS 器件的埋氧层下界面电子浓度分布曲线。SBOX SJ LDMOS 器件由于埋层下界面的拐角处大量电子被阶梯阻挡,浓度为 1.14×10^{19} cm^{-3} 和 6.72×10^{19} cm^{-3} 的电子分布在 B' 和 D' 处。

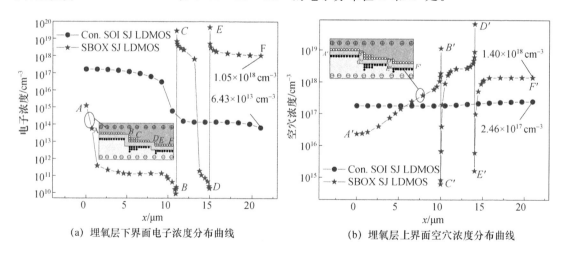

(a) 埋氧层下界面电子浓度分布曲线   (b) 埋氧层上界面空穴浓度分布曲线

图 6-15　SBOXI SJ LDMO 和 Con. SOI SJ LDMOS 器件特性

图 6-15(b) 显示的是 SBOX SJ LDMOS 和 Con. SOI SJ LDMOS 器件的埋氧层上界面空穴浓度分布曲线。SBOX SJ LDMOS 结构由于埋层上界面的拐角处大量空穴被阶梯阻挡，B 和 D 处的空穴浓度分别为 2.85×10^{19} cm^{-3} 和 4.56×10^{19} cm^{-3}。

阶梯深度和 C、E 两点横坐标的变化，破坏了超结的电荷平衡，影响了器件的 BV。图 6-16(a) 显示的是 SBOX SJ LDMOS 器件的 BV、比导通电阻与阶梯深度的关系图。从图 6-16(a) 可得，器件的 BV 随着 CCL 深度的增加先增大后减小。图 6-16(b) 显示的是 SBOX SJ LDMOS 器件 BV、比导通电阻与 C、E 两点横坐标的关系图，其中，L_1 和 L_2 分别表示 C 和 E 点的横坐标。

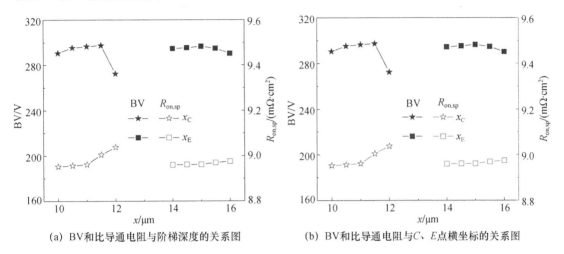

(a) BV和比导通电阻与阶梯深度的关系图　　(b) BV和比导通电阻与 C、E 点横坐标的关系图

图 6-16　SBOX SJ LDMOS 阶梯位置对器件 BV 与比导通电阻的影响

图 6-17(a) 显示的是 Steps SOI LDMOS、Con. SOI SJ LDMOS 和 SBOX SJ LDMOS 器件 BV、比导通电阻与 CCL 掺杂浓度的关系图。当 CCL 厚度确定的情况下，随着 CCL 浓度的增加，对超结层的电荷补偿的量也会随之增加，因此当 CCL 浓度较小时对于超结层的电荷补偿不足以屏蔽衬底辅助耗尽效应，从而导致超结层电荷平衡被打破，导致器件 BV 较低。而 CCL 浓度过大时则会导致 CCL 不能完全耗尽，从而降低器件 BV。对于 SBOX SJ LDMOS 器件，当 $N_d = 3.2 \times 10^{15}$ cm^{-3} 时，BV 为 296.9 V，比导通电阻为 8.9 m$\Omega \cdot$ cm^2，功率优值达到最优值。

图 6-17(b) 显示的是不同超结层厚度和掺杂浓度情况下，SBOX SJ LDMOS 器件 BV、比导通电阻与 CCL 掺杂浓度 N_d 的关系图。超结层的厚度和掺杂浓度不同，需要 CCL 对超结层的补偿电荷的量也不一样。当 $N_{sj} = 5 \times 10^{16}$ cm^{-3}，$t_{sj} = 2.5$ μm，CCL 的掺杂浓度 $N_d = 4.6 \times 10^{15}$ cm^{-3} 时，器件的功率优值为 15.2 MW $\cdot$ cm^{-2}。这也可以进一步证明，阶梯埋氧层结构对于优化 CCL 补偿电荷分布，屏蔽衬底辅助耗尽是有效的。

表 6-4 展示的是 Con. SOI SJ LDMOS、Steps SOI LDMOS 以及 SBOX SJ LDMOS 器件的 BV、$R_{on,sp}$、FOM 对比。从表 6-4 中可以看出，SBOX SJ LDMOS 器件结构在 $t_{sj} = 2.5$ μm，$N_{sj} = 5 \times 10^{16}$ cm^{-3} 时取得最大的功率优值 FOM（$= 15.2$ MW $\cdot$ cm^{-2}），实现了 BV 与比导通电阻之间良好的折中。

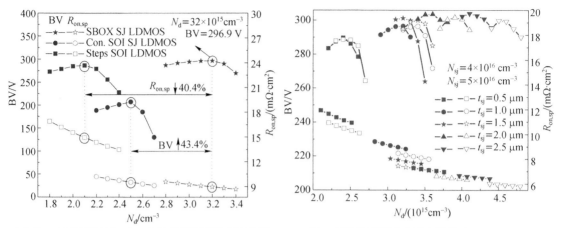

(a) Steps SOI LDMOS、Con. SOI SJ LDMOS和SBOX SJ LDMOS器件BV、比导通电阻CCL掺杂浓度N_d的变化图

(b) 不同超结层厚度和浓度情况下SBOX SJ LDMOS器件BV、比导通电阻和N_d的关系

图 6-17　器件 BV、比导通电阻和 N_d 的关系

表 6-4　三种器件的 BV、$R_{on,sp}$、FOM 对比

器件结构	BV/V	$R_{on,sp}/(m\Omega \cdot cm^2)$ $V_{gs}=15\ V$	FOM/ $(MW \cdot cm^{-2})$
SBOX SJ LDMOS ($t_{sj}=1\mu m$, $N_{sj}=4\times10^{16}\ cm^{-3}$)	296.9	8.9	9.9
SBOX SJ LDMOS ($t_{sj}=2.5\mu m$, $N_{sj}=5\times10^{16}\ cm^{-3}$)	299.4	5.9	15.2
Steps SOI LDMOS	286.3	14.9	5.5
Con. SOI SJ LDMOS	207.1	9.5	4.5

图 6-18 显示的是不同器件的 BV 与比导通电阻的关系图。从图 6-18 上可以看出，SBOX SJ LDMOS 器件实现了 BV 和比导通电阻之间良好的折中。

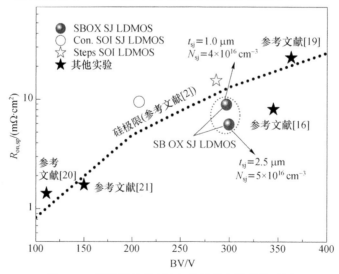

图 6-18　不同器件的 BV 与比导通电阻的关系图

6.2.4 结论

本节提出一种 SBOX SJ LDMOS 器件结构,该结构较好地屏蔽了衬底辅助耗尽效应,另外,阶梯状的埋氧层起到了固定空穴的作用,使得埋层上界面空穴浓度大大增加,使得埋层电场得到了优化,提高了器件的 BV,实现了 BV 和比导通电阻的折中。仿真结果显示,SBOX SJ LDMOS 器件 BV 为 296.9 V,比导通电阻为 8.9 mΩ·cm^2,功率优值为 9.9 MW·cm^{-2},较 Con. SOI SJ LDMOS 器件,其 BV 和功率优值分别增加了 43.3% 和 120%,较 Steps SOI LDMOS 器件,其比导通电阻降低了 40%,功率优值增加了 80%。

6.3 PLK SJ LDMOS

6.3.1 引言

本节提出了一种具有部分低 K 层和线性掺杂区的超结 LDMOS(PLK SJ LDMOS),不仅打破了"硅极限",而且克服了 SOI 器件纵向击穿电压较低的缺点。横向由于引入部分低 K 介质以及线性掺杂区,优化了漂移区内电荷分布,较好地屏蔽了衬底辅助耗尽效应,从而提高了器件的横向耐压。纵向在器件漏端下方引入低 K 介质,增强了埋层电场,提高了器件的纵向耐压。由仿真结果显示,在漂移区长度为 45 μm 的条件下,PLK SJ LDMOS 的 BV 为 799 V,功率优值为 6.2 MW·cm^{-2}。和常规超结 LDMOS 器件(Con. SJ LDMOS)相比,PLK SJ LDMOS 的 BV 和功率优值分别提高了 50% 和 72.2%。

6.3.2 器件结构与机理

PLK SJ LDMOS 器件结构如图 6-19(a)所示,其中,L_d、L_{BOX}、L_{lk} 分别指的是漂移区长度、氧化层长度和低 K 介质层长度;t_{sj}、t_{sub}、t_1 分别表示超结层厚度、衬底厚度和埋层厚度;W_n、W_p、W_{sj} 分别表示超结层 N 条和 P 条的宽度以及漂移区的宽度;N_n、N_p、N_d、N_{sub} 分别表示超结层 N 条、P 条、漂移区以及衬底掺杂浓度;N_A、N_B、N_C 分别表示的是线性掺杂的初始浓度、埋氧层右边界处的漂移区域浓度、低 K 介质左边界处的漂移区浓度。

较 Con. SJ LDMOS 器件结构相比,PLK SJ LDMOS 具有部分低 K 介质层。器件优化机理如图 6-19(b)所示,通过基于部分低 K 介质对器件表面电场进行调制以及在漂移区采用线性掺杂技术,可以较好地屏蔽了 SAD,PLK SJ LDMOS 实现了超结区域表面电场呈矩形分布并提高了横向耐压。埋层中引入低 K 介质,增强了器件纵向电场,提高了器件纵向耐压。表 6-5 中给出了 PLK SJ LDMOS 器件结构关键仿真参数。

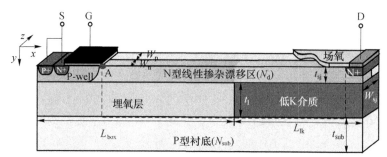

(a) PLKSJ LDMOS器件结构

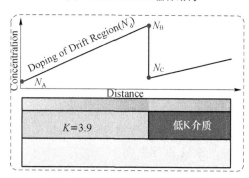

(b) PLKSJ LDMOS器件优化机理

图 6-19　PLK SJ LDMOS 器件

表 6-5　PLK SJ LDMOS 器件结构关键仿真参数

结构参数	值	单位
漂移区长度 L_d	45	μm
$K=3.9$ 时介质埋层长度 L_{BOX}	待优化	μm
低 K 介质埋层长度 L_{lk}	待优化	μm
超结层厚度 t_{sj}	1	μm
衬底厚度 t_{sub}	6	μm
埋层厚度 t_l	3	μm
超结层 P 条和 N 条的宽度（$2W_p = 2W_n = 2W_{sj}$）	0.5	μm
超结层 P 浓度 N_p	1×10^{16}	cm^{-3}
超结层 N 浓度 N_n	1×10^{16}	cm^{-3}
漂移区浓度 N_d	待优化	cm^{-3}
线性掺杂初始浓度 N_A	待优化	cm^{-3}
埋氧层右边界处的漂移区域浓度 N_B	待优化	cm^{-3}
LK 左边界处的漂移区浓度 N_C	待优化	cm^{-3}
衬底浓度 N_{sub}	1×10^{14}	cm^{-3}

6.3.3 结果与讨论

图 6-20 显示的是在击穿状态下,PLK SJ LDMOS 与 Con. SJ LDMOS 的等势线图。与 Con. SJ LDMOS 相比,PLK SJ LDMOS 引入低 K 介质,增强了纵向电场,提高了器件的 BV。从图 6-20 中可以看出,PLK SJ LDMOS 比 Con. SJ LDMOS 的等势线分布更加均匀。

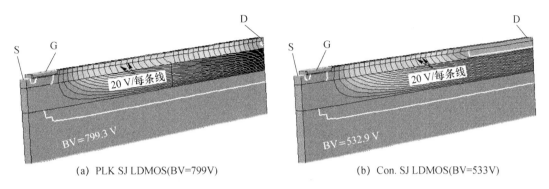

(a) PLK SJ LDMOS(BV=799V) (b) Con. SJ LDMOS(BV=533V)

图 6-20 击穿状态下,两种结构的等势线图

由于具有 PLK 层和线性掺杂区域,PLK SJ LDMOS 存在的 SAD 被较好地屏蔽,实现漂移区全耗尽。由于 Con. SJ LDMOS 中的 SAD 不能被较好地屏蔽,当耐压达到最大时,漂移区不能实现完全耗尽。在图 6-21 中,ΔE_{x1} 和 ΔE_{x2} 表示 PLK SJ LDMOS 和 Con. SJ LDMOS 结构表面电场的差值,其中 $\Delta E_{x1}=4.8$ V/μm,$\Delta E_{x2}=7.5$ V/μm。

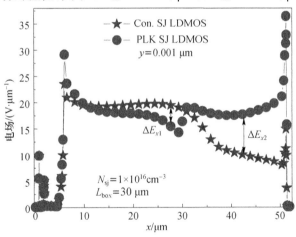

图 6-21 关态下,PLK SJ LDMOS 和 Con. SJ LDMOS 器件表面电场对比图($y=0.001$ μm)

在关态下,PLK SJ LDMOS 和 Con. SJ LDMOS 的纵向电场和纵向电势分布如图 6-22 所示。基于介质场增强原理,低 K 介质被引入漏端下方的埋氧层中,增加了纵向电场并提高了器件的 BV。图 6-22(a)描述的是两个器件在 $x=51.99$ μm 时纵向电场的比较,其中 ΔE_y 是埋层电场差值。PLK SJ LDMOS 和 Con. SJ LDMOS 的埋层电场分别为 260 V/μm 和 170V/μm。图 6-22(b)表示在 $x=51.99$ μm 时,两个器件纵向电势分布。PLK SJ LDMOS ($K=1.1$)和 Con. SJ LDMOS 的 V_I 分别为 505 V 和 779 V,PLK SJ LDMOS 的 V_I 比 Con SJ LDMOS 高出了 54.3%,V_I 指的是穿过埋层的电压降。

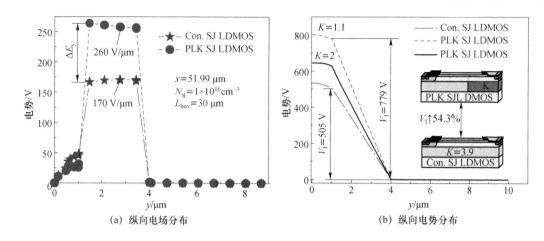

(a) 纵向电场分布　　　　　　　　(b) 纵向电势分布

图 6-22　击穿时,PLK SJ LDMOS 和 Con. SJ LDMOS 纵向电场和纵向电势分布

图 6-23 显示的是 PLK SJ LDMOS 和 Con. SJ LDMOS 处于击穿状态时,漏极电流 I_d 和漏极电压 V_d 之间的关系。由于部分低 K 介质和线性掺杂区域的共同作用,PLK SJ LD-MOS 器件较好地屏蔽了 SAD 以及实现了漂移区全耗尽。从仿真结果可以看出,PLK SJ LDMOS 的 BV 为 799 V,比 Con. SJ LDMOS 的 BV 高了 50%。

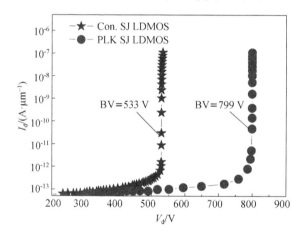

图 6-23　击穿状态下,PLK SJ LDMOS 和 Con. SJ LDMOS 器件击穿特性曲线

图 6-24 显示的是 PLK SJ LDMOS 的 BV、比导通电阻和 L_{BOX} 之间的关系。位于漏端下方的低 K 介质埋层可以提高器件的纵向耐压,但是较小的介电系数对器件的比导通电阻影响比较小。当低 K 介质埋层长度变长时,器件的比导通电阻会增加。开态下,当 L_{BOX} 增大时,比导通电阻减小。关态下,当 L_{BOX} 增大时,BV 先增大后减小。当 $L_{BOX}=30~\mu m$ 时,PLK SJ LDMOS 的性能最佳,功率优值达到 6.2 MW∙cm^{-2}。

图 6-25(a)描绘了 BV、比导通电阻、功率优值与 N_A 之间的关系。图 6-25(b)展示了 N_B 和 N_C 对 BV 和比导通电阻的影响。当 N_A 增大时,在导通状态下提高了一条低阻通道,降低了器件比导通电阻。然而,在关态下,PLK SJ LDMOS 器件的 BV 先增大后减小,先增大是由于器件漂移区对超结层电荷补偿,后减小是因为 N_A 继续增大使得漂移区不能被完全耗尽。当 $N_A=5\times10^{15}~cm^{-3}$,$N_B=7.96\times10^{16}~cm^{-3}$ 和 $N_C=2.42\times10^{16}~cm^{-3}$ 时,PLK SJ LD-

MOS 器件的功率优值达到了 $6.2\,\mathrm{MW\cdot cm^{-2}}$。

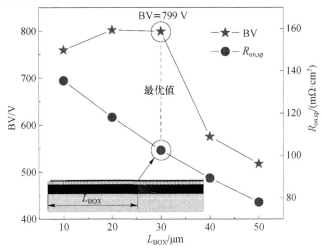

图 6-24　PLK SJ LDMOS 的 BV、比导通电阻和 L_{BOX} 之间的关系

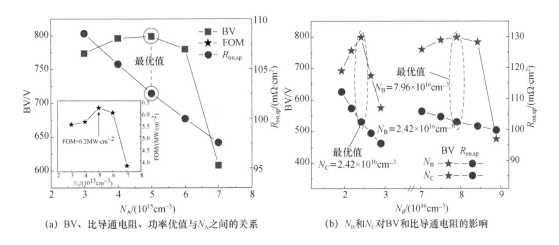

(a) BV、比导通电阻、功率优值与 N_A 之间的关系　　(b) N_B 和 N_C 对BV和比导通电阻的影响

图 6-25　漂移区浓度对器件性能的影响

　　表 6-6 中数据表示的是 Con. SJ LDMOS、Con. LDMOS、PLK SJ LDMOS 三种器件的 BV、比导通电阻以及功率优值的对比。从仿真数据可以得出,在相同的漂移区长度为 $45\,\mu\mathrm{m}$ 的条件下,PLK SJ LDMOS 显示了最好的功率优值。

表 6-6　三种器件的 BV、比导通电阻以及功率优值的对比

器件结构	BV/V	$R_{\mathrm{on,sp}}/(\mathrm{m\Omega\cdot cm^2})$	FOM/(MW·cm^{-2})
Con. LDMOS	604	79.7	4.6
Con. SJ LDMOS	533	77.9	3.6
PLK SJ LDMOS	799	102.5	6.2

　　图 6-26 描述的是 PLK SJ LDMOS 和本章文献中器件结构的比导通电阻对比图。从图 6-26 中可以看出,本文提出的 PLK SJ LDMOS 结构实现了 BV 与比导通电阻之间良好

的折中关系,且它的 BV 达到 799 V。

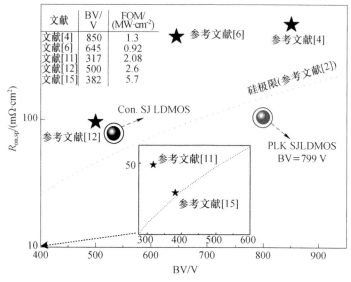

图 6-26 $R_{\mathrm{on,sp}}$ 的比较

6.3.4 结论

本节提出一种 PLK SJ LDMOS 器件结构,该结构具有部分低 K 介质层和漂移区线性掺杂的特点,较好地屏蔽了器件的衬底辅助耗尽效应,实现了器件性能最优。与相同漂移区长度的 Con. SJ LDMOS 相比,PLK SJ LDMOS 的 BV 提高了 50%,功率优值提高了 72.2%。

6.4 SOI VK PSJ LDMOS

6.4.1 引言

本节提出了一种变 K(VK)绝缘体上硅(SOI)部分超结(PSJ)横向双扩散金属氧化物半导体器件(LDMOS)结构(SOI VK PSL LDMOS)。该器件巧妙地将超结结构和低 K 材料相结合,超结可以提供低阻通道,降低比导通电阻,低 K 埋层可承担高电压。为解决横向超结结构面临的衬底辅助耗尽效应问题,提高器件的横向耐压,该结构将电荷补偿层(CCL)设计为从源到漏逐渐增加的掺杂方式,并和超结层的 N 条结合在一起,同时对低 K 埋层所对应的 CCL 进行线性掺杂,以获得矩形的表面电场。仿真结果表明,在 CCL 长度为 46.5 μm 的条件下,与 Con. SOI PSJ LDMOS 结构相比,SOI VK PSJ LDMOS 的 BV 为 795.5 V,提高了 71.4%,功率优值为 6.066 MW·cm^{-2},提高了 81.1%,比导通电阻为 103.4 mΩ·cm^2,和相同耐压等级的"硅极限"相比,比导通电阻降低了 31.2%,打破了"硅极限"。

6.4.2 器件结构和机理

SOI VK PSJ LDMOS 器件结构如图 6-27(a)所示,其中,L_1 代表埋氧层长度;L_{lk} 代表低

K 介质埋层的长度；L_{sj} 表示超结的长度；t_{sj} 代表超结的深度；W_{sj} 是超结的宽度；N_n 和 N_p 分别表示超结中 N 条和 P 条的浓度；N_d 表示 N 型掺杂区中初始掺杂的浓度。如图 6-27(a)所示，SOI VK PSJ LDMOS 包含在源端的超结部分以及漏端的低 K 埋层部分。为了抑制超结结构中存在的衬底辅助耗尽效应，部分超结中包括从源到漏浓度线性增加的电荷补偿层。并且，掺杂浓度满足 $N = N_b + G \cdot x (0 \leqslant x \leqslant L_{sj})$ 的关系，其中，N_b 是 CCL 的初始浓度，G 表示线性变掺杂的斜率，CCL 层浓度掺杂变化曲线大致如图 6-27(b)所示。在仿真时使用如表 6-7 所示的器件参数。

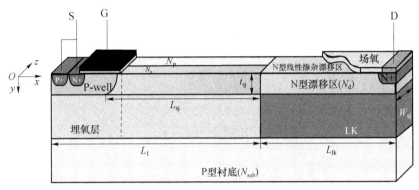

(a) 器件结构

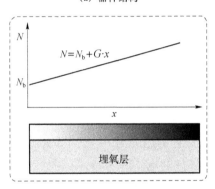

(b) CCL 层浓度掺杂变化曲线

图 6-27　结构机理图

表 6-7　器件仿真结构参数

结构参数	值
超结的长度 $L_{sj}/\mu m$	30
埋氧层的长度 $L_1/\mu m$	待优化
低 K 介质埋层的长度 $L_{lk}/\mu m$	待优化
超结中 N 条的浓度 N_n/cm^{-3}	待优化
超结中 P 条的浓度 N_p/cm^{-3}	待优化
超结的深度 $t_{sj}/\mu m$	1
超结的宽度 $W_{sj}/\mu m$	1
衬底浓度 N_{sub}/cm^{-3}	1×10^{14}

6.4.3　结果与讨论

图 6-28 显示的是在击穿状态下，SOI VK PSJ LDMOS 结构和 Con. SOI PSJ LDMOS 结构的等势线分布图。每两根等势线之间的电压差值是 20 V。从图 6-28 中可以看出，SOI VK PSJ LDMOS 和 Con. SOI PSJ LDMOS 超结中的等势线分布都比较均匀且密集。Con. SOI PSJ LDMOS 中的 N-掺杂区没有参与耗尽，从而没有等势线的分布，而 SOI VK PSJ LDMOS 的 N-掺杂区完全耗尽，并且等势线分布均匀且密集。这导致 SOI VK PSJ LDMOS 的 BV 达到 795.4 V，而 Con. SOI PSJ LDMOS 的 BV 只有 464.1 V。这是由于 SOI VK PSJ LDMOS 在漏极下端引入低 K 介质，提高了器件纵向埋层电场，避免了器件提前发生纵向击穿，从而提高了器件的 BV，并且横向 CCL 得以完全耗尽。

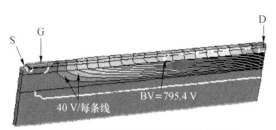
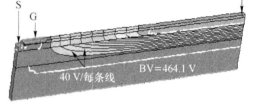

(a) SOI VK PSJ LDMOS 的等势线分布图　　　　(b) Con. SOI PSJ LDMOS 的等势线分布图

图 6-28　两种结构的等势线分布图

图 6-29 显示的是 SOI VK PSJ LDMOS 和 Con. SOI PSJ LDMOS 的表面横向电场和纵向电场分布，其中，ΔE_x 表示两种结构在 N-掺杂区的电场差值，ΔE_y 表示两种结构的纵向电场差值。从图 6-29(a)可以明显看到，Con. SOI PSJ LDMOS 结构在超结处的电场达到了 20 V/μm 以上，而在 N-掺杂区处的电场为 0。SOI VK PSL LDMOS 结构在超结处的电场平均为 20 V/μm，在 N-掺杂区处的电场约为 17 V/μm。SOI VK PSL LDMOS 结构的 N-掺杂区承担了部分横向耐压，从而大大地提高了器件的横向耐压，而 Con. SOI PSJ LD-MOS 结构的 N-掺杂区完全没有承担耐压，导致常规结构的整体耐压降低。这是由于 SOI VK PSJ LDMOS 在漏极下端引入低 K 介质埋层，基于 ENDIF 原理可知，低 K 介质埋层可增强器件纵向电场，提高纵向耐压，避免器件纵向提前击穿。从图 6-29(b)可以看出，SOI VK PSJ LDMOS 由于低 K 介质埋层的引入，其埋层电场可以达到 270 V/μm，而 Con. SOI PSJ LDMOS 的埋层电场只有 150 V/μm，这使得 SOI VK PSJ LDMOS 结构的纵向耐压远大于 Con. SOI PSJ LDMOS 结构的。Con. SOI PSJ LDMOS 器件纵向承担的电压是受限的，其原因主要有以下两点：①受工艺限制，埋层不能做的太厚；②埋层电场大约是硅层电场的 3 倍。这导致器件纵向提前击穿，从而 CCL 不能完全耗尽，降低了器件的 BV。

从图 6-30 中可以清楚地看到，漏极电流与漏极电压的关系，在击穿状态下，SOI VK PSJ LDMOS 和 Con. SOI PSJ LDMOS 的电压值分别达到 795.4 V 和 464.1 V，电流值均达到了 1×10^{-7} A/μm 以上。

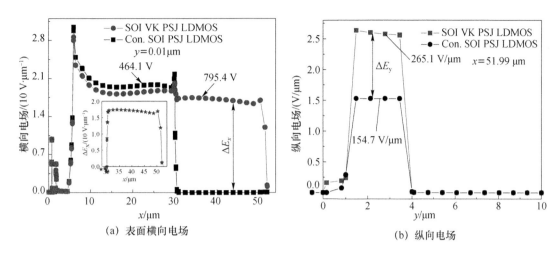

(a) 表面横向电场

(b) 纵向电场

图 6-29　SOI VK PSJ LDMOS 和 Con. SOI PSJ LDMOS 的表面横向电场以及体内纵向电场分布图

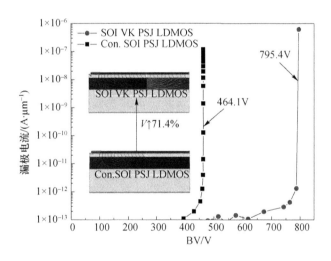

图 6-30　关态下,SOI VK SJ LDMOS 与 Con. SOI PSJ LDMOS 的转移特性曲线

图 6-31 给出了比导通电阻与 BV 随着 SiO_2 长度 L_1 变化而变化的情况,由图 6-31 可以看出,随着 L_1 的变化器件的 $R_{on,sp}$ 并无很大变化,而 BV 却变化很大,并在 $L_1=30\ \mu m$ 时达到最优值。这是由于当 CCL 掺杂中的 N_b、G 以及 L_{sj} 确定时,且 L_1 不等于 L_{sj} 时,会使得超结或者 N-掺杂区横跨在埋氧层和低 K 介质之间,又由于埋氧层和低 K 介质介电系数的不同,这就会打破超结的电荷平衡,降低器件的 BV。

图 6-32 表示的是 BV 与 $R_{on,sp}$ 与 N_b 和 G 的关系。当固定斜率 G 时,随着初始浓度 N_b 的增大,比导通电阻不断降低,但是下降程度不大,而 BV 则一开始增大,随后突然急剧降低。当固定初始浓度 N_b 时,BV 随着 G 先增大后减小,而比导通电阻则不断地降低。这是由于当固定 N_b 或 G 某一个变量时,比导通电阻会随着漂移区浓度的提高而降低,并且当 N_b 在未达到临界值时,CCL 层浓度的提高会加强对超结的电荷补偿,提高器件的 BV,但是超过这个临界值时,过高的漂移区浓度会使得器件表面发生提前击穿,导致器件 BV 的降低。

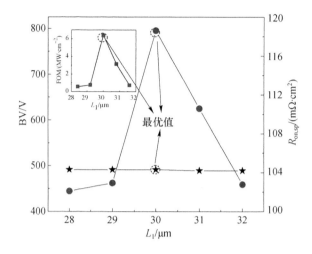

图 6-31　SOI VK SJ LDMOS 中 BV 与 $R_{on,sp}$ 和 L_1 的关系图

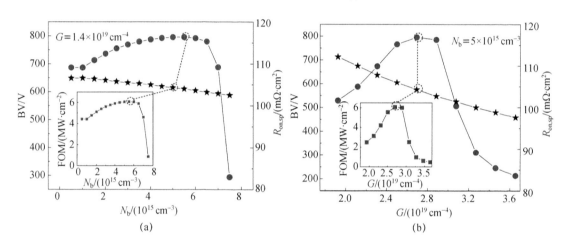

图 6-32　BV 与 $R_{on,sp}$ 与 N_b 和 G 的关系

从仿真数据可以看出,SOI VK SJ LDMOS 器件的 BV 为 795.4 V,Con. SOI PSJ LDMOS 器件的 BV 为 464.1V,相比于 Con. SOI PSJ LDMOS 器件,SOI VK SJ LDMOS 器件的 BV 提高了 41.7%,由图 6-33 可以明显看出,SOI VK SJ LDMOS 结构打破了"硅极限"。

表 6-8　三种器件的 BV、$R_{on,sp}$、FOM

器件结构	BV/V	$R_{on,sp}/(m\Omega \cdot cm^2)$ $V_{gs} = 15\ V$	FOM/ $(MW \cdot cm^{-2})$
SOI VK PSJ LDMOS	795.4	104.3	6.066
Con. SOI PSJ LDMOS	464.1	64.3	3.349
SOI LK PSJ LDMOS	773.3	172.5	3.467

由表 6-8 可以得出,新结构 SOI VK PSJ LDMOS 相比于 Con. SOI PSJ LDMOS,其 BV 得到了很大的提升,提升幅度达到了 71.4%。相比于 SOI LK PSJ LDMOS,虽然其 BV 并

没有很大的提升,但是比导通电阻减小了 65.4%。总而言之,新结构取得了最好的 BV,并且实现了 BV 与比导通电阻的良好折中,取得了最佳的功率优值。

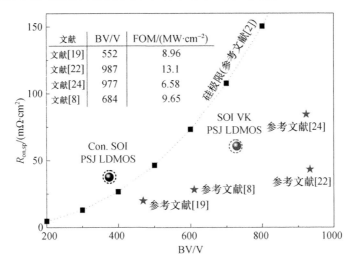

图 6-33　SOI VK PSJ LDMOS 结构以及其他结构的比导通电阻、BV 以及"硅极限"

6.4.4　结论

本节提出的 SOI VK PSJ LDMOS 新结构将部分超结和低 K 材料良好地融合在一起,部分超结和线性变掺杂的漂移区优化了器件的表面电场分布,提高了器件的横向耐压。SOI 和低 K 介质埋层的引入则提高了器件的纵向耐压,避免了器件提前击穿。通过 Sentaurus 仿真数据显示,与采用了线性变掺杂的 Con. SOI PSJ LDMOS 结构相比,SOI VK PSJ LDMOS 器件的 BV 达到了 795.4 V,增加了 71.4%,功率优值达到了 6.066 MW·cm^{-2},提高了 81.1%。

参 考 文 献

[1] Zhang Bo, Zhang Wengtong, Li Zehong, et al. Equivalent substrate model for lateral super junction device[J]. IEEE Transactions on Electron Devices, 2014, 61(2): 525-532.

[2] Hu Chenming. Optimum doping profile for minimum ohmic resistance and high breakdown voltage[J]. IEEE Transactions on Electron Devices, 1979, 26(3): 243-244.

[3] Duan Baoxing, Zhang Bo, Li Zhaoji. Breakdown voltage analysis for a step buried oxide SOI structure [J]. Chinese Journal of Semiconductors, 2005, 26 (7): 1396-1400.

[4] Wang Zhongjian, Cheng Xinhong, He Dawei, et al. Realization of 850V breakdown voltage LDMOS on simbond SOI[J]. Microelectronic Engineering, 2012, 91(3): 102-105.

[5] Qiao Ming, Zhuang Xiang, Wu Lijuan, et al. Breakdown voltage model and struc-

ture realization of a thin silicon layer with linear variable doping on a silicon on insulator high voltage device with multiple step field plates[J]. Chinese Physics B, 2012, 21(10): 504-511.

[6] Hara K, Kakegawa T, Wada S, et al. Low on-resistance high voltage thin layer SOI LDMOS transistors with stepped field plates[C]//2017 29th International Symposium on Power Semiconductor Devices and IC's (ISPSD). Sapporo: IEEE, 2017.

[7] Zhu R, Khemka V, Khan T, et al. A high voltage super-junction NLDMOS device implemented in 0.13μm SOI based smart power IC technology[C]//2010 22nd International Symposium on Power Semiconductor Devices & IC's. Hiroshima: IEEE, 2010.

[8] Zhang Wentong, Qiao Ming, Wu Lijuan, et al. Ultra-low specific on-resistance SOI high voltage trench LDMOS with dielectric field enhancement based on ENBULF concept[C]//2013 25th International Symposium on Power Semiconductor Devices & IC's. Kanazawa: IEEE, 2013.

[9] Luo Xiaorong, Li Zhaoji, Zhang Bo. Breakdown characteristics of SOI LDMOS high voltage devices with variable low k dielectric layer[J]. Chinese Journal of Semiconductors, 2006, 27(5): 881-885.

[10] Nassif-Khalil S G, Salama C A T. Super junction LDMOST in silicon-on-sapphire technology (SJ-LDMOST)[C]//Proceedings of the 14th International Symposium on Power Semiconductor Devices and Ics. Santa Fe: IEEE: 2002.

[11] Honarkhah S, Nassif-Khalil S, Salama C A T. Back-etched super-junction LDMOST on SOI[C]//Proceedings of the 30th European Solid-State Circuits Conference. Leuven: IEEE, 2004.

[12] Zhang Bo, Wang Wenlian, Chen Wanjun, et al. High-voltage LDMOS with charge-balanced surface low on-resistance path layer[J]. IEEE Electron Device Letters, 2009, 30 (8): 849-851.

[13] Chen Wanjun, Zhang Bo, Li Zengchen. SJ-LDMOS with high breakdown voltage and ultra-low on-resistance[J]. Electronics Letters, 2006, 42(22): 1314-1315.

[14] Wu Wei, Zhang Bo, Fang Jian, et al. High voltage SJ-LDMOS with charge-balanced pillar and N-buffer layer[C]//2012 IEEE 11th International Conference on Solid-State and Integrated Circuit Technology. Xi'an: IEEE, 2013.

[15] Wang Wenlian. SOI SJ-LDMOS with added fixed charges in buried oxide[C]//2010 International Conference on Microwave and Millimeter Wave Technology. Chengdu: IEEE, 2010.

[16] Duan Baoxing, Cao Zhen, Yuan Song, et al. New super junction lateral double-diffused MOSFET with electric field modulation by differently doping the buffered layer[J]. Acta Physica Sinica, 2014, 63(24): 247301-247301.

[17] Duan Baoxing, Cao Zhen, Yuan Song, et al. Complete 3D-reduced surface field superjunction lateral double-diffused MOSFET breaking silicon limit[J]. IEEE Elec-

tron Device Letters，2015，36(12)：1348-1350.

[18] Park I Y, Salama C A T. CMOS compatible super junction LDMOST with N-buffer layer[C]//The 17th International Symposium on Power Semiconductor Devices and ICs. Santa Barbara：IEEE, 2005.

[19] Wu Lijuan, Zhang Wentong, Qiao Ming, et al. SOI SJ high voltage device with linear variable doping interface thin silicon layer[J]. Electronics Letters, 2012, 48 (5)：297-289.

[20] Zhang Bo, Wang Wenlian, Chen Wanjun, et al. High-voltage LDMOS with charge-balanced surface low on-resistance path layer[J]. IEEE Electron Device Letters, 2009, 30 (8)：849-851.

[21] Duan Baoxing, Cao Zhen, Yuan Xiaoning, et al. New superjunction LDMOS breaking silicon limit by electric field modulation of buffered step doping[J]. IEEE Electron Device Letters, 2015, 36(1)：47-49.

[22] Amberetu M A, Salama C A T. 150-V class superjunction power LDMOS transistor switch on SOI[C]//Proceedings of the 14th International Symposium on Power Semiconductor Devices and Ics. Sante Fe：IEEE, 2002.

[23] Cao Zhen, Duan Baoxing, Yuan Song, et al. Novel superjunction LDMOS with multi-floating buried layers[C]//2017 29th International Symposium on Power Semiconductor Devices and IC's. Sapporo：IEEE, 2017.

[24] Ng R, Udrea F, Sheng K, et al. Lateral unbalanced super junction (USJ)/3D-RESURF for high breakdown voltage on SOI[C]//Proceedings of the 13th International Symposium on Power Semiconductor Devices & ICs. Osaka：IEEE, 2001.

[25] Zhang Wentong, Zhan Zhenya, Yu Yang, et al. Novel superjunction LDMOS (> 950V) with a thin layer SOI[J]. IEEE Electron Device Letters, 2017, 38(11)：1555-1558.

第 7 章 GC 耐压层电荷场优化

功率器件本身存在"硅极限",即比导通电阻随击穿电压成指数增加,这限制了功率器件的发展。功率器件发展的一个方向为实现击穿电压和比导通电阻之间的折中,用功率优值 FOM 表示。在设计高击穿电压和低比导通电阻功率器件时,槽型和纵向场板技术应用非常广泛。漂移区中的槽型结构可以缩短器件的横向尺寸。纵向场板结构可以优化器件的体内电场和辅助耗尽漂移区,不仅可以提高器件的击穿电压,而且可以降低器件的比导通电阻。功率半导体器件经常用在频率较高的领域,开关损耗已经成为器件损耗的主要部分,特别是对于槽栅功率器件,因此降低器件的栅漏电荷 Q_{GD} 和损耗优值 FOM2(FOM2 = $R_{on,sp}$ × Q_{GD})成为功率器件发展的另一个方向。根据栅漏电荷机理,栅漏电荷与栅氧化层厚度、栅漏电极接触面积以及栅漏电极之间介质槽的介电系数有关。为降低器件的栅漏电荷,相应提出采用:(1)厚栅氧技术。通过增加栅氧化层的厚度来降低器件的栅漏电荷。(2)源场板技术。在栅漏电极之间引入源场板,降低栅漏电极的接触面积,进而降低器件的栅漏电荷。(3)低 K 技术。利用低 K 材料代替栅漏电极之间的 SiO_2 介质槽来降低器件的栅漏电荷。

7.1 TGDT LDMOS

7.1.1 引言

为获得高击穿电压低开关损耗的 100 V 级功率器件,本节结合槽型技术与降低栅漏电荷中的厚栅氧技术,提出梯形栅双槽型(TGDT)LDMOS 器件,该结构由于在漂移区中引入两个介质槽(相当于两个场板),不仅能调制器件的体内电场,提高器件的击穿电压,还能辅助耗尽漂移区,降低器件的比导通电阻,进而实现器件击穿电压和比导通电阻的折中。与常规的矩形栅结构相比,使用梯形栅结构可以增加栅氧的厚度,从而降低栅漏电容 C_{GD},进而降低栅漏电荷 Q_{GD},从而降低器件的导通损耗。TGDT LDMOS 的功率优值相对于常规梯形栅(TG)LDMOS 和梯形栅单槽型(TGST)LDMOS 分别提高了 112.5% 和 54.5%。TGDT LDMOS 与矩形栅双槽型(RGDT)LDMOS 器件的功率优值差不多,但是 TGDT LDMOS 的栅漏电荷 Q_{GD} 比 RGDT LDMOS 的降低了 45.7%,TGDT LDMOS 的导通损耗也更低。本节给出了 TGDT LDMOS 可行的工艺制作步骤。

7.1.2 结构和机理

本节提出一种新的梯形栅双槽型 TGDT LDMOS,如图 7-1(d)所示。常规梯形栅单槽型 TGST LDMOS 结构〔如图 7-1(b)所示〕相对于常规梯形栅 TG LDMOS 结构〔如图 7-1(a)所示〕而言,即在漂移区的上半部分加入一个 SiO_2 介质槽,该介质槽可以调制器件的体内电场,辅助耗尽漂移区,降低器件的比导通电阻。TGDT LDMOS 相对于 TGST LDMOS 结构而言,在漂移区的底部引入第二个 SiO_2 介质槽,进一步调制器件的体内电场,并在氧化槽左边尖峰处〔图 7-1(d)的 A 点〕引入电场尖峰,可提高器件的 BV。TGDT LDMOS 相对于 RGDT LDMOS〔如图 7-1(c)所示〕而言,即栅电极采用梯形栅结构,增加了栅氧化层的厚度,进而减小了栅漏电容 C_{GD},从而减小了器件的栅漏电荷 Q_{GD},减小了器件的导通损耗。

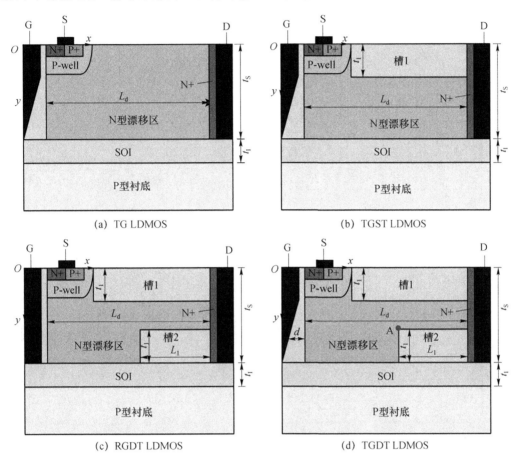

图 7-1　器件的剖面结构图

7.1.3　结果与讨论

将 TGDT LDMOS 的基本器件参数(BV、比导通电阻、功率优值和栅漏电荷)与 TGDT LDMOS、TGST LDMOS、TG LDMOS 进行对比。从仿真的结果可以看出,新结构 TGDT LDMOS 的性能比其他结构性能更好。TGDT LDMOS 的器件仿真参数如表 7-1 所示。

图 7-2 给出四种器件在击穿时的等势线分布图,TGST LDMOS 相对于 TG LDMOS 器件而言,就是在器件的漂移区上半部引入 SiO_2 介质槽,该介质槽调制器件的体内电场,辅助耗尽漂移区,器件漂移区浓度由 7×10^{15} cm^{-3} 提高到 11×10^{15} cm^{-3}。相比于 TG LDMOS,TGDT LDMOS 器件的比导通电阻由 0.9 mΩ·cm^2 降低到 0.78 mΩ·cm^2,功率优值提高了 33.3%。TGDT LDMOS 相对于 TGST LDMOS 器件而言,就是在 TGST LDMOS 的漂移区底部引入第二个 SiO_2 介质槽,这可进一步辅助耗尽漂移区,从图 7-2 的矩形框的对比

可以看出，TGDT LDMOS 的等势线分布更加均匀。最后得到 TGDT LDMOS 的 BV 为 119.3 V，相对于 TGST LDMOS 和 TG LDMOS 的 BV 分别提高了 54.9% 和 65.5%。TGDT LDMOS 的功率优值为 11.9 MW·cm^{-2}，相比于 TGST LDMOS 和 TG LDMOS 的功率优值分别提高了 56.6% 和 108.8%。TGDT LDMOS 和 RGDT LDMOS 相比，BV 和比导通电阻基本不变。

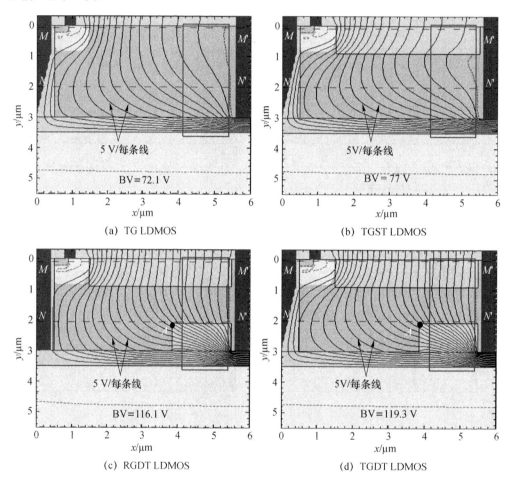

图 7-2　四种器件击穿时的等势线分布

表 7-1　TGDT LDMOS 的器件仿真参数

器件参数	数值
器件长度 L	6 μm
顶层硅厚度 t_S	3 μm
埋氧层厚度 t_I	0.5 μm
漂移区掺杂浓度 N_d	8×10^{15} cm^{-3}
衬底掺杂浓度 N_{sub}	5×10^{14} cm^{-3}
介质槽 1 和介质槽 2 的厚度 t_1	0.9 μm
介质槽 2 长度 L_1	1.6 μm

图 7-3 为四个结构的在 $y=0.01$ μm 或在图 7-2 中的 MM' 线的表面电场对比图。由图 7-3 可知,在器件的漂移区引入 SiO_2 介质槽结构,可以辅助耗尽漂移区,提高器件漏端电场尖峰,使得 TGDT LDMOS 和 RGDT LDMOS 的表面电场分布更加均匀,获得类似梯形分布的电场,进而提高器件的横向耐压。图 7-4 为四个结构第二个氧化槽表面即 $y=2.09$ μm 处或在图 7-2 中的 NN' 线的体内电场分布图,从图 7-4 中虚线方框可以看出,在介质槽 2 的左边缘即图 7-2(c)A 点处引入一个电场尖峰,该处的电场由常规结构的 16.4 V/μm 提高到新结构的 55.7 V/μm。

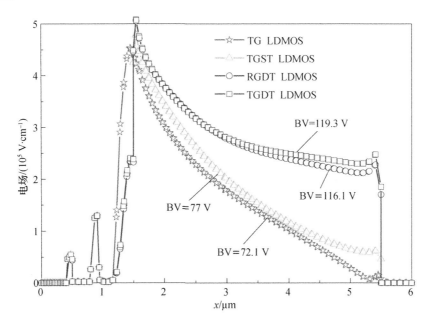

图 7-3　四个结构在 $y=0.01$ μm 处的表面电场对比图

从图 7-5 可以看出,TGDT LDMOS 的 BV、比导通电阻、功率优值与器件漂移区浓度的关系,随着漂移区浓度不断增加,BV 先增加后降低,比导通电阻不断降低,在漂移区浓度为 $8×10^{15}$ cm^{-3} 时,取得最大功率优值为 11.9 MW·cm^{-2}。

图 7-6 为 TGDT LDMOS 的 SiO_2 介质槽深度 t_1 对 BV 和比导通电阻的影响。当漂移区浓度 N_d 和介质槽 2 的距离 L_1 分别取最优值 $8×10^{15}$ cm^{-3} 和 1.6 μm 时,介质槽深度 t_1 越大,器件的比导通电阻越大。这是因为漂移区变窄,导致器件的电阻变大。在 t_1 取 0.9 μm 时,获得器件最大的击穿电压和功率优值,此时比导通电阻较低。

从图 7-7 可知 TGDT LDMOS 介质槽 2 的宽度 L_1 对 BV、比导通电阻和功率优值的影响。随着 L_1 的增加,介质槽 2 左边的区域不断减小,导致该区域的电阻不断增加,比导通电阻不断增加。在 $L_1=1.6$ μm 时取得 BV 和比导通电阻的折中,性能最优。

在研究器件的开关速度时会考虑到栅氧化层对电荷积累和耗尽的速度,也就是栅电容的充放电的速度。栅电荷是研究功率器件导通损耗的重要参数,栅漏电荷 Q_{GD} 占栅开启电荷中的主要部分。本节提出的梯形栅结构相当于增加了栅氧化层的厚度,通过减小栅漏电

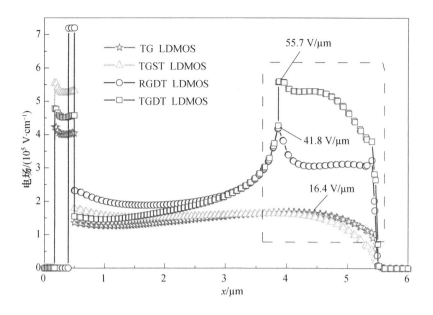

图 7-4　四个结构在 $y=2.09\ \mu m$ 处的体内电场分布图

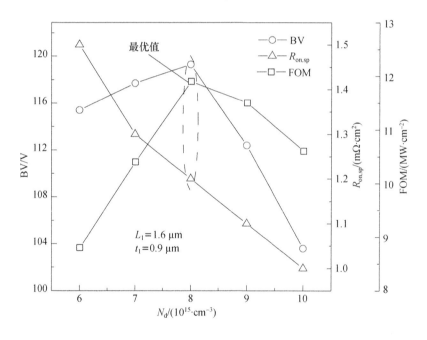

图 7-5　TGDT LDMOS 漂移区浓度对器件参数的影响

容 C_{GD} 来减小器件的栅漏电荷 Q_{GD}。从图 7-8 的栅电荷仿真结果可以看出，TGDT LDMOS 和 TG LDMOS 的栅漏电荷最少，TGDT LDMOS 的栅漏电荷比 RGDT LDMOS 的栅漏电荷降低了 45.7%。图 7-9 为器件导通时漏端电压随时间变化图，从图 7-9 中可以看出，TGDT LDMOS 的漏极电压降到导通电压所需要的时间为 65.8 ns，RGDT LDMOS 为 121.1 ns。所以 TGDT LDMOS 的栅漏电荷 Q_{GD} 最少。

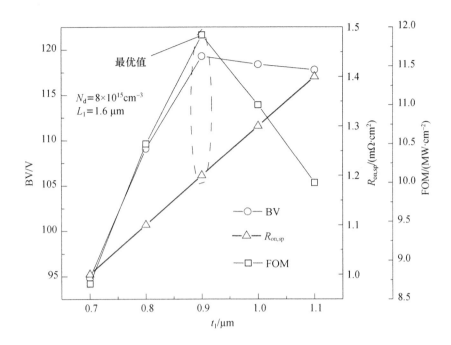

图 7-6　TGDT LDMOS 介质槽深度 t_1 对击穿电压和比导通电阻的影响

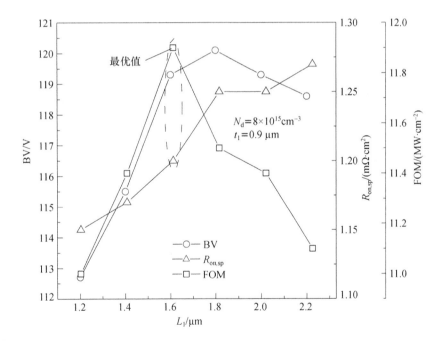

图 7-7　TGDT LDMOS 氧化槽 2 的宽度 L_1 对器件参数的影响

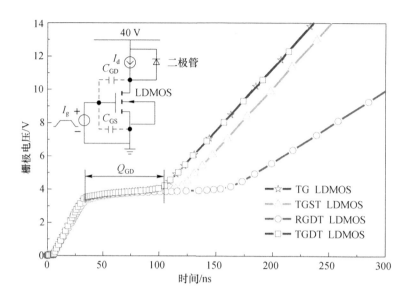

图 7-8 四个结构的栅电荷仿真对比图

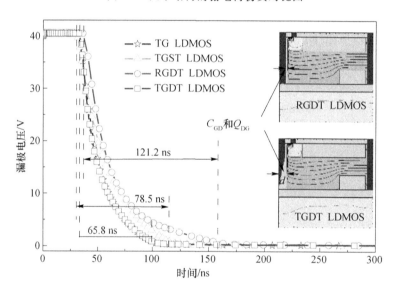

图 7-9 器件导通时漏端电压随时间变化图

图 7-10 给出了 TGDT LDMOS 可行的主要工艺制作步骤,分别是:①刻蚀漂移区,制作介质槽 2;②衬底热氧化形成埋氧层,并和漂移区键合;③刻蚀漂移区,形成矩形槽栅、槽漏和氧化槽 1;④由 θ 角度注入磷,形成 N+有源区;⑤淀积 SiO₂,形成栅氧化层和氧化槽 1;⑥离子注入硼离子,形成 P-well,注入磷离子,形成 N+有源区,这和常规工艺相吻合;⑦刻蚀氧化物,形成梯形栅槽;⑧淀积金属,形成源、栅、漏电极。因此 TGDT LDMOS 的工艺制作和常规结构相类似,没有增加额外的工艺成本。

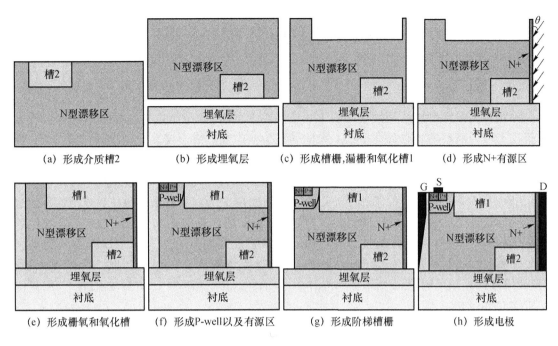

图 7-10　制作 TGDT LDMOS 的主要工艺步骤

四个结构的器件参数对比如表 7-2 所示，TGDT LDMOS 器件不仅具有较大的 BV 和功率优值，同时获得最小的栅漏电荷。综合考虑功率器件的整体性能，新结构 TGDT LDMOS 比常规结构的性能更优。

表 7-2　四个结构的器件参数对比

器件名称	BV/V	$R_{\mathrm{on,sp}}/$ $(\mathrm{m\Omega \cdot cm^2})$	FOM/ $(\mathrm{MW \cdot cm^{-2}})$	$Q_{\mathrm{GD}}/$ $(\mathrm{nC \cdot cm^{-2}})$	FOM2/ $(\mathrm{nC \cdot m\Omega})$
TG LDMOS	72.1	0.9	5.7	65.8	59.2
TGST LDMOS	77	0.78	7.6	78.5	61.2
RGDT LDMOS	116.1	1.05	12.8	121.2	127.3
TGDT LDMOS	119.3	1.2	11.9	65.8	79

7.1.4　结论

本节通过二维仿真软件 Medici 仿真，研究了 TGDT LDMOS 的 BV、比导通电阻、功率优值和栅漏电荷等参数，TGDT LDMOS 的 BV 为 119.3 V，比导通电阻为 1.2 mΩ·cm² 和栅漏电荷为 65.8 nC·cm⁻²。TGDT LDMOS 相对比于常规结构的 TG LDMOS 和 TGST LDMOS 的功率优值分别提高了 112.5% 和 54.5%。相对于 RGDT LDMOS 开关损耗 FOM2 减小 37.9%。所以该结构对比于常规结构的性能更优。

7.2 SG DVFP LDMOS

7.2.1 引言

为获得高击穿电压低开关损耗的 100 V 级功率器件,本节结合分离栅技术和源场板技术提出了一种新型的具有分离栅和双纵向场板的横向双扩散金属氧化物半导体(SG DVFP LDMOS结构)。SG DVFP LDMOS 的第一个特点是引入渐变栅氧的分离栅结构,这不仅调制了器件体内电场,提高了器件的击穿电压,而且厚的栅氧化层可以降低器件的栅漏电荷 Q_{GD}。SG DVFP LDMOS 的第二个特点是在介质槽内引入双场板结构和在介质槽的右边引入平行的重掺杂 P+条,这可以优化器件体内电场和辅助耗尽漂移区,不仅提高了器件的击穿电压,而且降低了器件的比导通电阻。源场板放在栅漏电极之间可以减小栅漏电极接触面积,进而降低器件的栅漏电荷 Q_{GD}。当器件宽度为 4 μm 时,得到 SG DVFP LD-MOS 的 BV 为 146 V,比导通电阻为 1.7 m$\Omega \cdot$ cm^2,功率优值为 12.6 MW $\cdot$ cm^{-2},损耗优值 FOM2 为 195.8 nC $\cdot$ mΩ。

7.2.2 结构和机理

图 7-11(a)和(b)分别为常规的具有分离栅横向双扩散金属氧化物半导体(SG LDMOS)和具有槽栅和双纵向场板的横向双扩散金属氧化物半导体(TG DVFP LDMOS)的剖面图。如图 7-11(c)所示,新结构 SG DVFP LDMOS 在漂移区的左边采用渐变栅氧的分离栅结构,在漂移区中引入介质槽,并在介质槽内引入两个纵向的源漏场板结构,以及在介质槽的右边引入重掺杂的 P+条。SG DVFP LDMOS 的结构参数如表 7-3 所示。

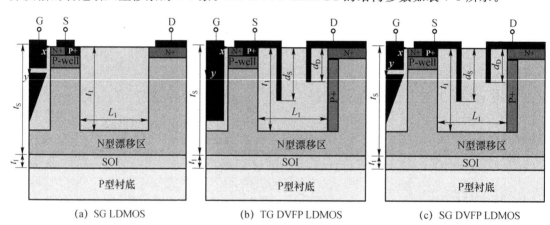

(a) SG LDMOS (b) TG DVFP LDMOS (c) SG DVFP LDMOS

图 7-11 器件结构剖面图

表 7-3 SG DVFP LDMOS 的器件结构参数

器件参数	数值
器件长度 L	4 μm
顶层硅厚度 t_S	5 μm

器件参数	数值
埋氧层厚度 t_l	$0.5\ \mu m$
漂移区掺杂浓度 N_d	$1.1\times10^{16}\sim1.5\times10^{16}\ cm^{-3}$
衬底掺杂浓度 N_{sub}	$5\times10^{14}\ cm^{-3}$
P＋条掺杂浓度 N_p	$4\times10^{16}\ cm^{-3}$
介质槽长度 L_1	$1.5\ \mu m$
介质槽深度 t_1	$3.6\sim4.4\ \mu m$
源极纵向场板长度 d_S	$1.5\sim3.5\ \mu m$
漏极纵向场板长度 d_D	$0.9\sim2.1\ \mu m$

图 7-12(a)为 SG DVFP LDMOS 分离栅关态时的工作机理图。具有渐变栅氧的分离栅可以调制器件的体内电场,提高器件的 BV,并且厚的栅氧可以降低器件的栅漏电荷 Q_{GD}。图 7-12(b)为纵向场板关态时的工作机理图。从图 7-12(b)中可以看出,两个纵向的源漏场板和介质槽的右边重掺杂的 P＋条可以优化器件体内电场和辅助耗尽漂移区,实现 BV 和比导通电阻的折中,而且源场板在栅漏电极之间可以减小栅漏接触面积,进而减小栅漏电荷 Q_{GD} 和开关损耗。

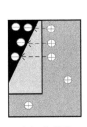 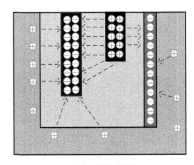

(a) 分离栅　　　　　　　　(b) 纵向场板

图 7-12 SG DVFP LDMOS 关态时的工作机理图

7.2.3　结果与讨论

图 7-13(a)和(b)分别为 SG LDMOS 和 TG DVFP LDMOS 的等势线分布图。新结构 SG DVFP LDMOS 的等势线分布图如图 7-13(c)所示,相对比于常规结构 SG LDMOS,新结构 SG DVFP LDMOS 加入两个纵向场板和平行于介质槽的重掺杂 P＋条,这可以调制器件的体内电场,使漂移区中的等势线分布更加密集,使 BV 更高。相对比于常规的 TG DVFP LDMOS,新结构 SG DVFP LDMOS 采用渐变栅氧的分离栅结构,这可以调制靠近栅电极的漂移区电场,使得漂移区左侧的等势线分布得更加均匀,所以新结构 SG DVFP LDMOS 的 BV 得到提高。在器件长度 $L=4\ \mu m$,漂移区厚度 $t_s=5\ \mu m$ 时,SG DVFP LDMOS 的 BV 为 146 V,相比于常规结构 SG LDMOS 和 TG DVFP LDMOS 分别提高了 29.7％和 23.3％。

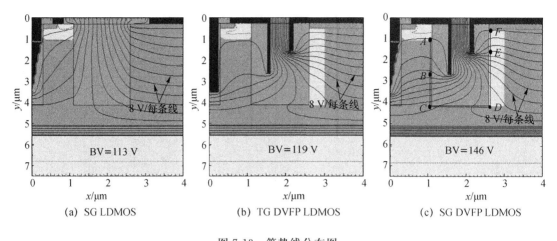

图 7-13 等势线分布图

图 7-14 为 SG LDMOS、TG DVFP LDMOS、SG DVFP LDMOS 的输出特性曲线。

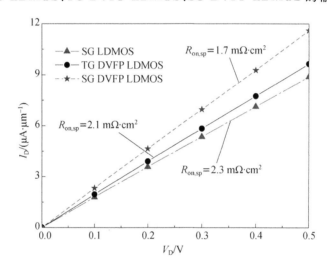

图 7-14 三个结构的输出特性曲线

从图 7-14 中可以看出,新结构 SG DVFP LDMOS 的电流比常规结构的电流大。这是由于纵向场板和重掺杂的 P＋条辅助耗尽漂移区,使得 SG DVFP LDMOS 的漂移区的浓度更高。对应得到新结构 SG DVFP LDMOS 的比导通电阻为 1.7 $m\Omega \cdot cm^2$,相比于常规结构 SG LDMOS 和 TG DVFP LDMOS 分别降低了 26.1％和 19％。

由于 SG DVFP LDMOS 的纵向场板和 P＋条调制器件体内电场,提高了器件的 BV。从图 7-15 中可以看出,新结构 SG DVFP LDMOS 的最大电场达到 294.8 $V/\mu m$,而常规 SG LDMOS 和 TG DVFP LDMOS 分别只有 72.7 $V/\mu m$ 和 239.4 $V/\mu m$。所以新结构的横向耐压明显高于常规结构的。新结构 SG DVFP LDMOS 相对于常规结构,由于埋氧层上界面浓度较高,使得埋氧层的电场较常规结构的要高。从图 7-16 中可以看出,新结构 SG DVFP LDMOS 的埋氧层电场达到 124.3 $V/\mu m$,明显高于常规结构的电场,所以新结构的纵向耐压也大于常规结构的纵向耐压。三个结构环绕介质槽〔如图 7-13(c)中的线段 ABCDEF 所示〕的电场分布如图 7-17 所示,从图 7-17 中可以看出,新结构 SG DVFP

LDMOS的电场明显高于常规结构的电场。特别是由于源漏场板的引入,在 B 点和 E 点引入电场尖峰,使得 B 点和 E 点电场明显高于 SG LDMOS 的电场。并且由于渐变栅氧的存在,可调制介质槽左侧的电场,使得新结构 SG DVFP LDMOS 在介质槽左侧的电场高于TG DVFP LDMOS 在介质槽左侧的电场。

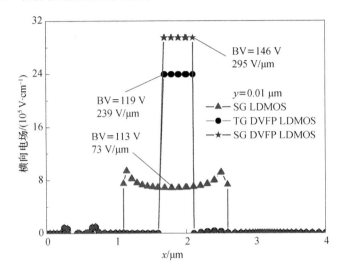

图 7-15　三个结构的表面横向电场分布图,当 $y=0.01\ \mu m$

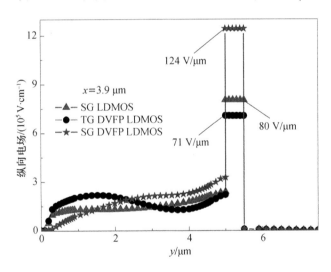

图 7-16　三个结构的纵向电场分布图,当 $x=3.9\ \mu m$

　　图 7-18 为三个结构的漂移区浓度 N_d 对 BV 和比导通电阻的影响。SG DVFP LDMOS在介质槽内引入纵向场板和平行于介质槽的 P+ 条,这不仅可以辅助耗尽漂移区,而且可以优化器件的电场,提高器件的 BV 和降低器件的比导通电阻。从图 7-18 中可以看出,当 BV取得最大值时,新结构 SG DVFP LDMOS 的漂移区浓度达到 $12\times10^{15}\ cm^{-3}$,而常规 SGLDMOS 和 TG DVFP LDMOS 分别为 $4\times10^{15}\ cm^{-3}$ 和 $9\times10^{15}\ cm^{-3}$。当 BV 最大时,新结构 SG DVFP LDMOS 的比导通电阻比常规 SG LDMOS 和 TG DVFP LDMOS 的比导通电阻分别降低了 40.6% 和 17.4%。

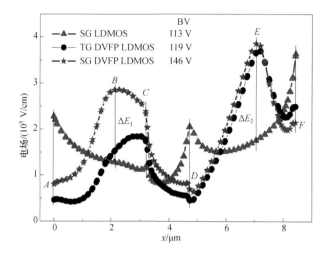

图 7-17　三个结构环绕氧化槽的电场分布

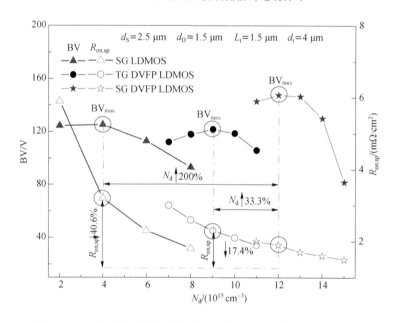

图 7-18　三个结构的漂移区浓度 N_d 对 BV 和比导通电阻的影响

　　图 7-19 为新结构 SG DVFP LDMOS 介质槽深度 t_1 对 BV 和比导通电阻的影响。从图 7-19 中可以看出,随着介质槽深度 t_1 不断增加,比导通电阻成指数增加,这是由于介质槽下端的电流导通区域减小,以及电流的导通路径变长。当介质槽深度 t_1 为 4 μm 时,得到最大的功率优值为 12.6 MW·cm^{-2}。纵向场板结构可以优化器件的体内电场,提高器件的 BV。图 7-20(a)所示的为当漏场板深度为 1.5 μm 时,源场板深度对新结构 SG DVFP LD-MOS 的 BV 的影响,从图 7-20(a)中可以看出,随着源场板深度 d_S 的增加,BV 先增加后降低。当源场板深度 d_S 为 2.5 μm 时,取得 BV 最大值为 146V。图 7-20(b)所示的为当源场板深度为 2.5 μm 时,漏场板深度 d_D 对新结构 SG DVFP LDMOS 的 BV 的影响,从图 7-20(b)中可以看出,随着漏场板深度 d_D 的增加,BV 先增加后降低。当漏场板深度 d_D 为 1.5 μm 时,BV 取得最优值。

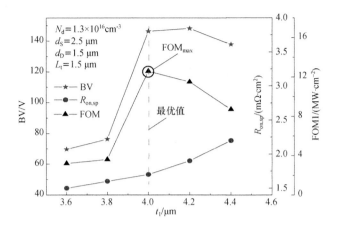

图 7-19　SG DVFP LDMOS 介质槽深度 t_1 对 BV 和比导通电阻的影响

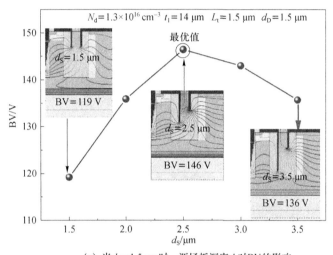

(a) 当 $d_D=1.5\ \mu m$ 时，源场板深度 d_S 对BV的影响

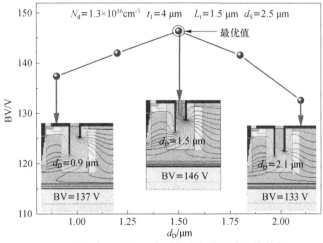

(b) 当 $d_S=2.5\ \mu m$ 时，漏场板深度 d_D 对BV的影响

图 7-20　SG DVFP LDMOS 场板深度对 BV 的影响

图 7-21 为三个器件的栅电荷仿真以及测试电路。从图 7-21 中可以看出,新结构 SG DVFP LDMOS 相对于常规结构 TG DVFP LDMOS 的栅电荷从 148.5 nC/cm² 降低到 115.2 nC/cm²。渐变栅氧的分离栅相比于常规槽栅结构,增加了栅氧的厚度,降低了栅漏电容 C_{GD},所以新结构 SG DVFP LDMOS 具有较低的栅漏电荷 Q_{GD}。图 7-22 为 SG DVFP LDMOS 的源场板深度 d_S 对栅电荷的影响,当漏场板深度 $d_D = 1.5\ \mu m$ 时。源场板在栅漏电极之间,减小了栅漏电极接触面积,进而降低了栅漏电荷。从图 7-22 中可以看出,随着源场板的深度 d_S 从 1 μm 增加到 3.5 μm 时,栅漏电荷从 151.1 nC/cm² 降低到 100.3 nC/cm²,降低了 50.6%。

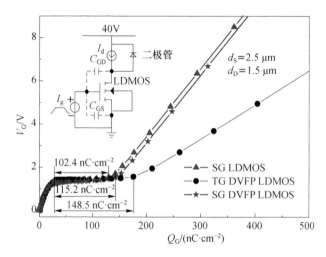

图 7-21　三个器件的栅电荷仿真以及测试电路

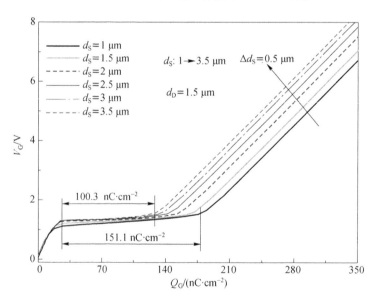

图 7-22　SG DVFP LDMOS 的源场板 d_S 对栅电荷的影响,当 $d_D = 1.5\ \mu m$

图 7-23 为新结构 SG DVFP LDMOS 的主要工艺制作步骤。如图 7-23(a)所示,刻蚀漂移区,并通过各向异性外延生长形成重掺杂的 P+条,和文献[14]中的做法相类似。通过刻蚀漂

移区,淀积氧化物、形成介质槽,如图 7-23(b)所示。通过刻蚀 SiO_2 形成源漏场板槽,如图 7-23(c)所示。通过淀积金属形成源漏电极场板,如图 7-23(d)所示。正向旋转 90°,选择性刻蚀 SiO_2 侧壁,形成渐变栅氧,如图 7-23(e)所示,和文献[15]中的做法相类似。淀积金属形成分离栅电极,如图 7-23(f)所示。

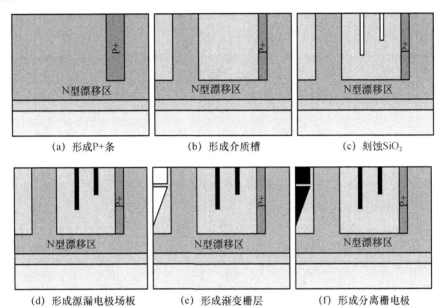

(a) 形成P+条　　(b) 形成介质槽　　(c) 刻蚀SiO_2

(d) 形成源漏电极场板　　(e) 形成渐变栅层　　(f) 形成分离栅电极

图 7-23　SG DVFP LDMOS 的主要工艺制作步骤

三个结构参数仿真结果对比如表 7-4 所示。从表中可以看出,新结构 SG DVFP LDMOS 的 BV 最高,比导通电阻最低,相应得到的功率优值最大,损耗优值最小。所以,新结构 SG DVFP LDMOS 不仅实现了 BV 和比导通电阻的折中,而且具有较小的导通损耗。

表 7-4　三个结构的参数仿真结果对比

	BV/V	$R_{on,sp}/$ $(m\Omega \cdot cm^2)$	FOM/ $(MW \cdot cm^{-2})$	$Q_{GD}/$ $(nC \cdot cm^{-2})$	FOM2/ $(nC \cdot m\Omega)$
SG LDMOS	113	2.3	5.6	102.4	235.5
TG DVFP LDMOS	119	2.1	6.7	148.5	311.9
SG DVFP LDMOS	146	1.7	12.6	115.2	195.8

7.2.4　结论

用二维器件仿真软件 Medici 对文中提出的新结构 SG DVFP LDMOS 进行仿真和研究。由于渐变栅氧可以调制器件体内电场和降低栅漏电荷,相比于常规的 TG DVFP LD-MOS 结构,新结构 SG DVFP LDMOS 的功率优值提高了 88.1%,损耗优值降低了 37.2%。两个源漏场板可以优化器件体内电场和辅助耗尽漂移区,源场板可以减小栅漏电荷,相比于 SG LDMOS,新结构 SG DVFP LDMOS 的功率优值提高了 125%,损耗优值降低了 16.9%。

参 考 文 献

[1] Xia Chao, Cheng Xinhong, Wang Zhongjian, et al. Improvement of SOI trench LD-MOS performance with double vertical metal field plate[J]. IEEE Transactions on Electron Devices, 2014, 61(10): 3477-3482.

[2] Wang Ying, Liu Yanjuan, Wang Yifan, et al. Multiple trench split-gate SOI LD-MOS integrated with schottky rectifier[J]. IEEE Transactions on Electron Devices, 2017, 64(7): 3028-3031.

[3] Fan Jie, Zou Yonggang, Wang Haizhu, et al. A novel structure of SOI lateral MOS-FET with vertical field plate[C]// 2015 International Conference on Optoelectronics and Microelectronics (ICOM). Changchun: IEEE, 2015.

[4] Wu Lijuan, Zhang Wentong, Shi Qin, et al. Trench SOI LDMOS with vertical field plate[J]. Electronics Letters, 2014, 50(25): 1982-1984.

[5] Zhou Kun, Luo Xiaorong, Xu Qing, et al. A RESURF-enhanced p-channel trench SOI LDMOS with ultralow specific on-resistance[J]. IEEE Transactions on Electron Devices, 2014, 61(7): 2466-2472.

[6] Zhang Long, Zhu Jing, Zhao Minna, et al. Low-loss SOI-LIGBT with triple deep-oxide trenches [J]. IEEE Transactions on Electron Devices, 2017, 64 (9): 3756-3761.

[7] Zhang Wentong, Qiao Ming, Wu Lijuan, et al. Ultra-low specific on-resistance SOI high voltage trench LDMOS with dielectric field enhancement based on ENBULF concept[C]// 2013 25th International Symposium on Power Semiconductor Devices & ICs (ISPSD). Kanazawa: IEEE, 2013.

[8] Zhang Long, Zhu Jing, Sun Weifeng, et al. Low-loss SOI-LIGBT with dual deep-oxide trenches [J]. IEEE Transactions on Electron Devices, 2017, 64 (8): 3282-3286.

[9] Saxena R, Kumar M. Polysilicon spacer gate technique to reduce gate charge of a trench power MOSFET[J]. IEEE Transactions on Electron Devices, 2012, 59(3): 738-744.

[10] Han K, Baliga B J, Sung W. Split-gate 1.2-kV 4H-SiC MOSFET: analysis and experimental validation[J]. IEEE Electron Device Letters, 2017, 38(10): 1437-1440.

[11] Wang Ying, Yu Chenghao, Li Mengshi, et al. High-performance split-gate-enhanced UMOSFET with dual channels[J]. IEEE Transactions on Electron Devices, 2017, 64(4): 1455-1460.

[12] Jiang Huaping, Wei Jin, Dai Xiaoping, et al. Silicon carbide split-gate MOSFET with merged Schottky barrier diode and reduced switching loss[C]// 2016 28th International Symposium on Power Semiconductor Devices and ICs (ISPSD). Prague: IEEE, 2016.

[13] Luo Xiaorong, Ma Da, Tan Qiang, et al. A split gate power FINFET with improved on-resistance and switching performance[J]. IEEE Electron Device Letters, 2016, 37(9): 1185-1188.

[14] Zhou Kun, Luo Xiaorong, Li Zhaoji, et al. Analytical model and new structure of the variable-k dielectric trench LDMOS with improved breakdown voltage and specific on-resistance[J]. IEEE Transactions on Electron Devices, 2015, 62(10): 3334-3340.

[15] Wang Ying, Wang Yifan, Liu Yanjuan, et al. Split gate SOI trench LDMOS with low-resistance channel[J]. Superlattices & Microstructures, 2017(102): 399-406.

后　　记

自 2006 年在电子科技大学攻读微电子学与固体电子学博士学位开始,我就对功率半导体器件异质耐压层电荷场优化技术开展了深入的研究。随后几年一直在张波教授和李肇基教授的指导下开展研究,主要研究对象是基于介质场增强理论的电荷型高压 SOI 器件。2014 年进入长沙理工大学工作到现在,我的研究工作仍然围绕功率器件及其集成化。我在这一领域的研究时间已经有十多年了,本书是我博士研究生求学期间和工作以来的研究成果。

在这几年间,张波教授、李肇基教授、罗小蓉教授和乔明教授都在学术研究上给予我悉心的指导,他们严谨的学风及强大的人格魅力和勇创先锋的科学精神给我留下了深刻的印象,深深影响着我的科研和学习生活,我将永生难忘。他们勤奋的工作态度和对工作和生活的感悟,让我受益匪浅。"勤学善思"四字我将牢记一生。工作后,长沙理工大学物理与电子科学学院的院长唐立军教授为我提供了继续进行功率器件研究的平台,并支持我进行团队建设,鼓励我在教学科研上齐头并进。在书稿完成之际,我谨向教授们致以深深的感谢和诚挚的敬意。同时,长沙理工大学的柔性电子材料基因工程湖南省重点实验室也为本书的完成提供了大量的技术支持,在此也表示感谢。

我在此感谢我的师兄胡盛东博士,感谢他在我学术入门时对我在知识上的倾囊相授;感谢我的师弟章文通博士,感谢他几年来在科研工作中与我进行有益的学术讨论;感谢我的师妹郭海燕博士和蒋伶俐博士,在博士求学生涯中我们三人相互鼓励陪伴。

感谢我的实验小组的全体成员:章中杰、杨航、宋月、胡利民、袁娜、张银艳、雷冰、朱琳、吴怡清、黄也。我们是友爱团结的团队,我希望在本实验小组的学习和生活成为他们人生最温馨的回忆。

最后我要感谢父母几十年的养育、关心和照顾,感谢爱人和姐妹们多年漫长求学之路的陪伴。他们是我在外求学的坚强后盾,没有他们的支持就没有今天的我。谨以此书献给所有爱我和我爱的亲人以及朋友们。

吴丽娟